工程机械系列教材

电气设备与修理

陈六海　主编

国防工业出版社

·北京·

图书在版编目（CIP）数据

电气设备与修理/陈六海主编.—北京：国防工业出版社,2013.8 重印

工程机械系列教材

ISBN 978-7-118-04970-1

Ⅰ.电…　Ⅱ.陈…　Ⅲ.电气设备－维修－高等学校－教材　Ⅳ.TM07

中国版本图书馆 CIP 数据核字（2007）第 012572 号

※

国防工业出版社 出版发行

（北京市海淀区紫竹院南路 23 号　邮政编码 100048）

四季青印刷厂印刷

新华书店经售

*

开本 787×1092　1/16　印张 17¾　字数 406 千字

2013 年 8 月第 2 次印刷　印数 4001—6000 册　定价 36.00 元

（**本书如有印装错误，我社负责调换**）

国防书店：(010)88540777　　发行邮购：(010)88540776

发行传真：(010)88540755　　发行业务：(010)88540717

《工程机械系列教材》
编写委员会成员

前　言

本教材是根据解放军理工大学教材建设计划和工程机械专业课程教学大纲的具体要求编写的。

本教材从机械装备的实际情况以及毕业学员的任职要求出发,在编写过程中注重对学员分析问题、解决问题的能力以及实际技能的培养。在教材的内容上,本着循序渐进的原则,突出科学性和系统性,做到理论联系实际,实用性强。教材内容力求做到新、系统和详尽,原理介绍深入浅出,图文并茂,难易适度,通俗易懂,便于自学。

本教材以机械装备典型电气设备与系统为基础,除对机械装备电气设备的基本结构、原理和工作特性作了详细叙述外,着重论述了机械装备电气设备的拆装、检查、调试、试验、维护、修理和使用注意事项等,还编入了一些机械装备电气设备与系统的典型实例,同时还有选择地介绍了一些电气设备的新结构和新技术。对近年来广泛使用的发动机电子控制系统也作了基本介绍。

本教材共分九章,主要包括:蓄电池、交流发电机及其调节器、照明与信号系统、起动机、点火系统、仪表与报警系统、辅助电气设备、发动机电子控制系统和全车电路。

本教材可作为工程机械类各专业本科生、大专生的学习教材,也可作为从事工程机械管理、使用和维修人员的培训教材或参考书。

本教材由解放军理工大学工程兵工程学院陈六海副教授主编,袁建虎副教授、王新晴教授、唐建讲师和李生义高工参编。

由于编者水平所限,加之时间仓促和缺乏经验,书中缺点和错误在所难免,敬请批评指正。

编　者

目　　录

概　述

机械装备电气设备是机械装备的重要组成部分,其性能的好坏将直接影响到机械装备的动力性、经济性、可靠性、安全性、舒适性、操纵稳定性及排气净化。统计数据显示,机械装备电气设备的故障率约占整车故障的 20%～30%,因此掌握机械装备电气系统的组成、功用、工作原理和使用维修方法,对于提高机械装备的使用效率和完好率、降低机械装备的故障率都十分必要。

最早的机械装备上,除了汽油机的点火装置外,几乎没有什么电气设备。随着人们对机械装备动力性、经济性和操纵性、安全性、舒适性要求的提高,电气设备在机械装备上的应用日益增多和广泛。如起动、点火、照明、仪表、信号、暖风及刮水、空调等,都离不开电气设备。

随着机械工业、电子工业的发展,电子技术在机械装备上的应用也日益增多,车用电子装置的新产品不断涌现,传统电气设备面临着巨大的冲击。如交流发电机已经取代了直流发电机,晶体管调节器取代了触点式调节器,无触点电子点火系正在取代传统的点火装置,各种信号、空调电控设备也大量应用了电子器件。特别是大规模集成电路及微型处理机的应用,以计算机技术为主要特征的电子控制装置(如汽油喷射系统、柴油喷射系统、防抱死制动系统、自动变速器等)已在机械装备上得到逐步普及。可以预见,随着机械工业和电子工业的发展,机械装备上所装用的电气与电子设备的数量将会与日俱增,所起的作用也将越来越重要。

机械装备电子技术的发展大致可分为以下 3 个阶段。

1965 年—1975 年,机械装备电子产品主要是由分立电子元件组成电子控制器,并由分立电子元件向集成电路(IC)过渡。主要产品有晶体管硅整流发电机、电子式电压调节器、电子点火控制器、电子式闪光器、电子式间歇刮水控制器等。

1975 年—1985 年,主要发展专用的独立控制系统。主要产品有电子控制汽油喷射系统、空燃比反馈控制系统、电子控制自动变速系统、防抱死制动系统、座椅安全带收紧系统、车辆防盗系统、安全气囊系统等。

1985 年后,主要开发和完成各种功能的综合系统及各种车辆整体系统的微机控制,控制技术向智能化方向发展,这个阶段成为机械装备的电子时代。微机控制系统可以实现对发动机的点火时刻、空燃比、怠速转速、废气再循环、自动变速器、制动防抱死、仪表、信号等多项控制。为了提高工作的可靠性,控制系统还具有故障自诊断和保护功能。

现代机械装备上所装用的电气与电子设备的数量很多,在工业发达国家,电子装置的成本已占整车成本的 30%～35%。

机械装备电气系统按其用途可大致划分为以下五大部分。

1．电源系统

电源系统由蓄电池、发电机及其调节器组成,两者并联工作。发电机是主电源,蓄电池是辅助电源。其标称电压多为 12V、24V 制两种,大功率柴油机因为起动机功率大,多采用标称电压 24V 制。发电机配有调节器,其主要作用是在发电机转速随发动机转速变化时,自动调节发电机的电压使之保持稳定。

2．用电设备系统

机械装备上的用电设备种类和数量很多,大致分为以下几种。

(1)起动系统:用于起动发动机。

(2)点火系统:作用是产生高压电火花,点燃汽油发动机气缸内的可燃混合气。有传统点火系统、电子点火系统和计算机点火系统之分。

(3)照明系统:包括车内外各种照明灯,以保证夜间安全行车所必要的灯光,其中以前照灯最为重要。

(4)信号系统:主要有灯光信号装置和喇叭,包括电喇叭、闪光器、蜂鸣器及各种信号灯,主要用来提供安全行车所必要的信号。

(5)辅助电器系统:包括电动刮水器、风窗洗涤器、空调器、低温起动预热装置、收录机、点烟器、玻璃升降器、坐椅调节器等。辅助电器有日益增多的趋势,主要向舒适、娱乐、保障安全等方面发展。

3．检测仪表与报警装置

监测仪表包括用于监视发动机及控制系统工作情况的各种检测仪表,如电流表、电压表、机油压力表、温度表、燃油表、车速里程表、发动机转速表等。报警装置包括防盗报警装置、警告报警装置以及各种报警灯,如蓄电池充放电指示灯、紧急情况报警灯、油压过低报警灯、温度过高报警灯、制动气压过低报警灯、各种电子控制的故障报警灯等。

4．配电装置

配电装置包括各种开关、中央接线盒、保险装置、插接件和导线等。

5．电子控制系统

机械装备电子控制系统主要指由微机控制的装置,如电子控制点火装置、电子控制燃油喷射装置、电子控制防抱死装置、驱动防滑装置、电子控制自动变速器、电子控制悬挂系统、电子控制动力转向等。

机械装备电气系统分布于机械车辆全身,线路错综复杂,其共同的特点如下:

(1)直流。机械装备发动机是靠串励直流电动机来起动的,它必须由蓄电池供给强大的直流电流,蓄电池放电后又必须由直流电源给予充电。所以机械装备上的电源都采用方向和大小不随时间变化的直流电。这样,车上的其他电器也都选用了直流电器。

(2)低压。机械装备电路普遍采用直流 12V 制,大功率柴油机采用直流 24V 制,低电压情况下布线、查线较为安全,这已是国际通用标准。

(3)单线制。机械装备的金属机体就是良好的导体,可以作为一根公共导线。从电源到用电设备之间只用一根导线(包括开关)连接,另一根导线用金属机体来代替以构成回路的连接方法,称为"单线制"。单线制节省导线,线路清晰,安装和检修方便,且电器也不需与车体绝缘。

(4)负极搭铁。在单线制接法中,电源和用电设备都必须有一个部位与机械装备的金属机体相接,这个部位称为"搭铁"或"接地"。电气设备负极与机体相接,称为"负极搭铁"。

为减少蓄电池电缆铜端子在车架连接处的化学腐蚀、提高搭铁可靠性,ZBT35－001－87《汽车电子设备基本技术条件》规定:汽车电气系统采用单线制时,必须统一电源负极搭铁。

第1章 蓄电池

1.1 概 述

化学电源可分为原电池和蓄电池。原电池是一种利用化学能转变为电能的不可逆电池,在使用时只能放电,不能充电,也称为一次性电池,如手电筒用的干电池就属于原电池。

铅蓄电池是一种可逆的低压直流电源。它既能将化学能转换为电能,也能将电能转换为化学能。

1.1.1 蓄电池的类型及特点

蓄电池主要分酸性蓄电池和碱性蓄电池两种类型。碱性蓄电池的电解液为氢氧化钠溶液或氢氧化钾溶液。酸性蓄电池的电解液为硫酸溶液。因为酸性蓄电池极板上活性物质的主要成分是铅,所以也称之为铅酸蓄电池。

起动型铅酸蓄电池的突出特点是内阻小、起动性能好、电压稳定,此外还有成本低、原材料丰富等优点,因此机械装备上普遍采用。

随着科学技术的不断进步和发展,蓄电池也在不断地研制和发展中。目前机械装备所用的铅蓄电池主要有普通型铅蓄电池、改进型铅蓄电池及免维护铅蓄电池3种。

改进型铅蓄电池是在普通型铅蓄电池的基础上开发了诸如穿壁式联条、玻璃纤维隔板及热封塑料外壳等技术后形成的;免维护铅蓄电池可大大减少日常保养和维护工作,极大地方便了使用者。

1.1.2 起动型铅蓄电池的功用

蓄电池是机械装备上的起动电源,它与发电机并联,为机械装备上的用电设备供电。铅蓄电池的主要功用如下。

1. 供电

(1)起动发动机时,向起动机及有关电气设备供电。给起动机提供起动电流是蓄电池的主要作用,因此将其称为起动型铅蓄电池,汽油发动机起动电流一般为200A～600A,柴油发动机一般为600A～1000A,甚至更大。

(2)发电机正常发电时,当用电设备用电量过大、发电机的电量不够时,铅蓄电池可协助发电机向用电设备供电。

(3)当发动机低速运转,发电机不发电或电压较低时,向交流发电机磁场绕组及其它用电设备供电。

2. 充电

当发动机处于中高速运转,发电机的端电压高于铅蓄电池的电压时,铅蓄电池便将一部分电能转化为化学能储存起来。

3. 保护

蓄电池相当于一只大容量电容器,不仅能够保持电压稳定,而且还能吸收电路中出现的瞬时过电压,防止损坏电路中的晶体管元件,保护电子设备。

1.2 起动型蓄电池的结构与型号

1.2.1 起动型蓄电池的结构

图 1-1 所示为机械装备用 12V 蓄电池的解剖图。它由 6 个单格电池组成,每个单格电池的额定电压为 2V,单格间串联连接。起动型蓄电池由极板、隔板、电解液、外壳、联条和极柱等组成。

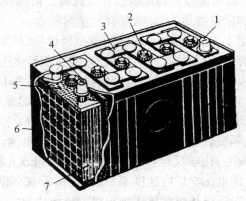

图 1-1 铅蓄电池的结构
1—负极柱;2—加液孔盖;3—联条;4—正极柱;5—防护片;6—外壳;7—极板组。

1. 极板

极板是蓄电池的主要部件,由栅架和活性物质(铅膏)组成,如图 1-2 所示。在蓄电池充放电过程中,电能与化学能的相互转换就是依靠极板上的活性物质与电解液中的硫酸产生化学反应来实现的。

栅架由铅锑合金或铅钙锡合金浇铸或滚压而成,形状如图 1-3 所示。在栅架中加锑的目的是改善浇铸性能并提高机械强度。但锑有副作用,会加速氢离子的析出从而加速

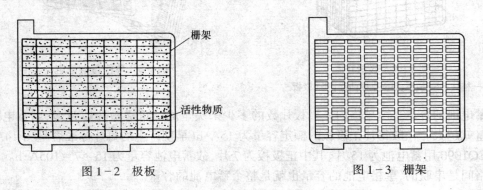

图 1-2 极板　　　　　　　　　　　图 1-3 栅架

电解液中蒸馏水的消耗,还易从正极板栅架中解析出来而引起蓄电池自放电和栅架的膨胀、溃烂,缩短蓄电池的使用寿命。目前国内外车用蓄电池普遍采用干荷电与免维护蓄电池,前者的栅架通常采用铅低锑(含锑2%~2.3%)合金浇铸,后者的栅架通常采用铅钙锡合金浇铸,从而大大减少了电解液中蒸馏水的消耗。

活性物质(铅膏)是指极板上参与化学反应的工作物质,主要由铅粉、蒸馏水和密度为$1.12g/cm^3$的稀硫酸按一定比例混合而成,再加入少量的添加剂调和成膏状。涂在正极板栅架上的铅膏叫阳铅膏,涂在负极板栅架上的铅膏叫阴铅膏。阴铅膏除上述铅膏的成分外,还要加入少量硫酸钡、腐植酸、松香等材料,以减少负极板的收缩和钝化,降低自放电,提高蓄电池的大电流放电特性。

极板分为正极板和负极板两种。将铅膏涂在栅架上即可得到生极板,生极板经热风干燥,再放入稀硫酸中进行化成(在蓄电池生产工艺中,对极板进行充电的过程称为"化成",一般充电18h~20h)处理便可得到正极板和负极板。正极板上的活性物质为二氧化铅,呈深棕色;负极板上的活性物质为海绵状纯铅,呈深灰色。

目前国内外大都采用1.1mm~1.5mm厚的薄型极板(正极板比负极板稍厚)。薄型极板对提高蓄电池的比容量(即单位尺寸所提供的容量)和起动性能都十分有利。将一片正极板和一片负极板浸入电解液中,在正、负极板间便可得到2.1V左右的电压。为了增大蓄电池的容量,将多片正、负极板分别并联,用汇流条焊接起来分别组成正、负极板组,结构如图1-4所示。汇流条上浇铸有极柱,各片极板之间留有空隙。安装时,各片正负极板相互嵌合,中间插入隔板后装入电池槽内便形成了单格电池。

正极板的机械强度较差,化学反应较强烈,反应生成$PbSO_4$后体积会增大。如果正极板在工作中,两个面上的电化学反应速度不一致,正极板就会拱曲造成活性物质脱落。所以在焊装极板组时,一般负极板组要比正极板组的极板片数多一片,安装时将正极板夹在两片负极板之间,如图1-5所示,这样可防止拱曲和减少活性物质脱落,提高极板的使用寿命。

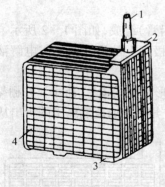

图1-4 极板组
1—桩柱;2—横板;3—支撑凸起;4—极板。

图1-5 单格蓄电池组

蓄电池的容量是由单格内正极板片数的多少来决定的。正极板片数越多,则蓄电池的容量就越大。一般每片正极板的额定容量为15A·h(早期产生的每片标准容量为14A·h)。EQ1090用蓄电池为15片,其中正极板为7片,故蓄电池容量为15×7=105A·h。因为单格间是串联的,单格电池的容量也就是整个蓄电池的容量。

2．隔板

为了减小蓄电池的内阻和体积，正负极板应尽量靠近，但又要防止相碰造成短路。因此，在正负极板间必须插入绝缘的隔板。隔板要求绝缘性好，而且应具有多孔性以便电解液能自由渗透，还应具有一定的机械强度及良好的耐酸性和抗氧化性。

隔板有木隔板、橡胶隔板、塑料隔板、玻璃纤维隔板等多种。由于橡胶和塑料隔板耐酸性好、强度高、寿命长，且成本低，故使用最广泛。

橡胶和塑料隔板的结构如图1-6(a)所示。隔板的一面制有沟槽(最新生产的一种塑料隔板两面都有沟槽，一面较深而另一面较浅)，安装时，沟槽面或沟槽较深面应直立朝向正极板，以便使充电时产生的气泡由槽上升，脱落的活性物质由槽下沉，并保证供应正极板起化学反应时所需的大量电解液。

免维护蓄电池普遍采用了聚氯乙烯袋式隔板，结构如图1-6(b)所示。使用时，正极板被隔板袋包住，脱落的活性物质保留在袋内，不仅可以防止极板短路，而且可以取消蓄电池壳体底部凸起的筋条，使极板上部容积增大，从而增大电解液的储存量。

3．电解液

电解液由纯硫酸(密度为 $1.84g/cm^3$)和蒸馏水按一定的比例配制而成，其成份用密度表示。配制好的电解液其密度一般为 $1.24g/cm^3 \sim 1.31g/cm^3$ 。

电解液的纯度和密度对蓄电池寿命和性能影响极大，如用工业硫酸和非蒸馏水配制，将带进有害物质(如铁、盐酸、锰、硝酸、铜、砷、醋酸及有机化合物等)而引起蓄电池内部局部自行放电，造成极板的早期损坏。电解液密度低，冬季易结冰；电解液密度大，可以减少冬季结冰的危害，同时可使电动势增高，但密度过大，电解液粘度增加，隔板、极板将加速腐蚀反而缩短使用寿命。因此，选用电解液时，在不致于造成结冰危险的情况下，应尽可能选用密度较低的电解液。表1-1列出了不同地区的环境温度及冬、夏季电解液密度的选用参考值。电解液液面应高出极板10mm～15mm。

表 1-1　不同地区和气温条件下的
电解液密度(g/cm³)

气候条件	全充电蓄电池15℃时的密度	
	冬季	夏季
冬季温度低于-40℃地区	1.310	1.250
冬季温度高于-40℃地区	1.290	1.250
冬季温度高于-30℃地区	1.280	1.250
冬季温度高于-20℃地区	1.270	1.240
冬季温度高于0℃地区	1.240	1.240

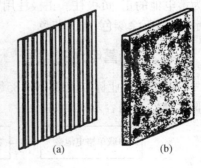

图 1-6　蓄电池隔板
(a) 塑料或橡胶隔板；(b) 袋式隔板。

4．外壳

外壳由电池槽和电池盖两部分组成，其作用是盛装电解液和极板组。

外壳材料通常用硬橡胶(或工程塑料)制成，外壳应耐酸、耐热、耐振动、耐冲击等。目前使用的干荷电与免维护蓄电池普遍采用聚丙烯塑料外壳，电池槽与电池盖之间采用热压工艺粘合为整体结构。橡胶外壳蓄电池电池槽与电池盖之间通常用沥青封口密封。

电池槽由隔壁分成的 6 个互不相通的单格组成,底部制有凸起的筋条,以便放置极板组。筋条与极板底缘组成的空间可以积存极板脱落的活性物质,防止正、负极板短路。对于采用袋式隔板的免维护蓄电池,因为脱落的活性物质存积在袋内,所以没有设置筋条。

在蓄电池盖上设有加液孔,并用螺塞或盖板密封,防止电解液溢出。旋下加液孔螺塞或打开加液孔盖板,即可加注电解液和检测电解液密度。在加液孔螺塞和盖板上设有通气孔,以便排出化学反应放出的氢气和氧气。该通气小孔在使用过程中必须保持畅通,防止壳体胀裂或发生爆炸事故。

5.联条和极柱

联条用来串联蓄电池中的各单格电池,是用含锑量为 3% ~6% 的铅锑合金浇铸而成的。硬橡胶外壳蓄电池的联条位于电池上方,塑料外壳蓄电池则采用穿壁式联条,如图 1-7所示。

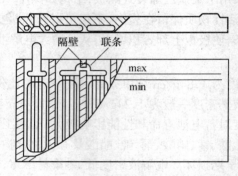

图 1-7 穿壁连接单格电池

极柱分为正极柱和负极柱。将每个单格电池的正、负极板组分别用一个极柱引出即为该单格电池的正、负极柱,再用联条将所有单格电池串联起来,两端剩下的两个接线柱即为蓄电池的正、负极柱。正极柱用“+”符号表示或涂红颜色;负极柱用“-”或“N”符号表示,一般不涂颜色,或涂蓝色。

1.2.2 铅蓄电池的型号

根据机械行业标准 JB2599-85《铅蓄电池产品型号编制方法》规定,铅蓄电池型号由 3 部分组成,其内容及排列如下:

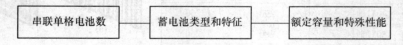

(1)串联单格电池数。指一个整体壳体内所包含的单格电池数目,用阿拉伯数字表示。

(2)电池类型。根据蓄电池主要用途划分。起动型蓄电池用“Q”表示。

(3)电池特征。为附加部分,仅在同类用途的产品具有某种特征,而在型号中又必须加以区别时采用。如为干荷电蓄电池,则用汉字“干”的第二个拼音字母“A”表示;如为无需(免)维护蓄电池,则用“无”字的第一个拼音字母“W”来表示。当产品同时具有两种特征时,原则上应按表 1-2 所示顺序用两个代号并列表示。

表 1-2 蓄电池产品特征代号

序 号	产品特征	代 号	序 号	产品特征	代 号
1	干荷电	A	7	半密封式	B
2	湿荷电	H	8	液密式	Y
3	免维护	W	9	气密式	Q
4	少维护	S	10	激活式	I
5	防酸式	F	11	带液式	D
6	密封式	M	12	胶质电解液式	J

(4) 额定容量。是指20h放电率时的额定容量,用阿拉伯数字表示,单位为A·h,在型号中可略去不写。

(5) 特殊性能。在产品具有某些特殊性能时,可用相应的代号加在型号末尾表示。如"G"表示高起动率蓄电池,"S"表示采用工程塑料外壳与热封合工艺的蓄电池,"D"表示低温起动性好的蓄电池。

蓄电池的型号举例:

6—QA—100 型蓄电池:表示是由6个单格电池串联,额定电压为12V,额定容量为100A·h的起动型干荷电铅蓄电池。

6—QA—60G 型蓄电池:表示是由6个单格电池串联,额定电压为12V,额定容量为60A·h的起动型干荷电高起动率铅蓄电池。

1.3 蓄电池的工作原理和特性

1.3.1 蓄电池的工作原理

蓄电池的工作原理就是化学能和电能的转换过程。当蓄电池将化学能转化为电能供用电设备使用时,叫蓄电池的放电过程;当蓄电池将电能转化为化学能储存起来时,叫蓄电池的充电过程。铅蓄电池在充放电过程中的化学反应是可逆的。

在新蓄电池中加入电解液后,正极板上的二氧化铅与硫酸起作用生成极不稳定的过硫酸铅$[Pb(SO_4)_2]$进入电解液,然后离解为四价铅离子(Pb^{+4})和硫酸根离子(SO_4^{-2})。由于四价铅离子的沉积倾向大于溶解倾向,于是沉积于正极上,使极板具有正电位;正极板附近的电解液中由于有带负电荷的硫酸根离子的存在,使电解液具有负电位。当达到平衡时,正极板与电解液之间的电位差约为2.0V。

负极板上的绒状铅比氢活泼,所以它的溶解倾向大于沉积倾向,因而铅离子(Pb^{+2})进入电解液,使负极板具有负电位,电解液具有正电位。当达到平衡时,负极板与电解液之间的电位差约为−0.1V。

随着四价铅离子不断地沉积于正极板上和二价铅离子不断地离开负极板进入电解液,则正、负极板和电解液之间的电位不断升高,电场强度也随之增强,而正极板与电解液之间的电场力总是阻止正离子沉积于正极板;负极板与电解液之间的电场力总是阻止正

9

离子溶解于电解液。当电场力与沉积、溶解达到平衡时,沉积和溶解活动即停止(动平衡),这时正、负极板与电解液之间的电位差称为平衡电极电位。平衡电极电位的高低只与极板本身的氧化程度、电解液密度和温度有关,而与极板的面积无关,因此,无论单格电池中正负极板片数是多少,它们之间的电位差,即静态电动势均为2.1V,即 $E_j = 2.0 - (-0.1) = 2.1(\text{V})$。

蓄电池的充放电过程如图1-8所示,可用公式表示为:

$$\underset{\text{正极板}}{PbO_2} + \underset{\text{电解液}}{2H_2SO_4} + \underset{\text{负极板}}{Pb} \underset{\text{充电}}{\overset{\text{放电}}{\rightleftharpoons}} \underset{\text{正极板}}{PbSO_4} + \underset{\text{电解液}}{2H_2O} + \underset{\text{负极板}}{PbSO_4}$$

放电前,正极板是二氧化铅,负极板是纯铅,电解液具有一定的密度,由于正、负极板和电解液的化学作用使两极板间产生约2.1V的电动势。当外电路接通时,电流便从正极向负极流动,使灯泡发亮,如图1-8(a)所示。在放电过程中,由于两极上的活性物质不断地和电解液发生化学反应,所以两极板就逐渐由原来的二氧化铅和纯铅变成硫酸铅。电解液中的硫酸逐渐减小而使密度降低,这个过程一直进行到化学反应不能再继续进行,灯泡不能正常发亮为止,如图1-8(b)所示。如果把放完电的蓄电池接上直流电源而给蓄电池充电,则电流就按放电时相反方向通过蓄电池,如图1-8(c)所示。由于电流的作用,使蓄电池发生和放电过程相反的化学反应,使两极板上的硫酸铅分别还原为二氧化铅和纯铅,电解液中的硫酸增多,密度增大。随着充电过程的继续,上述化学反应也就不断进行。当充电进行到使极板上的活性物质和电解液密度完全恢复到放电前的状态时,充电过程才算结束。这样,蓄电池又可继续向外供电。

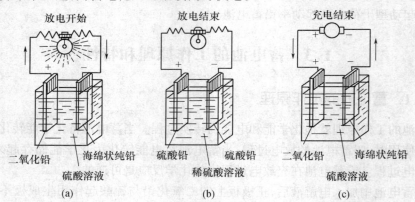

图1-8 蓄电池充放电过程

(a)放电;(b)放电结束;(c)充电。

理论上,放电过程将进行到正负极板上的活性物质全部转变为硫酸铅为止。但是实际上,由于电解液不能渗透到活性物质最内层,因此所谓完全放电,事实上只有20%～30%的活性物质转变为硫酸铅。要提高活性物质的利用率,就必须增大活性物质与电解液之间的反应面积。

1.3.2 蓄电池的工作特性

蓄电池的工作特性包括静态电动势、内阻和充放电特性。

1. 蓄电池的静态电动势

蓄电池处于静止状态(不充电也不放电)时,正负极板间的电位差(即开路电压)称为静态电动势。其值大小与电解液的相对密度和温度有关,在密度为 $1.05\text{g}/\text{cm}^3 \sim 1.31\text{g}/\text{cm}^3$ 范围内,静态电动势 E_j 可用下述经验公式计算:

$$E_j = 0.85 + \rho_{25℃} \tag{1-1}$$

式中　　$\rho_{25℃}$——25℃时电解液的密度(g/cm^3)。

实测密度应按下式换算成25℃时的相对密度,即:

$$\rho_{25℃} = \rho_t + \beta(t - 25) \tag{1-2}$$

式中　　ρ_t——实际测得的电解液密度(g/cm^3);

　　　　t——实际测得的电解液温度(℃);

　　　　β——密度温度系数($\beta = 0.00075$),即温度每升高1℃,密度将降低$0.00075\text{g}/\text{cm}^3$。

铅蓄电池电解液的密度在充电时增高,放电时降低,一般在 $1.12\text{g}/\text{cm}^3 \sim 1.31\text{g}/\text{cm}^3$ 之间变化,因此每单格电池静态电动势相应地在 $1.97\text{V} \sim 2.16\text{V}$ 之间变化,一般常将单格电压视为2V。

2. 蓄电池的内阻

蓄电池的内阻包括电解液、极板、隔板、联条和极柱等的电阻。

电解液的电阻与其密度和温度有关。如图 1-9 所示,密度低,硫酸含量少,电解液的导电离子减少,电阻变大;密度过大,由于水分子相对减少而使硫酸电离速度变慢,加上电解液粘度增大,渗透能力下降,因而电阻也变大;温度越低,电化学反应速度变慢,电解液电阻就越大。

蓄电池极板面积越大越薄,多孔性越好,电解液就容易渗透,则极板电阻越小。放电时正、负极板变成硫酸铅,硫酸铅导电率小,故电阻增大。在正常使用中,极板电阻极小,它随活性物质的变化而变化,充电后,电阻变小,放电后,电阻变大。

隔板电阻与材料及其厚度有关,材料多孔性好且制得薄,电阻就小,反之则大。

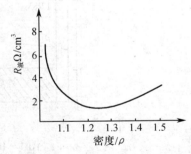

图 1-9　电解液电阻与相对密度的关系

联条和极柱的电阻是很小的。但是极柱的接触电阻不可忽视,若使用中一旦表面形成氧化物时,电阻将明显增大,使蓄电池不能正常工作。

蓄电池在技术状态良好的情况下,其内阻是很小的。在使用中,它的内阻不是一个固定值,是随着电解液的密度、温度、极板上活性物质的变化而变化的。

1.3.3　蓄电池的充放电特性

1. 蓄电池在充放电过程中的极化现象

极化现象是指蓄电池在充放电过程中其端电压偏离平衡电极电位(静态电动势)的现象。极化现象是一切二次电池在充、放电过程中共有的现象。

(1)浓差极化:在充、放电过程中,正、负极板微孔内的电解液密度高于或低于微孔外的电解液密度,从而引起电极电位变化(充电时升高,放电时降低)的现象称为浓差极化。

(2) 电化学极化:在充电过程中,氢离子(H^+)不断产生,越接近充电终期产生的量越多,并向负极板移动,吸收负极板上的电子后变为氢气(H_2)逸出。但是氢离子的移动速度大于它从负极板上吸收电子的速度。因此,氢离子会在负极板表面大量堆积从而出现0.33V的附加电位(称为超电势),使电极电位升高。这种现象称为电化学极化,它在充电终期起主要作用。

(3) 电阻(欧姆)极化:充、放电电流在蓄电池内阻上的电压降称为电阻极化或欧姆极化。欧姆极化在电流停止后 $1\mu s$ 内即能消失。

极化现象使放电过程中的蓄电池端电压迅速下降,充电过程中的端电压迅速上升。充、放电电流越大,极化现象越剧烈。充电过程中的极化现象不仅要求提高充电电压,而且限制了充电电流的增大和对极板活性物质的转化,因此单纯地增大充电电流,不但不能加快对极板活性物质的转化,而且增加了对水的分解作用,引起大量出气、电解液温度升高、极板变形及活性物质脱落,将造成蓄电池使用寿命缩短。

2. 蓄电池的充电特性

蓄电池的充电特性是指以恒定电流充电时,蓄电池的端电压和电解液密度随时间变化的规律。

图 1－10 所示为 6－QA－60 型干荷电蓄电池充电特性曲线图。

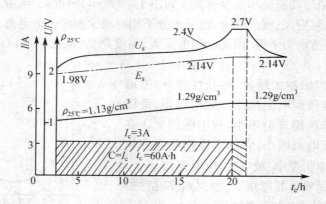

图 1－10　铅蓄电池充电特性曲线

充电过程中,电解液相对密度基本按直线规律逐渐上升。这是因为采用等电流充电,每单位时间内蓄电池输入的电量相等,每单位时间内电解液中生成的硫酸量基本相等。

其端电压的变化规律可分为 4 个阶段。

第一阶段,充电开始时,端电压上升较快。这是由于极板活性物质孔隙内部的水迅速消耗,孔隙外部的水还未来得及渗入补充,极板内部电解液相对密度迅速上升,端电压迅速增大。

第二阶段,端电压上升较平稳至单格电压 2.4V。随着充电的进行,新生成的硫酸不断向周围扩散,当充电至极板孔隙中生成硫酸的速度和向外扩散的速度基本处于平衡时,蓄电池端电压的上升速度也相对比较稳定。该阶段,每单位时间内极板内部消耗的水与外部渗入的水基本相等,处于动态平衡状态。

第三阶段,端电压达 2.4V 以后迅速上升至 2.7V。充电已接近终了,极板上的活性物质基本上已转化为二氧化铅和纯铅,继续充电,这时的充电电流除一部分使尚未转化的硫酸铅继续转化外,其余电流则用于电解水,产生氢气和氧气,以气泡形式放出,呈现"沸腾"现象。由于水被分解变成氧气和氢气而放出,在此过程中,带正电的氢离子和负极板上电子结合比较缓慢,来不及立即变成氢气放出,于是在负极板周围便积存了大量带正电的氢离子,使电解液与负极板之间产生了约为 0.33V 的附加电位差,这个附加电位差使蓄电池的端电压由 2.4V 升高至 2.7V 左右。

第四阶段,过充电阶段,该阶段端电压不再上升。为了保证蓄电池充分充足电,一般需要过充 2h～3h。由于过充电时剧烈地放出气泡会导致活性物质脱落,造成蓄电池容量降低,使用寿命缩短,因此应尽量避免长时间过充电。

停止充电后,附加电压消失,随着极板孔隙内硫酸的逐渐扩散与外界电解液密度平衡时,端电压又下降至 2.1V 左右稳定下来。

蓄电池充电终了的特征是:
(1) 端电压和电解液密度上升到最大值且 2h～3h 内不再上升;
(2) 电解液中产生大量气泡,呈现"沸腾"状态。

3．蓄电池的放电特性

蓄电池放电特性是指在恒定的电流放电过程中,其端电压和电解液密度随时间变化的规律。

图 1-11 所示为 6-QA-60 型干荷电蓄电池放电特性曲线图。

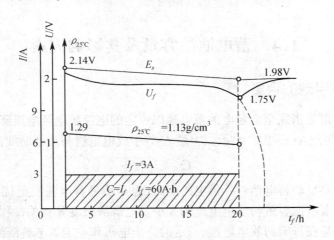

图 1-11　铅蓄电池放电特性曲线图

放电过程中,电解液密度基本按直线规律逐渐减小。这是因为采用恒流放电,每单位时间内蓄电池放出的电量相等,消耗的硫酸量也基本相等。

其端电压的变化规律可分为 3 个阶段。

第一阶段,放电开始时,端电压迅速下降。这是由于极板孔隙内部的硫酸被迅速消耗,水分增加,而极板外部的硫酸还来不及向极板孔隙内渗透,极板内部电解液密度迅速降低,端电压迅速下降。

第二阶段,端电压由 2.14V 呈直线规律缓慢稳定下降。这是由于随着放电的进行,

13

当极板孔隙内部消耗的硫酸和渗入的硫酸基本处于平衡时,蓄电池端电压将随电解液密度的降低而缓慢下降。

第三阶段,放电接近终了,端电压迅速下降到1.75V。这是由于极板上的活性物质大部分已转变为硫酸铅,如果继续放电(过度放电),放电后生成的硫酸铅堵塞了极板孔隙,电解液不易渗入极板内部来补充放电时所需的硫酸,致使极板孔隙内的电解液密度急剧下降而引起端电压的迅速下降。

过度放电生成的硫酸铅在充电时难以还原,因而使极板损坏、容量下降。放电停止后,随着极板活性物质孔隙内外电解液得到充分混合而密度升高,端电压又恢复到1.98V。

蓄电池放电终了的特征是:

(1)电解液密度下降至最小值$1.10g/cm^3 \sim 1.12g/cm^3$;

(2)单格电压下降至终止电压(以20h放电率放电时终止电压为1.75V)。

放电终止电压与放电电流的大小有关,放电电流越大,则放电时间越短,允许的放电终止电压也越小。放电电流、放电时间与允许放电终止电压的关系如表1-3所列。

表1-3 放电电流、放电时间与允许放电终止电压的关系

放电电流/A	$0.05C_{20}$	$0.1C_{20}$	$0.25C_{20}$	C_{20}	$3C_{20}$
连续放电时间	20h	10h	3h	25min	4.5min
单格电池终止电压/V	1.75	1.7	1.65	1.55	1.5

1.4 蓄电池的容量及其影响因素

1.4.1 蓄电池的容量

蓄电池的容量是指完全充足电的蓄电池以一定的电流放电至电压降低到规定值时所输出的电量,单位为A·h,用C表示。容量C等于放电电流与放电时间的乘积,即:

$$C = I_f t_f \qquad (1-3)$$

蓄电池容量是反映蓄电池对外供电的能力,也是衡量蓄电池质量优劣以及选用蓄电池的重要指标。蓄电池容量与放电电流的大小及电解液温度等有关,因此,蓄电池出厂时规定的额定容量是在一定的放电电流、一定的终止电压和一定的电解液温度下取得的。

1. 额定容量(C_{20})

铅蓄电池的额定容量用20h放电率容量表示。根据国标GB5008.1-1991《起动用铅酸蓄电池技术条件》规定,将充足电的新蓄电池在电解液温度为25℃±5℃、相对密度为$1.28g/cm^3 \pm 0.1g/cm^3(25℃)$的条件下,以20h放电率的放电电流(即$0.05C_{20}A$)连续放电至单格电池平均电压降到1.75V时,所输出的电量称为铅蓄电池的额定容量。额定容量是检验蓄电池质量的重要指标,新蓄电池必须达到该指标,否则就为不合格产品。

例如对新的6-Q-105型铅蓄电池以5.25A($I_f = C_{20}/t_f = 105/20$)电流连续放电至单格电池平均电压降到1.75V时,若放电时间大于或等于20h,则其容量$C = I_f t_f \geqslant 105A$

·h,即达到或超过了额定容量值 105A·h,因此该蓄电池为合格产品;若放电时间小于 20h 则其容量 $C = I_f t_f < 105A·h$,即低于额定容量值 105A·h,因此该蓄电池为不合格产品。

2．起动容量

起动容量是表征蓄电池在发动机起动时大电流供电的能力。起动容量分为常温起动容量和低温起动容量两种。

1）常温起动容量

常温起动容量是指电解液的初始温度为 25℃ 时,以 5min 放电率的电流(相当于 $3C_{20}$)放电,放电 5min 至单格电压降至 1.5V 时所输出的电量。

例如对新的 6－Q－105 型铅蓄电池以 315A($I_f = 3 \times 105 = 315A$)电流连续放电至单格电池平均电压降到 1.5V,放电 5min,其起动容量为:

$$C = I_f t_f = 3 \times 105 \times 5/60 = 26.25(A·h) \tag{1-4}$$

2）低温起动容量

低温起动容量是指电解液的初始温度为 －18℃ 时,以 5min 放电率的电流(相当于 $3C_{20}$)放电,放电 2.5min 至单格电压降至 1V 时所输出的电量。

例如对新的 6－Q－105 型铅蓄电池以 315A($I_f = 3 \times 105 = 315A$)电流连续放电至单格电池平均电压降到 1V,放电 2.5min,其起动容量为:

$$C = I_f t_f = 3 \times 105 \times 2.5/60 = 13.125(A·h) \tag{1-5}$$

3．储备容量

根据国标 GB5008.1－1991《起动用铅酸蓄电池技术条件》规定,蓄电池在 25℃±5℃ 条件下,以 25A 恒流放电至单格电池平均电压降到 1.75V 时的放电时间,称为蓄电池的储备容量,单位为分钟(min)。

储备容量表达了在机械装备充电系统失效时,蓄电池能为照明和点火系统等用电设备提供 25A 恒流的能力。

1.4.2 影响容量的因素

蓄电池容量并不是一个固定不变的常数,而与很多因素有关,归纳起来可分为两类:①生产工艺及产品结构因素,如活性物质的数量、极板的厚薄、活性物质的孔率等;②使用条件因素,如放电电流、电解液温度和电解液相对密度等。

1．生产工艺及产品结构因素对容量的影响

1）极板厚度的影响

极板厚度越薄,活性物质的多孔性越好,电解液也就越易渗透,越利于活性物质参加反应,蓄电池的输出容量就越大。

2）极板总面积的影响

极板总面积越大,参加反应的活性物质就越多,蓄电池的输出容量就越大。提高极板活性物质总面积的方法有两种:①增加极板组内极板的片数;②提高活性物质的多孔性,增加参加反应的活性物质数量。

国产车用铅蓄电池极板面积已统一形成系列化,每对极板的容量约为 15A·h,因此若已知蓄电池单格极板总片数,蓄电池的容量可用下式进行估算:

$$C_{20} = 7.5(P - 1) \tag{1-6}$$

式中　C_{20}——额定容量（A·h）；

　　　P——正负极板总片数。

2．使用条件因素对容量的影响

1）放电电流的影响

放电电流越大，则电压下降越快，放电至终止电压的时间越短，因此容量越小。放电电流过大时，化学反应作用于极板表面，电解液来不及渗入极板内部，就已被表面生成的硫酸铅堵塞，致使极板内部大量的活性物质不能参加化学反应，因而蓄电池容量减小。图 1-12 为 6-Q-75 型蓄电池在电解液温度为 30℃时，蓄电池容量与放电电流的关系。

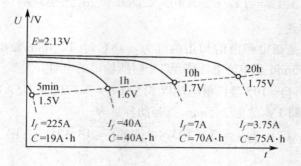

图 1-12　放电电流对容量的影响

由于放电电流过大直接影响蓄电池的容量，机械装备上规定每次使用起动机的时间不应超过 5s，再次起动时应间歇 10s～15s，以便使电解液充分渗透，使更多的活性物质参加工作。否则会导致蓄电池容量减小，使用寿命缩短。

2）温度的影响

温度降低，容量减小。这是因为温度降低时，电解液粘度增大，电解液内阻增加，离子运动速度降低，电动势消耗在内阻上的压降增大，蓄电池端电压降低，允许放电时间缩短，因此容量减小。

一般情况下，温度每降低 1℃，小电流放电时蓄电池容量约减小 1%，大电流放电时容量约减小 2%。冬季用起动机起动机械装备时，放电电流大，温度又低，使蓄电池容量大大减小，这是冬季起动时总感到蓄电池电量不足的主要原因之一。一般电解液温度应控制在 20℃～30℃之间，最高不超过 40℃。

3）电解液密度的影响

在一定范围内，适当加大电解液密度，可以提高蓄电池的电动势及电解液向极板内活性物质的渗透能力，并减小电解液的电阻，而使蓄电池容量增加。但密度过大，将使其粘度增加，若密度超过某一值时，可使渗透能力降低，内阻增大，端电压及容量减小。如图 1-13 所示。

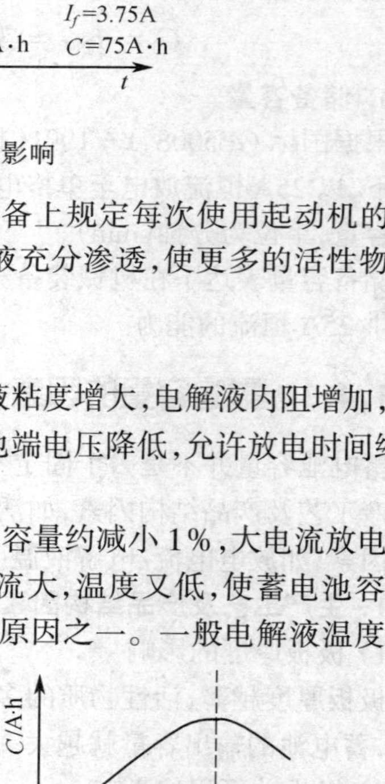

图 1-13　蓄电池电解液相对密度
与容量的关系

16

试验证明,电解液密度约为 $1.23g/cm^3$ 时,蓄电池输出容量最大,综合考虑电解液相对密度对蓄电池性能的影响,机械装备用起动型蓄电池充足电时的电解液密度,一般选在 $1.26g/cm^3 \sim 1.29g/cm^3$ 范围内。

1.5 铅蓄电池的充电

1.5.1 铅蓄电池的充电方法

铅蓄电池的充电方法主要有定流阶段充电法、定压充电法和脉冲快速充电法。

1.定流阶段充电法

在充电过程中,保持充电电流始终恒定不变的充电方法。其第一阶段充电电流值一般为额定容量值的 $10\% \sim 15\%$;当单格电池电压上升到 2.4V 时,再将充电电流减小 1/2 转入第二阶段充电,直到完全充足为止。如图 1-14 所示。

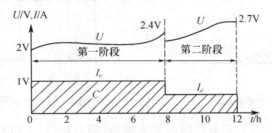

图 1-14 定流充电特性曲线

定流阶段充电法的优点是充电电流的大小可以根据被充蓄电池的不同容量加以控制,充电过程符合电化学反应要求,有利于保持蓄电池的技术性能和延长使用寿命。缺点是充电时间长并且需要经常调节充电电流(一般需 45h~60h)。另外被充蓄电池的容量最好一样,如容量不一样时,应先按容量小的蓄电池选定充电电流值,待容量小的蓄电池充足后先摘除取下,然后再改用大容量蓄电池的充电电流继续充电。

2.定压充电法

在充电过程中,保持充电电压始终恒定不变的充电方法。机械装备上的蓄电池采用的就是这种充电方法,通常保持充电电压为单格电池 2.4V±0.05V 左右。如图 1-15 所示。

定压充电法的优点是充电时间短,且充电过程中不需专人照管。定压充电开始时充电电流较大,所以充电较快,一般只需 4h~5h 就能使蓄电池获得 $90\% \sim 95\%$ 的充电量。并且由于充电电压不变,随着充电的进行,蓄电池电动势增高,使充电电流会逐渐减小至零,自动停止充电。缺点是不能调节充电电流的大小,不能确保蓄电池完全充足电,也不适于对蓄电池的初充电和去硫化充电。

3.脉冲快速充电法

脉冲快速充电法是在大电流充电中,进行短暂的停充,在停充中加入放电(或反充电)的方法。

美国人马斯研究发现蓄电池的充电接受率与蓄电池的放电率和放电深度有关。放电率越高,放电深度越大,则充电接受率越高。脉冲快速充电法就是根据这一原理实现的。

脉冲快速充电法必须用脉冲快速充电机进行。充电初期,先用较大的电流(相当于蓄电池额定容量的 0.8 倍~1 倍)进行定流充电,使蓄电池在较短的时间内充到额定容量的 50%~60%,当蓄电池单格电池的电压升至 2.4V,开始冒气泡时,由充电机的控制电路自动控制,开始进行脉冲充电,即先停止充电若干毫秒(一般为 25ms,称为前停充),然后再放电或反充电,使蓄电池反向流过一个较大的脉冲电流(脉冲深度一般为额定容量的 1.5 倍~3 倍,脉冲宽度为 150μs~1000μs),接着再停止充电约 40ms(称为后停充),以后的过程为正脉冲充电→前停冲→负脉冲瞬间放电→后停充→正脉冲充电,此过程往复循环,直至蓄电池充足电为止。如图 1-16 所示。

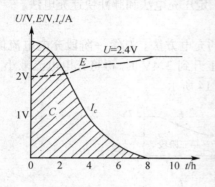

图 1-15 定压充电曲线

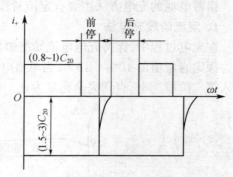

图 1-16 快速脉冲充电电流波形

脉冲快速充电的优点是充电时间可大大缩短(新蓄电池初充电仅需 5h,补充充电只需 1h 左右),又能节省电能。缺点是对蓄电池的寿命有一定影响,并且脉冲快速充电机控制电路复杂,价格较贵,维修也较困难,因此该种充电方法适用于电池集中、充电频繁、要求应急情况的场合。

1.5.2 电解液的选择和配制

铅蓄电池的电解液是用蒸馏水和密度为 $1.84g/cm^3$ 的化学纯净硫酸配制而成的。各厂生产的蓄电池由于极板结构、成分和工艺不同,需用电解液的密度也不同。使用过程中,必须按规定的密度值配制电解液。各厂说明书中所推荐的电解液密度都是以 15℃ 为标准的。因此,配制电解液的密度时必须根据使用地区环境温度进行修正。一般冬季使用的电解液密度应较夏季高 $0.02g/cm^3$~$0.04g/cm^3$。15℃ 时,电解液密度与配制成分的百分比如表 1-4 所列。

表 1-4 不同密度下硫酸与蒸馏水的配制比

电解液密度 /g·cm⁻³	体 积 比		质 量 比		电解液密度 /g·cm⁻³	体 积 比		质 量 比	
	浓硫酸	蒸馏水	浓硫酸	蒸馏水		浓硫酸	蒸馏水	浓硫酸	蒸馏水
1.220		41		23	1.270		30		18
1.230		38		22	1.280		28		17
1.240	1	36	1	21	1.290	1	27	1	16
1.250		34		20	1.300		26		15
1.260		32		19	1.400		19		10

配制电解液所用的器皿必须是耐酸及耐热的有釉陶瓷缸、玻璃缸、塑料槽等。配制时工作人员必须穿戴防护用具，如耐酸塑料或橡胶围裙、橡胶手套以及胶鞋、护目镜等。

配制前应将所用的器皿洗刷干净，并用少量蒸馏水冲洗一次，将所需工具、量具准备齐全。为了防止在工作中硫酸溅到皮肤上或衣服上，应先准备好 5% 氢氧化铵或 10% 碳酸钠(小苏打)溶液，以便溅上硫酸时，可迅速用上述溶液擦洗，再用清水冲洗。

配制时，先将需用的蒸馏水放入合适的器皿内，然后将浓硫酸慢慢注入蒸馏水内，并不断用玻璃棒搅拌，使其混合均匀，如温度升高过快时，可暂缓加硫酸。在配制时绝对不允许将水注入硫酸内，以免引起溶液沸腾飞溅，造成灼伤事故。

初配好的电解液，温度会升高到 80℃ 左右，此时切不可即刻注入电池槽内，必须冷却到室温或比室温高 5℃ 左右再使用。同时检查电解液密度是否符合换算成 15℃ 时规定的密度。密度低则加入密度为 $1.40g/cm^3$ 的稀硫酸溶液，密度高则加入蒸馏水予以调整。

任意电解液的密度换算成标准相对密度的换算公式如下：

$$\rho_{15℃} = \rho_t + 0.00075(t - 15) \tag{1-7}$$

式中　$\rho_{15℃}$——表示基准温度(15℃)时电解液的密度值(g/cm^3)；

　　　ρ_t——实际测得的电解液密度；

　　　0.00075——密度温度系数；

　　　t——实际测得的电解液温度。

1.5.3　蓄电池组的连接

蓄电池在充电中，根据充电机的功率和蓄电池的容量，常采用下列几种连接方式。

1．蓄电池的串联

将几个蓄电池的异性极相连，最后两端留出正、负极的连接方式叫蓄电池的串联，如图 1-17 所示。

蓄电池串联后，其特点为：①总电动势(或总电压)等于各单个电池的电动势(或电压)之和；②总内阻等于各单个电池内阻之和；③总电流等于各个电池的电流；④总容量不变。

串联电路中，各蓄电池的电压不要求相等，但容量最好相同，否则定电流充电时的充电电流，应按串联支路中容量最小的一个计算。当容量小的蓄电池充足电后，先将它取下，再继续充其它容量大的蓄电池。

2．蓄电池的并联

将几个电池的同性极相连，最后两端留出正、负极的连接方法叫蓄电池的并联，如图 1-18 所示。

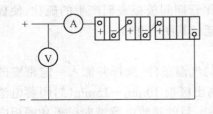

图 1-17　电池的串联

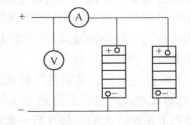

图 1-18　电池的并联

蓄电池并联后,其特点有:①电动势或电压等于各单个电池的电动势或电压;②总内阻等于各单个电池内阻的倒数之和;③总电流等于各单个电池的电流之和;④总容量等于各单个电池容量之和。

充电时,若各并联支路内无变阻器可用,则要求各并联支路的总电压应相等,否则将引起支路之间的环流,即电压高的支路会向电压低的支路放电。

3. 蓄电池的混联

将若干个电池分别串联成电压相等的几个分路,然后再将各分路并联起来,这种既有串联又有并联的连接方法叫蓄电池的混联,如图1-19所示。它具有蓄电池串、并联的特点。

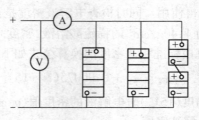

图1-19 电池的混联

4. 充电时,串、并联蓄电池数的计算

每单格电池充足电时需2.7V,故被充蓄电池串联的个数由充电机的额定电压确定,一般可按下式计算:

$$串联6V铅蓄电池的个数 = \frac{充电机额定电压值}{3 \times 2.7} \qquad (1-8)$$

$$串联12V铅蓄电池的个数 = \frac{充电机额定电压值}{6 \times 2.7} \qquad (1-9)$$

被充蓄电池的并联个数由其容量确定,一般可按下式计算:

$$并联铅蓄电池的个数 = \frac{充电机额定电流值}{K \times C} \qquad (1-10)$$

式中　C——蓄电池的额定容量;

　　　K——蓄电池的充电工艺常数,初充电为1/15,补充充电为1/10。

1.5.4 蓄电池的充电

1. 初充电

对新蓄电池或更换极板的蓄电池的首次充电称为初充电。初充电的目的在于消除极板在生产过程中由于"化成处理"不彻底或在库存保管期间极板表面产生的硫化,使极板活性物质得到更好地恢复,以提高蓄电池的容量,延长其使用寿命。

初充电步骤和方法如下。

(1)配置电解液。按制造厂的规定和本地区的气温条件,选择并加入一定密度的电解液(电解液加入前温度不得超过30℃),液面应高出极板10mm~15mm(封闭蓄电池液面高度在上下刻线之间),加注后一般应静置6h~8h,目的是使电解液向极板和隔板内部渗透,并散发出化学反应所产生的热量。一般在电解液温度低于25℃时才能进行充电。

（2）连接蓄电池组。按充电设备的额定电压和额定电流将被充蓄电池按一定形式连接起来。由于串联蓄电池的总电压不能大于充电设备的额定电压，当充电设备的额定电压不能满足蓄电池的要求而额定电流大大超过蓄电池要求的充电电流时，可把被充电的蓄电池并联起来。当蓄电池的容量相差较大时，可采用混联的方法连接。

（3）选择充电电流。定电流充电的充电电流是根据蓄电池容量来选择的，一般为两个阶段。第一阶段的充电电流为容量的 1/15，充电中，当蓄电池单格电压充到 2.4V 时（充电时间约为 25h～35h），为防止了由于气泡剧烈产生并急速从极板孔隙内冲出，使孔隙边缘的活性物质冲掉，使容量降低，应将充电电流减半，进入第二阶段充电。第二阶段的充电电流为额定容量的 1/30，充至充足电（第二阶段的充电时间约为 20h～30h）。全部充电时间约为 45h～60h。

（4）在充电过程中，应每隔 2h～3h 测量电解液温度、密度和电压，并做好记录。如电解液温度超过 40℃ 时，应将电流减半；如温度超过 45℃ 时，应停止充电，待温度降至 35℃以下时再继续充电。

（5）调整电解液密度。充电后电解液密度应符合蓄电池的要求，如不符合规定，应用蒸馏水或密度为 $1.40g/cm^3$ 的稀硫酸进行调整。调整后，再用小电流继续充电 1h～2h，使电解液充分混合。再进行测量和校正，直至符合规定为止。

（6）充放电循环。新蓄电池经过初充电后，是否达到蓄电池的额定容量，一般要进行循环充放电检查。方法为：使充足电后的蓄电池休息 1h～2h，以蓄电池额定容量的 1/20的电流连续放电。放电中，每隔 2h 测量一次单格电压，当单格电压降至 1.8V 时，每隔20min 测一次电压，单格电压降到 1.75V 时，应立即停止放电。如容量达不到 90% 以上额定容量，还需进行第二次充电（充电电流第一阶段为额定电流的 1/10，第二阶段减半），蓄电池充足电后再进行第二次放电，当蓄电池容量达到 90% 以上的额定容量时，再进行最后一次补充充电。

2．蓄电池的补充充电

蓄电池使用后的充电，称为补充充电。蓄电池在使用中，如果发现起动机旋转无力、灯光比平时暗淡、冬季放电超过 25%、夏季放电超过 50% 时，必须及时进行补充充电。另外，由于机械装备上使用中的蓄电池采用的是定电压充电，不可能使蓄电池充足电，为了有效防止硫化，最好每隔 2 个月进行一次补充充电。

补充充电的步骤和方法：充电前不需另加电解液（如液面过低加蒸馏水），第一阶段充电电流为额定容量的 1/10，第二阶段减小 1/2，不需进行充放电循环。此外，蓄电池的连接、充电终了的特征以及电解液密度调整方法等，均与新蓄电池初充电时相同。补充充电时间一般为 10h～17h。

3．预防性过充电

在机械装备上使用的蓄电池，除每隔 2 个月进行一次补充充电外，每隔 3 个月还要进行一次预防性过充电，彻底清除极板上的硫酸铅结晶。

预防性过充电的步骤和方法：首先进行补充充电。补充充电结束后，停充 1h，再用补充充电的第二阶段充电电流继续充电，当电解液有激烈气泡形成后，停充 1h，接着仍以补充充电的第二阶段充电电流继续充电。如此，经过多次充、停循环，直到一接通充电电源1min～2min，电解液就出现大量气泡为止。

4．去硫化充电

铅蓄电池长期充电不足或放电后长时间放置,在极板上都会逐渐生成一层白色粗晶粒的硫酸铅,这种硫酸铅晶粒很难在正常充电时转化为正常的活性物质,因而导致容量下降,这种现象称为极板硫化。

铅蓄电池发生硫化故障后,内电阻将显著增大,开始充电时充电电压较高(严重硫化者可高达 2.8V 以上),温升亦较快。对严重硫化的蓄电池,只能报废。对硫化程度较轻的蓄电池,可以通过充电予以消除,这种消除硫化的充电工艺称为去硫化充电。去硫化充电的程序如下:

(1) 首先倒出原电解液,并用蒸馏水冲洗 2 次,然后再加入足够的蒸馏水。

(2) 接通充电机,将电流调节到初充电的第二阶段电流值进行充电,当电解液密度上升到 $1.15g/cm^3$ 时,再倒出电解液,换加蒸馏水再进行充电,如此循环,直到电解液密度不再上升为止。

(3) 换用正常密度的电解液进行补充充电和充放电锻炼循环,直到蓄电池输出容量达到额定容量值的 85% 以上时,即可再次充足电后交付使用。

5．充电注意事项

(1) 严格执行充电规范,经常保持充电电流在规定值。

(2) 经常测量单格电池的电压、电解液密度和温度,及时了解充电情况。如发现不正常现象,应查明原因及时排除。

(3) 初充电必须连续进行,不可长时间断开。

(4) 在充电过程中,要注意测量各单格电池的温升,以免温度过高影响使用性能,也可以采用风冷或水冷的方法降温。如电解液温度超过 40℃ 时,应减小充电电流;温度超过 45℃ 时,应停止充电。

(5) 配制和注入电解液时,严格遵守安全操作规则和器皿的使用规则。

(6) 充电时,应备有冷水、10% 苏打水溶液或 5% 氢氧化铵溶液。

(7) 充电时,打开电池的孔盖,使氢气、氧气顺利逸出,以免发生事故。

(8) 充电室严禁明火,并且通风良好。

(9) 充电时应先接牢电池线,停止充电时,先切断交流电源,然后拆下其它连接线。

(10) 为避免腐蚀性气体对充电设备的侵蚀,充电设备应与存放蓄电池的地方隔开。

1.6 铅蓄电池的使用与维护

蓄电池的技术性能和使用寿命,不仅取决于其结构和制造质量,而且还取决于使用与维护是否正确。铅蓄电池的正常使用寿命约为 2 年左右,如使用维护得当,其平均使用寿命可延长到 4 年左右。

1.6.1 铅蓄电池的拆卸与安装

蓄电池进行清洁、保养和维修时,通常应从车上拆下后进行,因此必须掌握正确的拆卸与安装方法。

1. 拆卸蓄电池方法步骤

（1）将机械装备的电源总开关断开。

（2）从蓄电池极柱上拆下搭铁线夹头。

（3）从蓄电池极柱上拆下火线夹头。

（4）拆除蓄电池在车上的固定架。

（5）从车上搬下蓄电池。

向车上安装蓄电池应以与拆卸相反的顺序进行。

2. 拆、装蓄电池的注意事项

（1）拆、装接线夹头时，应选用合适扳手旋松或紧定夹头螺丝，切不可硬撬或硬砸，以防损坏线夹头和电极桩头。

（2）安装前一定要判别清楚正负极柱，要保证蓄电池搭铁极性与发电机搭铁极性相一致，不得接错。

（3）接线前要认真清除极柱和线夹头上的氧化物，确保接触良好、连接紧固。

（4）蓄电池安装在车上必须牢固稳妥，必要时应将四周用木块、毛毡等塞紧。

（5）各接线柱上应涂抹薄层润滑脂或凡士林，以防氧化。

1.6.2 蓄电池正、负极柱的识别

新蓄电池的正极上一般都刻有"＋"号或涂以红色标记，负极上刻有"－"或"N"号，涂以蓝色标记。蓄电池在使用中标记不清时，常用下列方法识别。

（1）颜色法：正极柱通常为深褐色，负极柱通常为淡灰色。

（2）放电法：将蓄电池的两极各引线相隔一定距离浸在稀硫酸溶液（或盐、碱水）中，这时，蓄电池通过导线、溶液放电，浸在溶液中的两导线周围都会产生气泡，冒泡多者为负极，少者为正极。

（3）直流电压表测量法：将电压表"＋"、"－"两接柱分别接至蓄电池的两极柱上，如指针正摆（＞0），则接表"＋"的极柱为蓄电池正极，接"－"的极柱为负极，否则反之。此方法也可以用直流电流表串联在电路中测量。

（4）高率放电计法：将高率放电计测量蓄电池任意一侧有极柱的单格电压，测量时指针往哪边摆则哪边极柱为正极，另一极柱为负极。

（5）厂牌法：面对厂牌标志，右方极柱为正极，左方极柱为负极。

（6）二极管法：将一只耐压值高于蓄电池电压的二极管串一小灯泡（耐压与蓄电池相等）接在电路上，根据二极管单向导电性的特点来判定。若灯亮，则接二极管正极端的极柱为蓄电池的正极，接二极管负极端的极柱为负极；否则反之。

1.6.3 蓄电池技术状况的检查

1. 用密度计测量电解液的密度值，估算放电程度

电解液密度可用吸式密度计测量，如图1－20所示。首先旋下加液孔螺塞，并将密度计的下端插入加液孔内，轻捏橡皮球，吸入少量电解液，使密度计中的浮子浮起，电解液液面所在的浮子上的刻度值即为电解液的密度值。

注意：测量电解液的密度时，应同时测量电解液的温度，并要将实测电解液密度值换

算为 25℃ 时的电解液密度值。

经验表明，电解液密度值每降低 0.01g/cm³，相当于蓄电池放电 6%。因而根据电解液的密度降低值，便可估算出蓄电池的放电程度。

例如，某机械用蓄电池在电解液温度为 -25℃ 时，测得其密度值为 1.26g/cm³，该蓄电池充足电时的电解液密度为 1.29g/cm³，问其放电程度如何，是否需要补充充电？

解：先将 -25℃ 时实测的电解液密度值换算为基准温度（25℃）条件下的电解液密度值，即：

$$\rho_{25℃} = \rho_{-25℃} + 0.00075(-25-25) = 1.26 - 0.0375 \approx 1.223(g/cm^3)$$

密度降低值为：

$$\Delta\rho_{25℃} = 1.29 - 1.223 = 0.067(g/cm^3)$$

蓄电池的放电程度为：

$$\frac{0.067}{0.01} \times 6\% = 40.2\%$$

由此可知，蓄电池已放电 40.2%，超过了冬季放电规定值（25%），因而应立即从机械上拆下进行补充充电。

2. 在大电流放电的情况下测量端电压判定蓄电池技术状况

1）用高率放电计检查

高率放电计由一个 3V 电压表和一个具有一定电阻值的负载电阻组成。测量时应将其两叉尖紧压在单格电池的正、负极桩上（如图 1-21 所示），历时 5s 左右，观察电压表所保持的电压值，即可判断该单格电池的放电程度（见表 1-5）以及有无故障（见表1-6）。

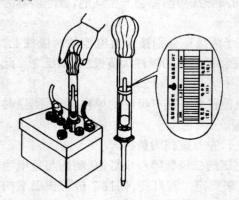
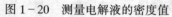

图 1-20　测量电解液的密度值

图 1-21　用高率放电计检查单格电池

表 1-5　高率放电计测得电压与放电程度对照表

单格电池电压/V	放电程度/%	单格电池电压/V	放电程度/%
1.7~1.8	0	1.4~1.5	75
1.6~1.7	25	1.3~1.4	100
1.5~1.6	50		
注：电压上限值适用于新的或容量较大的蓄电池			

24

表 1-6　用高率放电计判断单格电池有无故障

高率放电计测量时的现象	技 术 状 况
5s 内电压稳定在 1.7V 以上	良好
电压稳定在 1.5V~1.7V，5s 内保持稳定	存电不足，需充电
电压低于 1.5V 且迅速下降	有故障
同一蓄电池中，某单格电池电压较其它单格电池低 0.1V 以上	该单格电池有故障

2）在机械装备上使用起动机判定蓄电池技术状况

在发动机正常温度、起动机工作良好的情况下，连续几次使用起动机都能带动发动机迅速运转，说明蓄电池不但技术状况良好，而且电还充足。反之，则表明蓄电池放电过多或有故障。

也可以在夜间打开大灯的情况下接通起动机，通过灯光的变化程度判定蓄电池的技术状态。如果起动机转动很快，灯光稍许变暗，但仍有足够的亮度，则说明蓄电池技术状态良好；如果起动机旋转无力，灯光又非常暗淡，则说明蓄电池放电过多；如果接通起动机灯光暗红，甚至熄灭，则说明蓄电池放电已超过了允许限度或者已严重硫化。

3．充放电检查判定蓄电池技术状况

充放电检查，是判断蓄电池工作状况和诊断蓄电池内部故障的较可靠的方法之一。因为蓄电池内部的一切故障，在充放电时都会以不同的现象和形式表现出来。所谓充放电检查，就是把送修的蓄电池进行一次充电和放电循环，观察并记录整个过程的现象和参数，经综合分析后做出正确的判断，给检修提供可靠的依据。

起动型铅蓄电池充、放电时，不同技术状况对比分析结果见表 1-7。

表 1-7　铅蓄电池充放电时不同技术状况对比分析结果

比较内容		技　术　状　况					
		正常	一般硫化	严重硫化	活性物质脱落	一般短路	严重短路
充电时（补充充电）	电解液密度	上升正常	上升缓慢	根本不上升	上升较正常，但电池内很混浊	上升缓慢	不上升
	电解液温度	正常上升	异常升高	异常升高	正常升高	上升较快	很快升高
	单格电池端电压	上升正常	最初即到 2.8V	最初高于 2.8V	上升正常，但达不到最高值	上升非常缓慢	几乎为零
	气泡出现时刻	单格电压升到 2.4V 时	提前出现	充电开始出现	约 2.4V 时出现	气泡很少	无气泡
	充电终止时间	正常			提早	过迟	
放电时（20 h 放电率放电）	端电压	正常下降	下降较快	急剧下降	下降较快且有褐色漂浮物	很低	为零
	电解液温度	正常	较高	异常高	正常	较高	异常高
	放电终止时刻	正常	提早	放电很短时间即出现终了特征	提早		
	容量	符合规定	较低	很低	不足	很低很低	等于零

进行充放电检查时应注意,铅蓄电池的各种故障可能会出现同一现象,而某一故障又会同时产生多种现象。因此,必须严格地按规定进行充放电操作,并详细观察测量和记录整个充放电过程中各种现象及其变化过程,为分析故障提供可靠而准确的资料。

1.6.4　铅蓄电池的正确使用

(1) 铅蓄电池要经常保持在充足电的状态,放完电的蓄电池必须在 24h 内充足电。

(2) 车上正常使用的蓄电池一般每 2 个月补充充电一次。蓄电池的放电程度,冬季不得超过 25%,夏季不得超过 50%。

(3) 带电解液存放的蓄电池,每 2 个月补充充电一次。

(4) 每次使用起动机的时间不得超过 5s。如果一次未能起动发动机,应间隔 15s 以上,再进行第二次起动。连续 3 次起动不成功,应查明原因,排除故障后再起动发动机。

(5) 冬季使用铅蓄电池时,要特别注意保持充足电状态,以免电解液密度降低而结冰。但是在不结冰的前提下,电解液密度应尽可能降低。冬季添加蒸馏水时,只能在充电前进行,并尽快地使水和电解液混合,减少电解液结冰的可能性。表 1-8 列出了放电程度与密度、冰点的关系。

(6) 冬季应尽量少使用起动机,冷起动时,发动机应进行预热。

表 1-8　放电程度与相对密度、冰点的关系

放电程度	充足电		25%		50%		75%		100%	
	密度(15℃)/g·cm⁻³	冰点/℃	密度(15℃)/g·cm⁻³	冰点/℃	密度(15℃)/g·cm⁻³	冰点/℃	密度(15℃)/g·cm⁻³	冰点/℃	密度(15℃)/g·cm⁻³	冰点/℃
电解液密度和冰点	1.310	-70	1.270	-58	1.230	-36	1.190	-22	1.150	-14
	1.290	-69	1.250	-50	1.210	-28	1.170	-18	1.130	-10
	1.280	-66	1.240	-42	1.200	-25	1.160	-16	1.120	-9
	1.270	-58	1.230	-36	1.190	-22	1.150	-14	1.110	-8
	1.250	-50	1.210	-28	1.170	-18	1.130	-10	1.090	-6
	1.240	-42	1.200	-25	1.160	-16	1.120	-9	1.080	-5
放电计指示电压/V	1.7~1.8		1.6~1.7		1.5~1.6		1.4~1.5		1.3~1.4	

1.6.5　铅蓄电池的保养

1. 每班保养(每天)

(1) 擦净蓄电池表面(如蓄电池表面有溢出的电解液时,可蘸 10% 苏打水或用热水冲洗),保持其清洁干燥;紧固接线卡和搭铁线螺丝;清除接线卡上的氧化物,并涂一层润滑脂或凡士林。

(2) 旋紧加液口盖,并疏通其上的通气孔。

(3) 紧固蓄电池,防止松动。

2. 车场日保养(每周)

(1) 清洁蓄电池表面,检查蓄电池的放电程度。如冬季放电 25% 或夏季放电 50%,

应从车上取下进行补充充电。

(2) 检查电解液液面高度,要求电解液液面应高出极板防护板 10mm～15mm,如低于此规定,应用蒸馏水补充。不允许加自来水、井水、河水,更不能添加海水。

3. 换季保养

除完成每班和车场日保养内容外,还应根据蓄电池的充电情况和季节,恰当地调整好电解液密度,一般冬季比夏季高 $0.02g/cm^3$～$0.04g/cm^3$ 为宜,并对蓄电池进行一次补充充电。

1.6.6 蓄电池的储存

1. 新蓄电池的储存

未启用的新蓄电池,其加液孔盖上的通气孔均已封闭,不要捅破。储存方法和储存时间应以出厂说明为准。

蓄电池的储存条件:

(1) 应存放在室温为 5℃～30℃ 的干燥、清洁及通风的地方。

(2) 不受阳光直射,离热源(暖气片、火炉)距离不小于 2m。

(3) 避免与任何液体和有害气体接触。

(4) 不得倒置与卧放,不得承受重压,每个铅蓄电池之间应相距 10cm 以上。

注意:新蓄电池的存放时间一般不得超过 2 年(自出厂之日算起),干荷电蓄电池的保管期限可适当长一些。

2. 暂不使用的铅蓄电池的储存

对储存时间不超过 6 个月的铅蓄电池,应从车上拆下采用湿储存法。储存前,先将蓄电池充足电,把电解液密度调到 $1.28g/cm^3$(25℃),液面达到正常高度,密封加液盖通气孔后放置在室内暗处。存放条件与新蓄电池的储存相同,存放期间应定期检查电解液密度和蓄电池存电量,如容量降低 25％,应立即补充充电,交付使用前也应先充足电。

3. 长期停用的铅蓄电池的储存

蓄电池长时间存放时,应采用干储存法。先将充足电的铅蓄电池以 20h 放电率放完电,然后再倒出电解液,用蒸馏水反复冲洗多次,直到水中无酸性,晾干后旋紧加液孔盖,并将通气孔密封后储存,存放条件同新蓄电池的储存。重新启用时,以新电池对待。

1.7 铅蓄电池的常见故障与排除

铅蓄电池的外部故障有壳体裂纹、封口胶开裂、联条烧断、接触不良、极柱腐蚀等;内部故障有极板硫化、活性物质脱落、自行放电等。铅蓄电池的外部故障容易察觉,现象比较明显,可通过简单的修补、除污、紧固等方法进行修复;而内部故障则不易被察觉,只有在使用或充电时才出现一定症状,一旦产生就不易排除。因此在使用中应以预防为主,尽量避免内部故障产生。

1.7.1 外壳破裂

外壳破裂是蓄电池使用中最严重的一种破坏性故障。外壳破裂后,蓄电池内的电解液会向外渗漏而流失。如果是间壁损坏,相邻两单格便会互通而短路,使端电压显著下降而无法正常工作。

蓄电池外壳破裂的主要原因是使用维护不当,如固定框架过紧、橡胶减震垫过紧或漏装;机械装备行驶中剧烈振动冲击、外力猛击蓄电池外壳、加液孔螺塞上的通气孔堵塞、冬季电解液密度过低或气温过低而结冰等。

蓄电池外壳经检验,如发现有裂纹时,必须立即从车上拆下,及时进行修补。否则,裂纹会越来越大,以致无法修复。修补外壳裂纹的方法很多,下面介绍3种常用的修补方法,维修者可根据实际条件选用。

1．环氧树脂修补法

用环氧树脂修补硬橡胶外壳,是以环氧树脂作为粘合剂,在其中加入固化剂、增塑剂以及各种不同填料来完成的。修补前应先按表1-9所列的配方配制环氧树脂粘合剂。配制时,先将配方中环氧树脂加热,待溶液变稀时,加入硬胶粉、炭黑(修复盖子用的胶泥中还应加入壳粉)搅拌均匀,冷却后再用。修补时,再按规定比例加入乙二胺,搅拌后即可使用。

修补裂纹的方法是:用酒精灯(或远距离火焰)加热裂纹处,使之变软,用刀铲去裂纹表面杂质,在靠近裂口处锉成倒角,并在裂纹下端钻一直径为4mm的孔。用配好的环氧树脂将钻孔补平,并在裂纹两侧及裂口上涂刷两遍,然后贴上玻璃丝布,再在玻璃丝布外面刷一些环氧树脂,干后即可使用。

表1-9　修补硬橡胶外壳用环氧树脂粘合剂配方

环氧树脂		固化剂		增塑剂二丁酯	填　料			
规格	用量	乙二胺	己二胺		硬胶粉	炭黑	玻璃丝布	石棉布
6101#	100	10	10		50	1	两层	两层
634#	100	6	10	10	50	1	两层	两层
641#	100	8	15	15	50	1	两层	两层
注:以环氧树脂为100份,按质量比计								

2．生漆修补法

将生漆和石膏粉调成糊状,修补方法与环氧树脂修补法相同。

3．松香、沥青修补法

用松香、沥青和胶木粉取相同体积配成胶料,慢慢加热,加入适量石棉纤维搅拌均匀,按与环氧树脂相同的方法修补。

1.7.2　极板硫化

极板硫化后生成的坚硬硫酸铅导电性差,它的体积增大,会堵塞活性物质的孔隙,阻碍电解液渗入,极板上的有效活性物质减少,使蓄电池内阻增大。

极板严重硫化后,在充、放电时都会出现异常,如充电时单格电压上升过快,电解液温度过高,"沸腾"过早,电解液密度达不到规定值;放电时电压急剧下降,不能持续供给起动电流,以至于不能起动。

1．产生硫化的主要原因

（1）蓄电池长期充电不足或放电后未及时充电,极板上将有一部分硫酸铅溶解于电解液中,温度越高,溶解度越大。但当温度下降时,溶解度减小,硫酸铅就会重新析出,在极板上再次结晶,形成硫化。每溶解、结晶一次,硫酸铅颗粒则变大一次。

（2）使用中长期不检查电解液液面高度,液面太低,使极板上部露出液面而发生氧化,由于液面的上下波动,氧化的极板时干时湿而发生再结晶,产生硫化。在充电时极板上端的硫酸铅不能与电解液发生化学反应,因而其上部的活性物质得不到恢复。

（3）长期过量放电或小电流深度放电,使极板活性物质深孔内生成硫酸铅,平时充电时不易恢复,久而久之导致硫化。

（4）新蓄电池初充电不彻底,活性物质未得到充分还原。

（5）电解液密度偏高,成分不纯,外部气温变化剧烈。

2．排除方法

极板轻度硫化时,可用小电流长时间充电的方法予以排除;硫化较严重者应按去硫化充电法消除硫化;硫化特别严重者,大修恢复。

3．预防极板硫化的措施

对蓄电池定期进行补充充电,使其经常处于充足电状态;放完电的蓄电池应在24h内进行补充充电;电解液密度应适当,液面高度应符合规定。

1.7.3　极板活性物质大量脱落

蓄电池在使用中,正极板上的活性物质会逐渐脱落,这是因为在充电和放电时,其活性物质的体积总在不断变化,所以容易脱落。如使用不当,活性物质将会大量脱落,导致极板过早损坏。

活性物质脱落严重时,电解液混浊并呈褐色。蓄电池充电时,有褐色物质自底部上升,电压上升过快,沸腾过早出现,密度上升缓慢;放电时,电压下降过快,容量下降。

1．活性物质大量脱落的原因

（1）蓄电池充电电流过大,电解液温度过高,使活性物质膨胀、松软而易于脱落。

（2）蓄电池经常过充电,由于极板孔隙中逸出大量气体,在极板孔隙中造成压力,而使活性物质脱落。

（3）极板弯曲变形严重。

（4）冬季电解液结冰。

（5）机械装备行驶中的振动与颠簸。

2．排除方法

对于极板活性物质脱落的铅蓄电池,沉积物少时,可清除后继续使用;沉积物多时,应更换新极板和电解液。

3．预防极板活性物质脱落的措施

避免过充电和大电流长时间充、放电;安装搬运蓄电池应轻搬轻放,避免振动冲击;蓄电池在机械装备上安装应牢固可靠。

1.7.4　自行放电

充足电的蓄电池在无负载状态下,电量自行消失的现象称为自行放电。若每昼夜电量降低超过 1% 额定容量,说明蓄电池有自行放电故障。

1.产生原因

(1) 电解液不纯。

(2) 蓄电池盖上洒有电解液,使正、负极柱导通。

(3) 蓄电池内部正、负极板短路,如隔板破裂、极板拱曲变形、活性物质严重脱落等。

2.排除方法

自放电较轻的蓄电池,可将其正常放完电后,倒出电解液,用蒸馏水反复清洗干净,再注入新电解液,充足电后即可使用。

自放电严重的蓄电池,应解体检修或更换。

3.预防自行放电的措施

配制电解液用的硫酸及蒸馏水必须符合规定;配制电解液所用器皿必须是耐酸材料制作的,配好的电解液应妥善保管,严防掉入脏物;加液螺塞要盖好,保持蓄电池外表清洁干燥;补充的蒸馏水要符合要求。

1.8 新型蓄电池介绍

随着新材料的开发和新技术的创新,出现了许多新型铅蓄电池,使得蓄电池的比能量提高、无需初充电或免去定期添加蒸馏水,减少了繁琐的维护。

1.8.1 新型铅蓄电池

1.干荷电铅蓄电池

干荷电铅蓄电池与普通铅蓄电池的结构相同,但由于其负极板的制造工艺不同,可使极板组在干燥状态下能较长期地保存电荷。

普通蓄电池负极板在储运过程中,活性物质微粒表面易被氧化,为把这部分物质还原,新蓄电池使用前,需进行比较繁琐的初充电。干荷电式铅蓄电池制造时,负极板的活性物质在铅中配有一定比例的抗氧化剂,如松香、羊毛脂、油酸、有机聚合物和脂肪酸等,经深化处理后,使活性物质形成较深层的海绵状结构,再经防氧化浸渍处理,极板表面附着了一层较薄的保护膜,提高了抗氧化性能,最后还经惰性气体或真空干燥处理。经过这些处理,能使负极板上的海绵状纯铅在空气中长期干存而不氧化,在化成中获得的大量"负电荷"不至于消失,可使负极板在干燥状态下能长期保存电荷。在规定的保存期内(2年)如需使用,只要加注电解液,搁置 20min,不需进行初充电即可使用。

对储存期超过 2 年的干荷电铅蓄电池,因极板上有部分活性物质已氧化,使用时应以补充充电的电流充电 5h~10h 后再用。

2.湿荷电铅蓄电池

湿荷电铅蓄电池的极板是采用特殊配方和工艺制成的。组装后,将蓄电池的电解液倒出并甩干,但极板和隔板仍带有部分电解液,蓄电池内部是湿润的,旋紧加液孔盖并密封之后即成。

湿荷电铅蓄电池自出厂之日起,允许储存 6 个月,在储存期内如需使用,只需加入规定密度的电解液,20min 后不需初充电即可投入使用。其首次放电容量可达额定容量的

80％以上。若储存期过长,则需经过短时间的补充充电,方可正常使用。

3．免维护铅蓄电池

免维护铅蓄电池也叫 MF 铅蓄电池,其意是指在长期使用过程中不需要维护。免维护铅蓄电池在使用过程中除需要保持表面清洁外,不需补加蒸馏水和其它维护工作。

典型免维护铅蓄电池结构如图 1-22 所示。与普通铅蓄电池相比,免维护铅蓄电池具有以下特点。

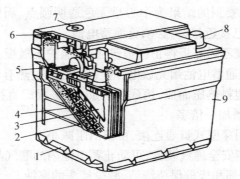

图 1-22　免维护铅蓄电池

1—下固定槽;2—铅钙栅架;3—袋式隔板;4—活性物质;5—穿壁联条;
6—消焰排气阀;7—内装式密度计;8—冷锻式接线柱;9—壳体。

(1) 采用低锑合金或铅钙合金制作极板栅架,提高了氢在负极、氧在正极的析出过电位,减少了蒸馏水的消耗,在整个使用寿命期内无需补充蒸馏水。采用低锑合金后,减少了自放电,使荷电能力增大。

(2) 采用密封式压铸成型极柱,不易断裂,免受酸气腐蚀。

(3) 蓄电池内部安装有液体密度计(俗称电眼),如图 1-23 所示,可以自动显示蓄电池的存电状态和电解液的液面高低。其结构如图 1-23(a)所示,由透明塑料管、底座和两只小球(一只为红色、另一只为蓝色)组成,通过螺纹安装在蓄电池盖上,两只小球安放在塑料管与底座之间的中心孔中,红色小球在上,蓝色小球在下。两只小球由不同密度的

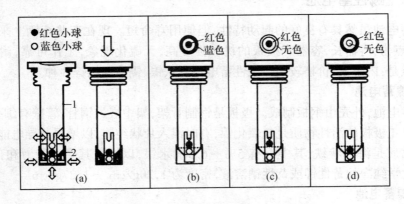

图 1-23　蓄电池内装式密度计

(a) 密度计结构;(b) 存电充足;(c) 存电不足;(d) 电解液不足。

1—透明塑料管;2—密度计底座。

材料制成,可随电解液密度变化而上下浮动。当蓄电池存电充足、电解液密度符合标准时,两只小球向上浮动到极限位置,经过光线折射小球的颜色,从密度计观察到的结果为中心呈红色圆点、周围呈蓝色圆环,如图 1-23(b)所示,表明蓄电池技术状态良好、容量在 75% 以上;当蓄电池存电不足、电解液密度过低时,蓝色小球下移到极限位置,从密度计观察到的结果为中心呈红色圆点、周围呈无色透明圆环,如图 1-23(c)所示,表明蓄电池存电不足、容量在 75% 以下,应予以补充充电;当电解液液面过低时,两只小球都下移到极限位置,从密度计观察到的结果为中心呈无色透明圆点、周围呈红色圆环,如图 1-23(d)所示,表明蓄电池已接近报废,必须更换蓄电池。

(4) 隔板采用袋式聚乙烯隔板将正极板包住,可保护正极板上的活性物质不致脱落,以防极板短路,同时比普通蓄电池耐充放电,对气体蒸发、过热有较强的抵抗力。

(5) 外壳用聚丙烯塑料热压而成,槽底没有肋条,极板组直接坐落于蓄电池底部,可使极板上部的电解液量增加一倍多。

(6) 单体电池间采用穿壁式贯通连接,可使内阻减小。

(7) 通气孔采用新型安全通气装置,可防止蓄电池内的酸气与外部火花直接接触,以防爆炸,还可使蓄电池顶部和极桩保持清洁,减少接头的腐蚀。

(8) 在出气孔上安装消氢帽,用铂、钯作催化剂,将蓄电池内产生的氢气和氧气重新化合成水再流回蓄电池中去。因而可用 3.5 年~4 年不必补充蒸馏水。

4. 胶体铅蓄电池

普通铅蓄电池的电解质为稀硫酸水溶液,而胶体铅蓄电池的电解质是一种粘稠的胶状物质,这种胶状物质是由硅酸钠溶液与稀硫酸溶液混合后形成的。胶体铅蓄电池的主要特点是:电解质呈胶体状不会晃动溅出;使用过程中只需补充蒸馏水(蓄电池内的薄塑料片不显色则表示缺水),且补充蒸馏水的次数也只有普通铅蓄电池的 1/2;无需调整电解液的密度。因此,胶体铅蓄电池的保存、运输、使用和维护都安全方便,特别适合在偏僻地区使用的机械装备。胶体铅蓄电池的主要缺点是内电阻较大,导致蓄电池容量下降约 10%,大电流放电电压也下降约 10%。

1.8.2 碱性蓄电池

铅酸蓄电池虽然具有良好的起动特性,但使用寿命短。现在有些车辆上采用碱性蓄电池,其优点为:寿命长,容器和极板的机械强度高,无硫化现象,工作可靠,耐强电流放电。其缺点是:内阻大,价格较高。碱性蓄电池有铁镍、镉镍和银锌 3 种。

1. 铁镍蓄电池

铁镍蓄电池,外壳由钢板制成。极板是钢制骨架,架中嵌入钢管,管壁有细孔,管内装活性物质。正极板的活性物质是氢氧化镍,有时混入片状纯镍,以增强其导电能力。负极板的活性物质是海绵状铁,其中混有 5%~6% 的水银,以增强其导电能力和化学活性。电解液为化学纯净的苛性钾或苛性钠溶液,密度为 $1.20g/cm^3 \sim 1.27g/cm^3$。

2. 镉镍蓄电池

镉镍蓄电池正极为氢氧化镍,负极为镉。电解液为氢氧化钾或氢氧化钠溶液,隔板为橡胶或塑料。外壳用优质钢板压制、焊接镀镍而成,或用 ABS 树脂制成。

在制造过程中,正极板用氢氧化亚镍粉、石墨粉和其它添加剂,包在穿孔的钢带中压制而成。极板再焊接成极板组。添加石墨粉,是为了增加极板的导电性。负极板由氧化镉和氧化铁粉及其它添加剂,包在穿孔的钢带中压制成极板,再焊接成极板组。掺加氧化铁粉是为了提高氧化镉粉的扩散性,防止结块,增加极板的容量。电解液是密度为 $1.1g/cm^3 \sim 1.27g/cm^3$ 的氢氧化钾溶液。

3．银锌蓄电池

银锌蓄电池正极板上的活性物质为氧化银,负极板为锌。用银丝导线制成的银丝导电骨架,起传导电流和支撑活性物质的作用。电解液为氢氧化钾溶液。外壳用不锈钢或塑料制成。

复习思考题

1．简述蓄电池的作用和组成。

2．极板和隔板安装时应注意什么?

3．什么叫蓄电池的极化现象?极化现象包括哪几类?

4．$6-QW-70$、$3-QA-54$ 的含义是什么?

5．如何进行蓄电池正负极桩柱的识别?

6．什么是蓄电池的容量?影响蓄电池容量的因素有哪些?

7．试述蓄电池的充、放电特性。根据蓄电池充、放电特性,如何正确使用蓄电池?

8．简述蓄电池补充充电的对象和方法。

9．某机械装备用蓄电池在电解液温度为 $-15℃$ 时,测得其密度值为 $1.25g/cm^3$,该蓄电池充足电时的电解液密度为 $1.28g/cm^3$,问其放电程度如何,是否需要补充充电?

10．有 4 个 $6-Q-182$ 和 1 个 $3-Q-84$ 型蓄电池要在一个额定电压为 72V、额定电流为 19A 的充电机上进行补充充电,试述其充电步骤。

11．判断蓄电池技术状况的方法有哪些?如何判断?

12．蓄电池常见故障及原因有哪些?在充放电过程中有何现象?

13．对暂时不用和长期停用的蓄电池如何保存?

14．免维护蓄电池有哪些特点?

第2章 交流发电机及其调节器

在机械装备上虽装有蓄电池,但蓄电池储存的电能是有限的,并且它在放电以后必须及时进行补充充电。为满足机械装备用电设备用电和蓄电池充电的需要,在机械装备上除装有蓄电池外,还必须装有充电系统,主要由交流发电机、调节器和充电状态指示装置组成。它们的连接如图2-1所示。

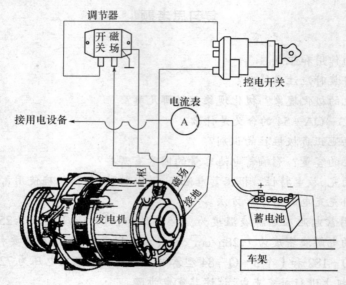

图2-1 交流发电机、调节器和蓄电池的连接电路

2.1 交流发电机

交流发电机是机械装备运行中的主要电源,担负着向除起动机之外所有用电设备供电,并向蓄电池充电的任务。机械装备用发电机有直流发电机和交流发电机两种。由于交流发电机具有重量轻、体积小、结构简单、维修方便、输出功率大、低速充电性能好、与其配套的调节器简单等优点,已基本取代了直流发电机而被广泛使用。目前大多数机械装备上都采用的是交流发电机。

2.1.1 交流发电机的分类

交流发电机按有无电刷可分为有刷式和无刷式两大类。目前机械装备上普遍使用有刷式交流发电机。有刷式交流发电机根据电刷架的安装方式不同,又分为外装式和内装式两种。前者电刷架可直接在发电机的外部拆装;后者电刷架则不能直接在发电机外部

34

进行拆装,如需更换电刷,则必须将发电机解体。

交流发电机按磁场绕组的搭铁方式不同,又分为内搭铁式和外搭铁式两种。磁场绕组在发电机内部搭铁的称为内搭铁式;磁场绕组在发电机外部通过调节器搭铁的则称为外搭铁式。交流发电机搭铁方式不同,所配用的调节器及接线方法也不同,充电系故障检查方法也不同,使用时应予注意,否则发电机不发电,调节器不工作。

交流发电机按调节器的安装部位不同又分一般式和整体式两种。整体式交流发电机是指将发电机调节器装在发电机上或发电机内部,即调节器和发电机装为一个整体。由于内装集成电路(IC)调节器,不但可以减少发电机外部的连接导线,而且还能大大简化制造过程,因而正在日益得到广泛的应用。

交流发电机按采用二极管的多少分为六管交流发电机、八管交流发电机、九管交流发电机和十一管交流发电机。此外,还有带真空泵的带泵式交流发电机。

2.1.2 交流发电机的结构

交流发电机在机械装备上使用已有 40 多年了,虽然局部结构有所改进,但其基本结构相同,主要由转子、定子、整流器和前后端盖等四大部分组成,图 2-2 所示为机械装备用一般交流发电机的结构图。

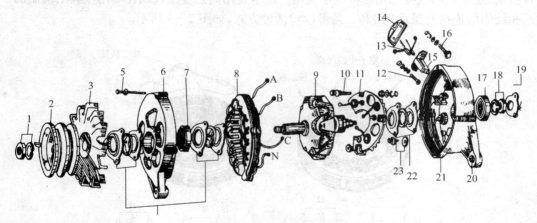

图 2-2　交流发电机结构图

1—紧固螺母及弹簧垫圈;2—带轮;3—风扇;4—前轴承油封及护圈;5—组装螺栓;6—前端盖;7—前轴承;
8—定子;9—转子;10—电枢接柱;11—元件板;12—搭铁接柱;13—电刷及压簧;14—电刷架外盖;
15—电刷架;16—磁场接柱;17—后轴承;18—转轴固定螺母及弹簧垫圈;19—后轴承纸垫及护盖;
20—安装臂钢套;21—后端盖;22—后端盖轴承油封及护圈;23—元件板固定螺栓。

1. 转子

转子是发电机的磁场部分,其作用是产生旋转磁场。它主要由转子轴、两块爪极、磁场绕组和滑环等组成。如图 2-3 所示。

在转子轴的中段轧有花键,其上压有两块低碳钢爪形磁极。每块磁爪上各有 6 个鸟嘴形磁极,两块磁爪相对,交错压装在转子轴上,形成 6 对磁极(一般称为爪极)。在其空腔内装有导磁用的铁芯,称为磁轭,其上装有用高强度漆包线绕制的线圈,称为磁场绕组。磁场绕组的两根引出线分别焊接在与轴绝缘的两道滑环上,滑环与装在后端盖上的两个

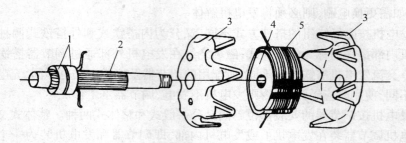

图 2-3　交流发电机转子

1—滑环；2—转子轴；3—爪极；4—磁轭；5—磁场绕组。

电刷相接触，当电刷与直流电源相接时便有电流通过磁场绕组（称为发电机的磁场电流），从而产生磁场。使一块爪极被磁化为 N 极，另一块为 S 极，形成了相互交错的 6 对磁极。转子轴由轴承支承于前后端盖上，以保证转子能高速旋转。

2. 定子

定子由定子铁芯和定子绕组组成，如图 2-4 所示，其作用是产生三相交流电动势。定子铁芯是由一组相互绝缘且内圆带有嵌线槽的 0.5mm～1mm 厚环状硅钢片或低碳钢片叠成，定子槽内嵌有三相对称定子绕组。绕组是用高强度漆包线在专用模具上绕制的。三相绕组的连接有星形（Y）和三角形（△）两种方式，如图 2-4 所示。

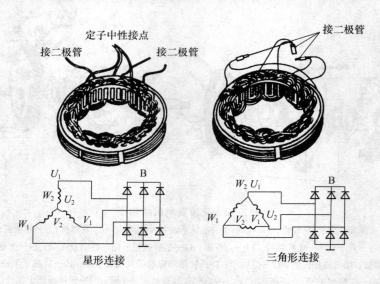

图 2-4　定子及三相绕组的连接

（1）星形连接，即每相绕组的末端 U_2、V_2、W_2 连接在一起，首端 U_1、V_1、W_1 引出，分别与硅二极管相接。输出电流较小的发电机通常采用星形连接。星形连接具有低速发电性能好的优点，所以大多车用发电机都采用星形连接。

（2）三角形连接，即把一相绕组的末端和另一相绕组的首端顺次地连接起来，连成一个闭合回路，再从 3 个连接点引出 3 根导线分别与硅二极管相接。输出电流较大的发电机通常采用三角形连接。

为了在三相绕组中产生大小相等、频率相同，且在相位上相差 120°电工度的对称三相交流电动势,三相绕组在定子铁芯上的安放位置应符合以下原则。现以 JF13 交流发电机为例说明如下。

(1) 在每个极面下,每相绕组所占的槽数应相等;每相绕组中的线圈个数和匝数也应相等,以便三相绕组获得相等的感应电动势。

JF13 交流发电机的磁极对数为 6,定子总槽数为 36,则每相绕组在每个极面下所占用的槽数(相带宽 q)为:

$$q = \frac{Z}{2Pm} = \frac{36}{2 \times 6 \times 3} = 1(槽) \tag{2-1}$$

式中　Z——定子总槽数;

　　　P——磁极对数;

　　　m——相数。

本例发电机共有 12 个磁极,则每相占有总槽数为 12 槽。本例为单层绕组(即每槽中只放一个线圈边),故每相绕组应由 6 个线圈(每两个槽放一个线圈)串联而成。每个线圈的匝数为 13 匝。

(2) 每个线圈的宽度(Y)应等于一个极距(τ)在定子内沿上所对应的槽数,以便获得最大的感应电动势。

本例发电机定子总槽数为 36 槽,磁极数为 12,则每个磁极在定子内沿上所对应的槽数为:

$$\tau = Y = \frac{Z}{2P} = \frac{36}{2 \times 6} = 3(槽) \tag{2-2}$$

根据上式计算的结果,将线圈嵌入定子槽内时,每个线圈的两边应相隔 3 个槽。即线圈的一个边嵌入第 1 槽,另一边应嵌入第 4 槽。

(3) 为使三相电动势在相位上互差 120°电工度,三相绕组的首端 U_1、V_1、W_1 或末端 U_2、V_2、W_2 在定子槽内的排列,在空间上应间隔 120°电工度。本例为 6 对磁极,定子总槽数为 36 槽,则每槽所占的电工度 α 为:

$$\alpha = \frac{P \times 360}{36} = \frac{6 \times 360}{36} = 60(电工度) \tag{2-3}$$

由于每槽所占的电工度为 60°,所以各相首端之间应间隔两个槽。即第一相绕组的首端嵌放在第 1 槽时,第二相绕组的首端应嵌放在第 3 槽,第三相绕组的首端应嵌放在第 5 槽。在实际下线时,为使三相绕组的首端便于和整流元件板连接,三相绕组的首端必须均匀地分布在 180°机工度内。因此第一相绕组的首端从第 1 槽引出时,第二相绕组的首端应从第 9 槽引出,第三相绕组的首端应从第 17 槽引出。它们之间虽然相隔了 480°电工度,但各相绕组的首端线圈边的电势方向并未改变,所以发电机的性能也不会改变。如图 2-5 所示。

3. 整流器

整流器通常由 6 只硅二极管和元件板组成,其作用是将三相定子绕组产生的交流电转换为直流电。

车用交流发电机硅二极管的内部结构和工作原理与一般工业用交流二极管基本相同,但其外形结构却与一般二极管不同,如图 2-6 所示。

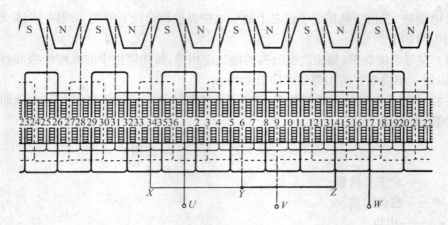

图 2-5 交流发电机定子绕组展开图

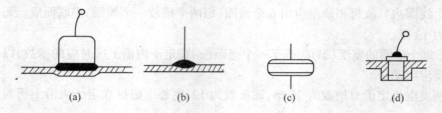

图 2-6 车用二极管的结构

(a) a 型二极管；(b) b 型二极管；(c) c 型二极管；(d) d 型二极管。

图 2-6(a)所示二极管(简称 a 型)是将二极管的外壳用焊锡焊到金属散热板上；图 2-6(b)所示二极管(简称 b 型)是将二极管的整流结(即 PN 结)直接烧结在金属散热板上；图 2-6(c)所示二极管(简称 c 型)是将二极管做成扁圆形,既可焊在金属散热板上,也可夹在两块金属板之间使用；图 2-6(d)所示二极管(简称 d 型)是将二极管压装在金属散热板上的孔中使用。在这 4 种类型的二极管中,b、d 两种形式应用最广。20 世纪 80 年代以后,工业发达国家采用 b 型结构的小型二极管日趋增多,到 90 年代,日本生产的交流发电机全都采用了 b 型结构。

6 个二极管有两种类型,即正二极管和负二极管,硅二极管外壳和引线分别是它的两个电极。

安装整流二极管的铝质散热板称为元件板。

(1) 正二极管。其引线为二极管的正极,外壳为负极(国产二极管在管壳底上一般有红色标记)。3 个正二极管压装或焊接在一块铝合金制成的正元件板上,并与后端盖绝缘。用固定元件板的螺栓引出后端盖外部,作为交流发电机的输出接线柱,其标记一般为"B"或"火线"或"+"或"电枢"。

(2) 负二极管。其引线为二极管的负极,外壳为正极(国产二极管管壳底上一般有黑色标记)。3 个负二极管压装或焊接在另一块负元件上或发电机的后端盖上(国产交流发电机多是将 3 个负二极管压装在后端盖上),和发电机的外壳共同组成发电机的负极。

图 2-7 所示为二极管安装示意图,图 2-8 为元件板外形图。

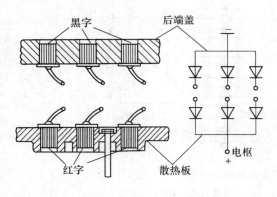

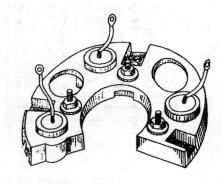

图 2-7　二极管安装图　　　　　　　　　图 2-8　元件板外形

现代机械装备交流发电机的整流器多数都有两块元件板。有的交流发电机只有正元件板而没有负元件板,3 只负二极管直接压装在发电机的后端盖上,即后端盖相当于负元件板。由于不便维修,因此此种结构正被淘汰。

4．前后端盖

前后端盖的作用是支承转子、定子并封闭内部构造。交流发电机的前、后端盖均用铝合金铸造而成,其上制有通风口,用以通风散热。铝合金为非导磁材料,可以减少漏磁,能提高发电的效能,并且还有质量轻、散热性能好的优点。前、后端盖上均装有滚珠轴承,用以支承转子。后端盖内装有电刷与电刷架,电刷用铜粉和石墨粉模压而成。两只电刷装在电刷架中的导孔内,借助弹簧的弹力与滑环保持接触。两个电刷中一个与外壳绝缘的称为绝缘电刷,其引线接到发电机后端盖外部的接线柱"F"上,成为发电机的磁场接柱。另一个电刷是搭铁的,称为搭铁电刷。外装式电刷架的拆装可在发电机外部直接进行,如图2-9(a)所示。此种形式方便检修,采用较多。内装式电刷不能直接在发电机外部进行拆装,需将发电机解体后才能拆下,如图2-9(b)所示。

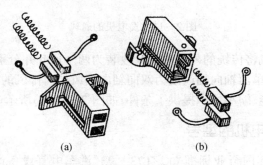

图 2-9　电刷及电刷架

磁场绕组的一端经滑环和电刷在发电机端盖上搭铁的发电机称为内搭铁发电机,如图 2-10(a)所示。磁场绕组的两端均与端盖绝缘,其中一端经调节器后搭铁的发电机称为外搭铁发电机,如图 2-10(b)所示。

交流发电机前端盖之前装有驱动皮带轮和风扇。驱动皮带轮由发动机通过皮带驱动旋转。风扇的作用是在发电机工作时,强制通风冷却发电机内部,风扇为叶片式,一般由

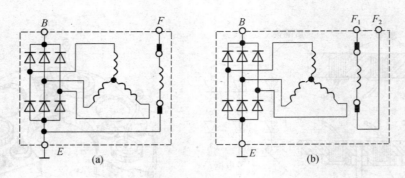

图2-10 交流发电机的搭铁形式
(a) 内搭铁交流发电机；(b) 外搭铁交流发电机。

1.5mm 的钢板冲制而成或用铝合金压铸而成。其工作原理是：在发电机的前、后端盖上分别有出风口和进风口，当曲轴驱动皮带轮旋转时，带动风扇叶片旋转产生空气流，空气流高速流经发电机内部进行冷却。如图2-11(a)所示。

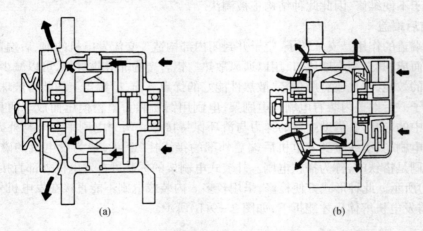

图2-11 发电机的通风

有些新型的发电机将传统的外装单风叶改装为两个风叶并分别固定在发电机的转子爪极两侧，使发电机由单面轴向抽风改为双向轴向抽风径向排风的冷却系统，增强了冷却效果。为提高输出性能、缩小体积提供了条件，如图2-11(b)所示。

2.1.3 交流发电机的型号

根据中华人民共和国行业标准 QC/T73-93《汽车电气设备产品型号编制方法》规定，机械装备交流发电机的型号组成如下：

$$\boxed{1}\quad\boxed{2}\quad\boxed{3}\quad\boxed{4}\quad\boxed{5}$$

（1）产品代号：用2个或3个大写汉语拼音字母表示，交流发电机的产品代号有 JF、JFZ、JFB、JFW 四种，分别表示交流发电机、整体式交流发电机、带泵交流发电机和无刷交流发电机。

（2）电压等级代号：用1位阿拉伯数字表示，如1-12v；2-24v；6-6v。

40

(3) 电流等级代号:用 1 位阿拉伯数字表示,其含义见表 2-1。

表 2-1　电流等级代号

电流等级代号	1	2	3	4	5	6	7	8	9
电流/A	~19	≥20~29	≥30~39	≥40~49	≥50~59	≥60~69	≥70~79	≥80~89	≥90

(4) 设计序号:按产品的先后顺序,用 1 位、2 位阿拉伯数字表示。

(5) 变型代号:交流发电机是以调整臂的位置作为变型代号。从驱动端看,Y-调整臂在右边;Z-调整臂在左边;调整臂在中间时不加标记。

例如,JF152 表示电压等级为 12V、电流等级为 50A~59A,第二次设计的普通交流发电机。

2.1.4　交流发电机的工作原理

1. 交流发电机的工作原理

交流发电机的发电原理如图 2-12 所示。发电机的三相定子绕组按一定规律分布在发电机定子铁芯的槽中。

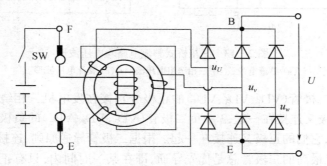

图 2-12　交流发电机的工作原理

当磁场绕组接通直流电时即被励磁,一块爪极形成 N 极,另一块爪极形成 S 极。磁力线由转子的 N 极出发,穿过转子与定子间很小空气隙进入定子铁芯,最后又经空气隙回到相邻的 S 极,通过磁极构成了磁回路。转子磁极制作成鸟嘴形,可使产生的磁场近似于正弦分布。

当转子旋转时,由于定子绕组切割磁力线,所以在三相绕组中便产生频率相同、幅值相等、相位相差 120°电工度的三相正弦交流电。

如下式所示,发电机每相绕组产生的电动势的大小与每相绕组串联匝数以及转子的转速成正比:

$$E = Cn\Phi \tag{2-4}$$

式中　E——每相绕组电动势的有效值(V);

　　　C——发电机结构常数;

　　　n——发电机转速(r/min);

　　　Φ——磁极磁通(Wb)。

2．交流发电机的整流原理

交流发电机定子绕组中所感应出的正弦交流电,由硅二极管组成的桥式整流器转变为直流电。硅二极管具有单方向导电特性,当二极管外加电压为正向电压时(即二极管的正极电位高于负极电位,大于导通电压时),二极管处于导通状态;而当外加电压为反向电压时(即正极电位低于负极电位),二极管就会处于截止状态。这样,只有一个方向的电流可以通过二极管,因此可以把交流电转变为直流电。由6个二极管组成的整流电路如图2-13(a)所示,其三绕组的电压波形如图2-13(b)所示。

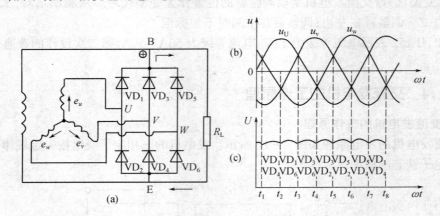

图2-13　三相桥式整流电路与电压波形
(a)整流电流;(b)三相绕组电压波形;(c)整流电压波形。

由于3个正二极管(VD_1、VD_3、VD_5)的正极分别接在发电机三相绕组的始端(U、V、W)上,它们的负极又连接在一起;3个负二极管(VD_2、VD_4、VD_6)的负极分别接在发电机三相绕组的始端,它们的正极又连接一起。根据二极管导通原则,连接在一起的几个二极管中,正极电位最高的二极管总是优先导通,即在某一时间内,只有正极电位最高的正二极管或负极电位最低的负二极管才能导通,当3个正二极管或3个负二极管中的一个优先导通时,其余两个则受到抑制而处于截止状态。

根据桥式整流电路输入端三相交流电的瞬间变化情况(图2-13(b))和每个二极管的导通时机,就能列出二极管的导通顺序如图2-13(c)所示。从二极管的导通顺序可以看出:在任何时刻,电路中只有两个二极管导通,每个二极管导通1/3周期(120°),但是每隔1/6周期(60°)二极管导通情况就改变一次,每隔60°就有一个二极管从导通变为截止,同时又有一个二极管从截止变为导通,由于这样的轮流导通,便在负载 R_L 上得到一个脉动(为电源频率6倍)的直流电压。这个直流电压的每个瞬时值等于三相相电压加到负载电阻 R_L 两端最高正向电位与最低负向电位的差值。由此形成整流后的电压波形如图2-13(c)所示。

经整流后,负载 R_L 两端的直流电压(平均电压)即是交流发电机的直流输出电压,数值为三相交流电线电压的1.35倍,即:

$$U = 1.35U_{线} = 2.34U_{相} \qquad (2-5)$$

每个硅二极管在一个周期内只导通1/3的时间,流过每个管子的正向电流亦为负载电流的1/3。

42

每只硅二极管承受的最高反向电压等于线电压的最大值,即:

$$U_{d\max} = \sqrt{2} \qquad U_{线} = 1.05U \qquad (2-6)$$

3．交流发电机中性点电压

当三相定子绕组采用 Y 型连接时,三相绕组 3 个末端的公共接点,称为三相绕组的中性点,电路如图 2-14 所示,接线端子标记为"N"。中性点对发电机外壳(搭铁)之间的电压称为交流发电机中性点电压。中性点电压通常用于控制磁场继电器、充电指示灯继电器或提高发电机的输出功率。中性点电压的平均值等于交流发电机平均直流输出电压的 1/2,即:

$$U_N = \frac{1}{2}U \qquad (2-7)$$

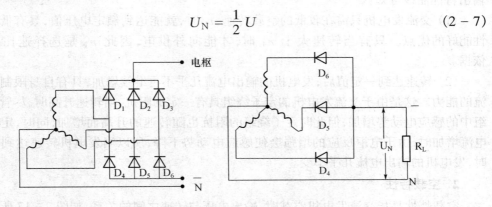

图 2-14　具有中性点的交流发电机电路

有的发电机中性点电压也采用相线部分全波整流获取,即从三相绕组的任一首端引出一线与后端盖上标记为"N"的接线柱相接,如图 2-15 所示。从图中可以看出"N"的接

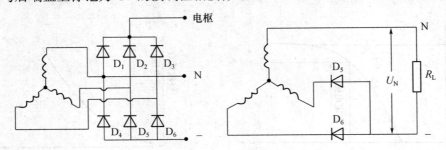

图 2-15　相线部分全波整流电路

线柱与发电机外壳间的电压,是由三相全波整流桥中的两个负极二极管组成的另一整流系统对三相交流电中的两相进行全波整流后的电压,其值仍为交流发电机平均直流输出电压的 1/2,即:

$$U_N = \frac{1}{2}U \qquad (2-8)$$

2.1.5　交流发电机的工作特性

交流发电机的工作特性主要是指交流发电机经整流后输出的直流电压、电流和转速

之间的关系,包括输出特性、空载特性和外特性。

1. 输出特性

输出特性是指发电机输出电压一定时(对 12V 的发电机规定为 14V,对 24V 的发电机规定为 28V,对内装电子调节器的 12V 及 24V 的整体式交流发电机,分别规定为 13.5V 和 27V),发电机的输出电流与转速之间的关系,即输出电压 U 为常数时的 $I - n$ 曲线,如图 2-16 所示。

图 2-16 中,n_1 为发电机空载时,输出电压达到额定电压的转速,称为空载转速;n_2 为发电机达到额定功率时的转速,称为满载转速,n_1 和 n_2 是交流发电机的主要指标。从输出特性曲线可知:

(1) 交流发电机只需在较低的空载转速 n_1 时,就能达到额定电压值,具有低速充电性能好的优点。只有当转速大于 n_1 时,才能向外供电,因此 n_1 是选择速比的重要依据。

(2) 转速达到一定值后,发电机的输出电流几乎不再继续增加,具有自身限制输出电流的能力。这是由于交流发电机的定子绕组具有一定的阻抗,当转速升高时,尽管定子绕组中的感应电动势增加,但此时定子绕组的阻抗也随转速的升高而增加,同时,定子绕组电流增加时,由于电枢反应的增强会使感应电动势下降,所以当发电机转速达到一定值时,发电机的输出电流几乎不变。

2. 空载特性

空载特性是指交流发电机空载时,输出电压与转速之间的关系,如图 2-17 所示。从曲线可以看出,随着转速的升高,端电压上升较快,在较低转速下发电机就能从他励转入自励发电,即能向铅蓄电池进行充电。空载特性是判定发电机充电性能是否良好的主要依据。

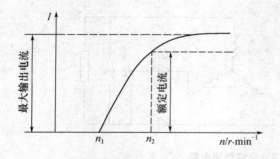

图 2-16 交流发电机的输出特性

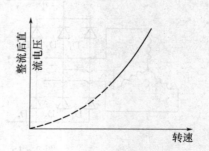

图 2-17 交流发电机的空载特性

3. 外特性

外特性是指转速一定时,发电机的端电压与输出电流的关系,即 $n =$ 常数时的 $U - I$ 曲线,如图 2-18 所示。

从外特性曲线可以看出,发电机的转速越高,输出电压也越高,转速对输出电压的影响较大。在机械装备上,发电机是由发动机通过风扇皮带驱动旋转的,由于发动机工作时转速在很宽的范围内变化,而使发电机的转速也随之在较大范围内变化。

机械装备用电设备工作电压是恒定的(一般为 12V 或 24V),因此,要求发电机工作时,输出电压应保持恒定,以使用电设备正常工作。所以,机械装备上使用的交流发电机必须配用电压调节器,在发电机转速变化时,能保持发电机输出电压恒定。

从外特性曲线还可以看出,随着输出电流的增加,发电机的端电压下降,因此,当发电机高速运转时,如果突然失去负载,端电压会急剧升高,这时,发电机中的二极管以及机械装备上的电子元件就有被击穿的危险。

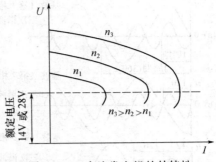

图 2-18　交流发电机的外特性

2.1.6　新型交流发电机

1. 八管交流发电机

在定子绕组采用 Y 形连接的交流发电机中,其中性点 N 的电压不仅具有直流电压,而且还包含有交流电压成分。其原因是当交流发电机空载时,由于鸟嘴形磁极使磁场近似为正弦分布,从而使三相感应电动势的波形接近于正弦波。当发电机正常工作有电流输出时,由于电枢反应(定子绕组输出电流产生的磁场对磁场电流产生的磁场的影响称为电枢反应)、漏磁、铁磁物质的磁饱和特性以及整流二极管的非线性特性等因素,将会导致交流发电机内的磁通分布畸变为非正弦分布,从而造成交流发电机感应电动势和输出电压的波形产生畸变,相电压的实际波形如图 2-19(a)所示。利用数学方法分析发现输出电压畸变的波形是由图 2-19(b)所示的正弦基波和图 2-19(c)所示的三次谐波(波形频率为基本频率 3 倍的波)叠加而成。

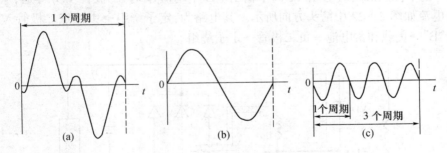

图 2-19　发电机输出电流时的畸变波形
(a) 相电压畸变波形;(b) 相电压基波;(c) 三次谐波波形。

如果将交流发电机三相绕组输出电压波形进行分解,就可得到如图 2-20 所示的三相电压的基波电压和三次谐波电压波形。由图可见,尽管三相电压的基波相位差为 120° 电工度,但各相的三次谐波之间的相位却是相同的(即相位差为 0°)。

当三相绕组采用 Y 形连接时,因为输出电压是两相电压之差,而三次谐波电压大小相等,相位相同,可以互相抵消,所以发电机对外输出的电压没有改变,反映不出三次谐波电压。但相电压可以反映出三次谐波电压,且该三次谐彼电压的幅度随发电机转速升高而升高,如图 2-21 所示。可见,交流发电机中性点电压是由三相正弦基波电压整流得到的直流电压 U_N 和三次谐波电压(交流电压)u_N 叠加而成。

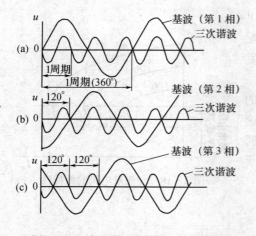

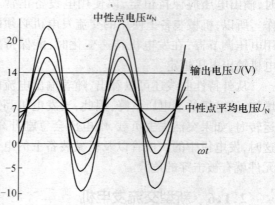

图 2-20　各相绕组基波与三次谐波
(a) 第 1 相波形；(b) 第 2 相波形；(c) 第 3 相波形。

图 2-21　不同转速时中性点电压波形

当发电机转速升高到 2000r/min 以上时，交流电压的最高瞬时值就有可能超过发电机的直流输出电压 $U(V)$，最低瞬时值就有可能低于搭铁端电压(0V)，如图 2-21 所示。如果在中性点与发电机输出端"B"以及与搭铁端"E"之间分别连接一只整流二极管，那么，当交流电压高于发电机输出电压 $U(V)$ 或低于(0V)时就可整流向外输出。

根据以上分析，在普通交流发电机的基础上加装两只整流二极管，就变成了八管交流发电机。连接在发电机中性点"N"与输出端"B"以及搭铁端"E"之间的两只整流二极管，称为中性点二极管，如图 2-22 中 VD_7、VD_8 所示。其原理如下。

（1）当中性点的瞬时电压 u_N 高于输出电压平均值 U 时，二极管 VD_7 导通，从中性点输出的电流如图 2-22 中箭头方向所示。其电路为：定子绕组→中性点二极管 VD_7→输出端子"B"→负载和蓄电池→负二极管→定子绕组。

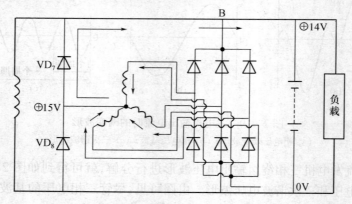

图 2-22　中性点瞬时电压 u_N 高于输出电压 U 时的电流路径

（2）当中性点瞬时电压 u_N 低于 0V(搭铁电位)时，二极管 VD_8 导通，流过中性点二极管 VD_8 的电流如图 2-23 中箭头方向所示。其电路为：定子绕组→正二极管→输出端子"B"→负载和蓄电池→中性点二极管 VD_8→定子绕组。

由此可见，只要在中性点处连接两只整流二极管，就可利用中性点输出的交流电压来

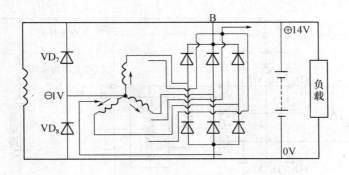

图 2-23 中性点瞬时电压 u_N 低于 0V 时的电流路径

增加交流发电机的输出电流,如图 2-24 所示。试验表明,在不改动交流发电机结构的情况下,加装两只整流二极管后,当发电机中高速(发电机转速超过 2000r/min,发动机转速大约超过 800r/min)时,其输出功率与额定功率相比就可增大 11%~15%。

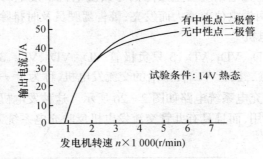

图 2-24 交流发电机输出电流比较

2. 九管交流发电机

在普通交流发电机的基础上增设 3 只小功率二极管 VD_7、VD_8、VD_9,并与 3 只负极管 VD_2、VD_4、VD_6 组成三相桥式整流电路来专门供给磁场电流的发电机,称为九管交流发电机,所增设的 3 只小功率二极管称为磁场二极管。九管交流发电机不仅可以控制充电指示灯来指示蓄电池充电情况,而且能够指示充电系统是否发生故障。九管交流发电机充电系统电路如图 2-25 所示。

当发电机工作时,定子绕组产生的三相交流电动势经 6 只整流二极管 VD_1~VD_6 组成的三相桥式全波整流电路整流后,输出直流电压 U_B 向负载供电并向蓄电池充电。发电机的磁场电流则由 3 只磁场二极管 VD_7、VD_8、VD_9 与 3 只负极管 VD_2、VD_4、VD_6 组成的三相桥式全波整流电路整流后输出的直流电压 U_{D+} 供给。

当接通点火开关 SW,蓄电池电流便经点火开关 SW→充电指示灯→发电机"D_+"端子→磁场绕组 R_F→调节器内部大功率三极管→搭铁→蓄电池负极构成回路。此时充电指示灯发亮,指示磁场电流接通并由蓄电池供电。

当发动机起动后,随着发电机转速升高,发电机"D_+"端电压随之升高,充电指示灯两端的电位差降低,指示灯亮度变暗。当发电机电压升高到蓄电池端电压时,发电机"B"端与"D_+"端电位相等,充电指示灯两端电位差降低到零而熄灭,指示发电机已正常发电,磁场电流由发电机自己供给。

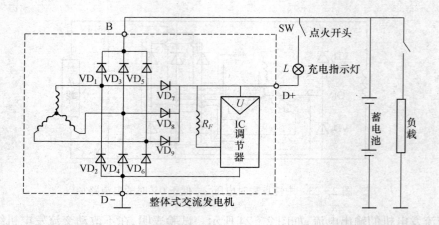

图 2-25 九管交流发电机充电系统电路

当发电机高速运转,充电系统发生故障而导致发电机不发电时,因为"D₊"端无电压输出,所以充电指示灯两端电位差增大而发亮,警告驾驶员及时排除故障。

3.十一管交流发电机

具有 3 只正极管 VD_1、VD_3、VD_5,3 只负极管 VD_2、VD_4、VD_6,3 只磁场二极管 VD_7、VD_8、VD_9 和 2 只中性点二极管 VD_{10}、VD_{11} 的交流发电机,称为十一管交流发电机。

十一管交流发电机充电系统电路如图 2-26 所示。这种发电机不仅具有八管交流发电机提高输出功率的功用,而且具有九管交流发电机反映充电系统工作情况的功用,作用原理同前。

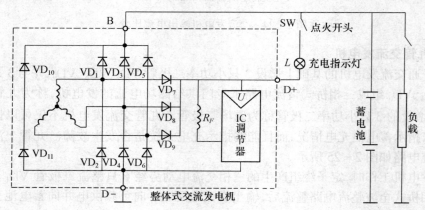

图 2-26 十一管交流发电机充电系统电路

4.无刷交流发电机

上述几种交流发电机都是有刷发电机,其磁场绕组都随转子轴旋转,磁场电流是通过电刷和滑环引入磁场绕组的。发电机工作时,由于滑环与电刷具有相对运动,滑环与电刷会发生磨损或接触不良,从而造成磁场电流不稳定或发电机不发电等故障,同时也增加了维护保养工作。对于使用环境条件恶劣的机械装备,特别是工程装备和载重、越野车辆,为了保证发电机可靠运行和减少维修工作,20 世纪 80 年代以来,国内外都在致力于开发研制结构新颖、性能优良、维修方便的无刷交流发电机,其显著特点是发电机内部没有电刷和滑环。

无刷交流发电机分为爪极式无刷交流发电机和永磁式无刷交流发电机两类。目前大多数采用爪极式无刷交流发电机。

1）爪极式无刷交流发电机结构特点

爪极式无刷交流发电机的结构与前述有刷交流发电机基本相同，其显著特点是磁场绕组不随转子轴转动，因此磁场绕组两端引线可直接从发电机内部引出，从而省去滑环和电刷并形成无刷结构。

爪极式无刷交流发电机的结构原理和磁路如图 2-27 所示，磁场绕组 2 通过一个磁轭托架 1 固定在后端盖 4 上。两个爪极中只有一个爪极 8 直接固定在发电机转子轴上，另一爪极 3 的固定方法有两种，一种是用非导磁材料焊接（如铜焊焊接）固定在爪极 8 上；另一种是用非导磁连接环固定在爪极 8 上。当驱动皮带轮带动转子轴旋转时，一个爪极就带动另一爪极在定子内一起转动。在爪极 3 的轴向制有一个大圆孔，磁轭托架由此圆孔伸入爪极的空腔内。在磁轭托架与爪极以及与转子磁轭之间均需留出附加间隙 g_1、g_2 以便转子转动。

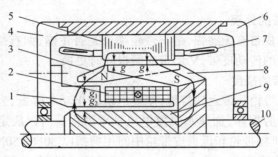

图 2-27 爪极式无刷交流发电机结构原理
1—磁轭托架；2—磁场绕组；3、8—爪形磁极；4—后端盖；5—定子铁芯；
6—前端盖；7—定子绕组；9—磁轭；10—转子轴。

2）爪极式无刷交流发电机工作原理

当磁场绕组接通直流电流时，其主磁通路径由转子磁轭出发，经附加间隙 g_2→磁轭托架→附加间隙 g_1→左边爪极的磁极 N→主气隙 g→定子铁芯→主气隙 g→右边爪极的磁极 S→转子磁轭而形成闭合回路。由此可见，爪形磁极的磁通是单向通道，即左边爪极的磁极全是 N 极，右边爪极的磁极全是 S 极，或者相反。

因为无刷交流发电机的磁场绕组静止不动，转子上的爪极在磁场绕组与定子铁芯之间旋转，所以在转子旋转时，磁力线便交替穿过定子铁芯，定子槽中的三相绕组就会感应产生交变电动势形成三相交流电，经整流器整流后，即可变为直流电供给用电系统使用。

3）爪极式无刷交流发电机的特点

爪极式无刷交流发电机的优点是：结构简单，维护工作量少，工作可靠性高，可在潮湿和多尘环境中工作；工作时无火花，减小了对无线电干扰。这是因为无刷交流发电机没有滑环和电刷，不存在电刷与集电环接触不良而导致发电不稳或不发电等故障。

爪极式无刷交流发电机的缺点是：由于交流发电机转速最高可达 18000r/min 以上，

因此连接两块爪极的制造工艺要求高、焊接困难；此外，由于主磁通路径中增加了两个附加间隙，因此在输出功率与有刷交流发电机相同情况下，必须增大磁场绕组电流，这对控制磁场电流的调节器就提出了更高的要求。

5. 带泵交流发电机

带泵交流发电机是指带有真空助力泵的交流发电机，其发电机结构与上述交流发电机完全相同，显著特点是其转子轴较长并从后端盖中心伸出，然后在发电机后端盖上安装一个真空泵，利用伸出的发电机转子轴外花键与真空泵转子的内花键相连接。当发电机旋转时，发电机转子便带动真空泵一同旋转，从而形成一个真空源。

带泵交流发电机主要用于没有真空源的柴油发动机装备(汽油发动机装备可直接从进气歧管处取得真空)，作为真空助力制动系统中的真空动力源以及其它用途的真空源。

2.2 交流发电机的检查与修理

2.2.1 交流发电机在车上的检查

1. 检查传动皮带的外观

用肉眼观察传动皮带有无磨损，带与带轮啮合是否正确，如有裂纹或磨损过度，应及时更换同种规格型号的传动皮带，V形带应两根同时更换。

2. 检查传动皮带的挠度

皮带过松会造成带轮与带之间打滑，使发电机输出功率降低，发动机水温过高；皮带过紧易使皮带早期疲劳损坏，加速水泵发电机轴承磨损。所以应定期检查皮带的挠度。检查方法是：在发电机皮带轮和风扇皮带轮中间用拇指以 30N～50N 的力按下皮带，如图 2-28 所示，皮带的挠度应为 10mm～15mm。若过松或过紧，应松开发电机的前端盖与撑杆的锁紧螺栓，扳动发电机进行调整，松紧度合适后，重新旋紧锁紧螺栓。

若为带张紧轮的 V 形带，检查时，在水泵皮带轮与张紧轮或张紧轮与发电机皮带轮之间的 V 形带的中间部位，如图 2-29 所示，用拇指以 100N 左右的压力按下皮带，此时发动机 V 形带的挠度，新带应为 2mm，旧带不超过 5mm(新带指从没有用过的 V 形带，旧带指装到车上随发动机转动过 5min 或 5min 以上时间的 V 形带)。

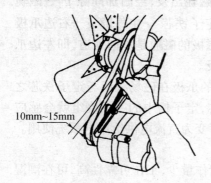

图 2-28　皮带挠度检查

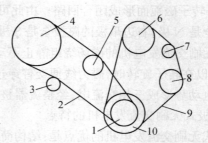

图 2-29　带张紧轮发电机 V 形带挠度的检查

1—曲轴齿轮；2—齿形带；3、7—张紧轮；4—凸轮轴齿轮；5—中间轴齿轮；6—发电机带轮；8—水泵带轮；9—V 形带；10—曲轴带轮。

3．检查有无噪声

当交流发电机出现故障(特别是机械故障,如轴承破损、轴弯曲等)后,在发电机运转时会产生异常噪声。检查时可逐渐加大发动机油门,使发电机转速逐渐提高,同时监听发电机有无异常噪声,如有异常噪声,应将发电机拆下并分解检修。当 V 形带运转时有异响并伴有异常磨损时,应检查曲轴带轮、水泵带轮、发电机带轮是否在同一旋转平面内。

4．检查导线连接情况

(1) 检查各导线端头的连接部位是否正确。

(2) 发电机"B"接线柱必须加装弹簧垫圈。

(3) 采用插接器连接的发电机,其插座与线插头的连接必须锁紧,不得有松动现象。

2.2.2　交流发电机的整体检查

当交流发电机发生故障,在解体修理前,应先进行机械和电气方面的检查或测试,以初步确定故障的部位和程度。

1．机械方面的检查

(1) 检查外壳、挂脚等处有无裂纹或损坏。

(2) 转动带轮,检查轴承阻力,以及转子与定子之间有无碰擦。

(3) 手持带轮,前后、左右摇晃,以检查前轴承的轴向与径向间隙是否过大。

2．电气方面的检查

解体前,可用万用表测量发电机各接线柱之间的电阻值,以初步判断发电机内部是否有电气故障及故障所在部位和程度。其方法是:用万用表 R×1 挡测量发电机"F"与"－"(或"E")之间的电阻值;发电机"B"(或"＋")与"－"(或"E")、"N"与"B"(或"＋")、"N"与"E"(或"－")之间的正、反向电阻值。

(1) 测量发电机"F"与"－"(或"E")之间的电阻值,即发电机磁场电路中的电阻值。不同类型的发电机,磁场电路的电阻值不同。如国产 JF11、JF13、JF15、JF21 型交流发电机均为 5Ω～6Ω;国产 JF12、JF22、JF23、JF25 型交流发电机均为 19.5Ω～21Ω。

如电阻超过规定值,说明电刷与滑环接触不良;小于规定值,表明磁场绕组有匝间短路;电阻为零,说明两个滑环之间短路或"F"接线柱搭铁;电阻为无限大,即表针不动,说明磁场电路有断路处。

(2) 测量"B"(或"＋")与"E"(或"－")或"B"(或"＋")与"F"之间的正、反向电阻值,以判断硅整流二极管有无短路、断路故障。交流发电机"B"与"E"、"B"与"F"之间的正反向电阻值见表 2－2。

表 2－2　交流发电机"B－E"、"B－F"之间正反向电阻值

发电机型号	"B"与"E"或"＋"与"－"之间电阻		"B"与"F"或"＋"与"F"之间电阻	
	正向/Ω	反向/Ω	正向/Ω	反向/Ω
JF1311 JF13 JF15 JF21 JF22 JF23 JF25 JF2311	40～50	>1000	50～60	>1000

用万用表"-"（黑）测试棒接触发电机外壳，"+"（红）测试棒接触发电机"B"（或"+"）接线柱，如电阻值在 $40\Omega\sim50\Omega$，交换测试棒，如电阻值为无限大即表针不摆动，说明硅二极管正常；如电阻值在 10Ω 左右，说明个别二极管击穿短路，如电阻值接近于零或等于零，说明正二极管和负二极管均有击穿短路故障。

（3）测量"N"与"E"（或"-"）、"N"与"B"（或"+"）之间的正反向电阻值，可进一步判断故障所在处，方法见表 2-3。

表 2-3 "N"与"E"（或"-"）"N"与"B"（或"+"）之间电阻值

测量部位	正向/Ω	反向/Ω	判断
"N"与"E"（或"-"）之间的电阻值	10	1000	负元件板或后端盖上的 3 只负极管良好
	0	0	负元件板或后端盖上的 3 只负极管有短路故障或定子绕组有搭铁故障
"N"与"B"（或"+"）之间的电阻值	10	1000	正元件板上的 3 只正极管良好
	0	0	正元件板上的 3 只正极管有短路故障

3．无刷交流发电机分解前的检查

无刷交流发电机的机壳外部共有 4 个接线柱，其标记名称分别是：B+（电枢）、F（磁场）、N（中性）和 E（搭铁）。发电机分解前可用万用表测量各接线柱之间的电阻值，以初步确定发电机有无故障，是何处故障，以及故障程度。

检查方法是：将万用表拨至 $R\times100$ 挡，分别测量发电机"F"与"E"之间的电阻值、"B+"与"E"之间的正反向电阻值以及"N"与"E"、"N"与"B+"之间的正反向电阻值。WSF 系列无刷交流发电机各接线柱之间的电阻值见表 2-4。

表 2-4 WSF 系列无刷交流发电机各接线柱间电阻值

发电机型号	F 与 E 间的电阻值 /Ω	B+ 与 E 之间的正反向电阻		N 与 E 间的正反向电阻	
		正向/Ω	反向/$k\Omega$	正向/$k\Omega$	反向/$k\Omega$
JFW14	$3.5\sim3.8$	$40\sim50$	>1000	10	>1000
JFW28	$15\sim16$	$40\sim50$	>1000	10	>1000

2.2.3 交流发电机的分解与清洁

1．分解

以解放 CA1090 型汽车 JF1522A 交流发电机为例，解体顺序如下。

（1）分解前，在前、后端盖及定子配合连接处的边缘划一条直线作为装复时的对位标记。

（2）拆下电刷架的紧固螺钉，取出电刷架组件。

（3）拆下接线柱螺母、防护罩固定螺钉，取下防护罩。

（4）拆下前、后端盖连接螺栓，使装有转子的前端盖与装有定子的后端盖分离。

（5）将转子夹在台虎钳（钳口应垫软金属板）上，拆下皮带轮紧固螺母，取下皮带轮、风扇、隔圈、半圆键,使转子与前端盖分离。

(6) 拆下前轴承盖,取出前轴承。

(7) 拆下整流器组件上的定子绕组线端的连接螺母,使定子与整流器组件分离,取出定子总成。

(8) 拆下后端盖上紧固整流器组件的螺栓及电枢接线柱的紧固螺母,拆下整流器组件。

2. 清洁

发电机拆开后,应用压缩空气吹净发电机内部灰尘,并用清洁的布(或棉纱)蘸少量汽油清洗除磁场绕组、定子绕组及电刷以外的各部件油污。

2.2.4 交流发电机的部件检修

1. 硅二极管的检修

硅二极管的常见故障有断路和短路,如果硅二极管发生断路、短路故障,则会失去其单方向导电性。由于各生产厂家生产的发电机在具体结构上有一定差异,因而二极管的安装位置和方法也不尽相同,但其故障检查方法基本相同,一般均采用万用表电阻挡或用12V 蓄电池串接小试灯进行检查。

1) 用万用表检查

检查前,应先将二极管与定子绕组间的连接线拆除或脱焊,然后用万用表的 R×1 挡逐个检查每个硅二极管的好坏。

如图 2-30 所示,将万用表的一个测试棒接触元件板;另一测试棒分别触及该元件板上的 3 只硅二极管的引线,检查其电阻值。然后将测试棒调换过来,重新测量。两次测试,其电阻值应一次大(10kΩ 以上)一次小(10Ω 左右),具体数值与使用的万用表有关。如万用表指针在两种情况下都摆动,说明二极管短路;如指针在两种情况下都不摆动,则说明二极管断路。短路或断路的二极管均应更换。

2) 用 12V 蓄电池和试灯进行检查

如图 2-31 所示,将 12V 蓄电池和试灯串联后按前述方法检查。两种情况测试时,试灯应一次亮一次不亮。试灯亮表示二极管电阻小,处于导通状态,试灯不亮表示二极管电阻很大,处于截止状态。如试灯在两种情况下均亮,说明二极管短路;如均不亮则说明二极管断路。

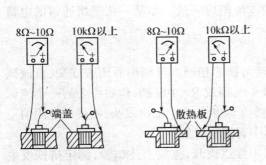

图 2-30 用万用表检查二极管

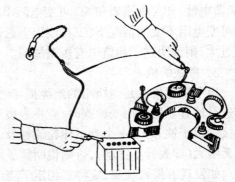

图 2-31 用蓄电池和试灯检查二极管

3）硅二极管的更换

更换二极管时，换件应与原装二极管的型号、极性一致。如无同型号的二极管时，可用优于原装二极管性能的二极管代替。更换二极管时，需要压出旧管，压入新管。压出旧管或压入新管可在手动台式压床或台钳上进行，需用专用的压套和顶套，不得用手锤敲击，以免损坏二极管。二极管在压入散热板或后端盖时，过盈量应控制在 0.05mm ～ 0.10mm。过盈量太小容易造成二极管脱落。过盈量太大则可能把二极管压坏。二极管压入后，还要用万用表测试。

当代用二极管外形尺寸与原二极管座孔尺寸不符合时，可根据具体情况，采取如下方法修配。

（1）扩孔法：当代用二极管直径大于原二极管座孔直径时采用。

（2）镶套法：当代用二极管直径小于座孔直径时，可在其座孔内镶一铜套或垫一层薄铜皮，再将二极管压入。

（3）改装法：若原二极管形状或座孔特殊，无法再扩孔、镶套及加垫铜皮修复时，可另加工适宜的元件板，全部用国产硅二极管替代，组成桥式整流器，然后安装在发电机上，并接好连线。

2．定子的检修

定子的检修主要是定子绕组的检修。定子绕组的常见故障有短路、断路和搭铁。检查前，先将定子绕组放在垫有橡胶的工作台上，使三相绕组接线端(首端)朝上并保持其与铁芯不接触，然后再逐项进行检查。如图 2 - 32 所示。

1）断路的检查

将万用表拨到 R×1 挡，然后用两测试棒分别轮流接触三相绕组的 3 个引出线头。若指针读数在 1Ω 以下，为正常；若指针不摆动，说明有断路处。

为了进一步确定是哪一相绕组断路，应将焊在一起的三相绕组的中性点烫开，然后再逐相检查，找出哪一相绕组断路。

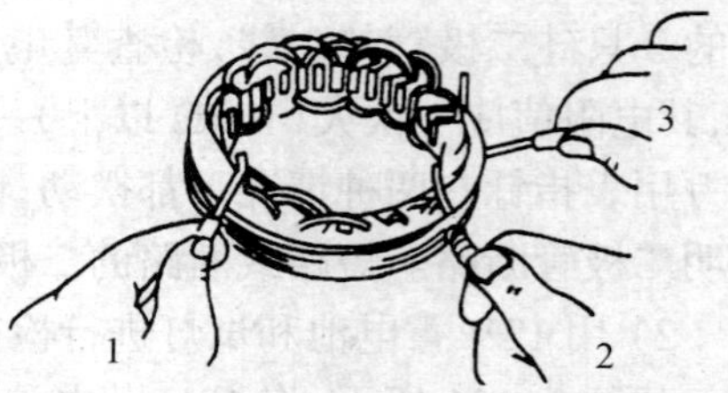

图 2 - 32　定子的测量
1、2—测量绕组断路；1、3—测量绕组绝缘。

2）短路的检查

检查定子绕组是否有短路故障时，可用一个 6V 蓄电池、10A 电流表和 5Ω 可变电阻串联起来，分别测量通过每相定子绕组的电流值。在可变电阻不变的情况下，三相绕组上通过的电流值应一致。如某一相绕组通过的电流值过大，则说明这一相绕组有短路故障。

3）搭铁的检查

定子绕组搭铁是指绕组的绝缘损坏而直接与铁芯相通。可利用万用表或交、直流试灯进行检查。用万用表检查时，应将表拨到 R×1k 挡或 R×10k 挡，然后将表的一个测试棒接触定子铁芯，另一个测试棒轮流触及三相定子绕组的 3 个引出线头，测得的电阻值应为无限大（即表针不摆动），否则说明定子绕组中有搭铁现象。

如发现有搭铁现象，应将三相定子绕组的中性点烫开，重复上述试验，测定搭铁发生在哪一相绕组。

如果外观检查时发现定子绕组已有烧焦、漆皮变色脱落现象时，就没有必要再进行检测，而只能更换定子绕组或定子总成。

3．转子的检修

转子的常见故障有：转子轴弯曲、轴颈磨损、滑环烧蚀、磨损不均以及磁场绕组断路、短路和搭铁等。

1）检查转子轴的摆差。

如图2-33所示，转子轴的摆差可在车床上或在专用夹具上用百分表检验，轴外圆与滑环的径向跳动误差不应大于0.1mm，如超过此值，可用冷压法校正，校正无效时，应更换转子总成。

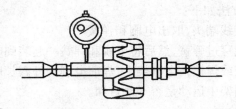

图2-33 转子轴的检查

2）检查转子轴颈的磨损

转子轴颈与滚动轴承的配合一般为-0.01mm～+0.02mm；转子轴颈与带轮孔的配合一般为-0.01mm～+0.03mm，超过时，可采用刷镀法修复。

3）检查滑环

滑环表面如有轻微烧蚀，可用"00"号细砂布打磨，严重烧蚀、失圆或有较深沟槽时，应予车光、车圆。用卡尺测量滑环的磨损情况，如直径小于规定的最小允许值，则应更换新滑环。一般发电机要求滑环上的铜环厚度应不小于1.5mm，否则应予更换。

4）磁场绕组的检查

（1）断路与匝间短路的检查。如图2-34(a)所示，将万用表拨到R×1挡，然后将两测试棒分别触及两个滑环，如阻值符合规定值，说明磁场绕组良好；如阻值小于规定值，说明磁场绕组有匝间短路；如阻值为无限大，说明磁场绕组断路。

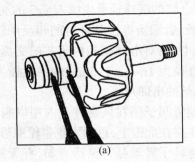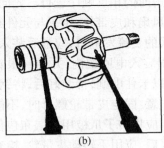

图2-34 磁场绕组的检查

(a) 磁场绕组电阻的检查；(b) 磁场绕组搭铁的检查。

（2）搭铁的检查。搭铁是指磁场绕组、绕组的引出线或滑环的绝缘被破坏，使本来应该与机体绝缘的部位变成了导体。一般可利用万用表或交、直流试灯测试转子轴或爪极与滑环是否相通,如图2-34(b)所示,将万用表拨至 R×1k 挡或 R×10k 挡,一个测试棒接触滑环,另一个测试棒触及转子轴或爪极,此时表针应不摆动,即电阻为无限大,说明磁场绕组绝缘良好;否则,说明磁场绕组有搭铁现象。

用交、直流试灯检查时,试灯不亮为良好;如试灯亮,则表明磁场绕组有搭铁故障。

4．电刷组件的检修

电刷及电刷架应无破损或裂纹,电刷在电刷架中应能活动自如,不应出现发卡现象。

1）电刷高度的检测

电刷高度可用钢板尺或游标卡尺测量,新电刷的高度一般为 13mm～14mm,如果磨损至 5mm～8mm 时,就应予以更换,以免影响发电机的输出功率。

更换电刷的步骤和方法如下:

(1) 用电烙铁烫开接线端头,取出电刷和弹簧。

(2) 将新电刷的导线穿过弹簧,然后将电刷和弹簧一起装到电刷架上。

(3) 将电刷引线固定或焊接在电刷架上,焊前电刷的外露长度要符合标准。

(4) 检查电刷在电刷架中运动是否平滑自如。

2）电刷弹簧压力的检测

当电刷从电刷架中露出 2mm 时,每个电刷的压力值为 2N～3N。弹力过小时,应更换新电刷,否则会造成电刷与滑环接触不良而烧蚀滑环或使发电机输出功率下降。

5．端盖及传动皮带轮的检修

发电机端盖不允许有裂纹,安装凸耳孔不得过于松旷,否则应镶套修复。端盖上的轴承座孔与轴承外径的配合过盈量一般为 0.01mm～0.02mm;轴承内径与轴颈的配合过盈一般也为 0.01mm～0.02mm;轴承的轴向和径向间隙均不应大于 0.20mm,滚珠和滚道上不允许有斑点,转动时不应发卡,否则应更换。

皮带轮内孔与轴的配合过盈一般为 0.01mm～0.04mm,若松旷时应加工修复。

2.2.5　交流发电机的装复与试验

1．交流发电机的装复

交流发电机的类型和结构不同,其具体装配方法也略有差异。但其基本装复方法完全相同,即按分解时的相反顺序进行。先向合格的滚珠轴承内填入 2/3 的润滑脂,然后将转子与前端盖、风扇和皮带轮、定子与元件板、后端盖等按分解时的相反顺序装复。对于电刷架是外装式的交流发电机,应最后装入电刷;对电刷架是内装式的交流发电机,则需先将弹簧和电刷装入电刷架内,并用一根直径为 1mm～1.5mm 的钢丝插入后端盖及电刷架的小孔中,以卡住电刷,待装好后,将钢丝抽出即可。

装复中应注意:固定皮带轮螺母时,不能将起子插在风扇叶片内用以制动,以免造成风扇叶片变形。应将转子爪极用多层布包住夹在虎钳上,再紧固皮带轮螺母。

发电机装复后,应用手转动皮带轮,检查转子转动是否灵活自如,有无扫膛现象。再用手持皮带轮检查轴承的径向和轴向间隙,如无异常现象,即可在试验台上进行性能试验。

2．交流发电机的性能测试

发电机装复后,在往机械装备上安装以前,应用万用表、试灯或电器试验台对发电机进行检测。

1）简易发电试验

将发电机固定好，将发电机磁场和"E"接线柱分别与蓄电池正、负极相连，在电枢与"E"接线柱之间接一灯泡或万用表。用一绳子按发电机工作方向缠在皮带轮上5圈～6圈，然后用力抽拉绳子，使发电机旋转，灯泡应发亮，并且转速越高灯越亮，说明发电机发电良好。

若用万用表，对于12V系统发电机电压不应低于25V，24V系统发电机电压不应低于35V，说明发电机发电良好，否则说明有故障。

对于有中性点抽头的发电机，在作简易发电试验时，中性点电压不应低于发电机输出电压的1/2。

2）在试验台上检测交流发电机的性能

交流发电机的性能测试应在机械车辆电器万能试验台上进行，也可在自制的试验台上进行，其试验项目主要有空载试验和满载试验。通过试验测量出空载转速和满载转速，就可判断发电机性能好坏。

试验时将发电机固定在试验台上，并由调速电动机驱动，接线方法如图2－35所示。

（1）空载试验。目的是检验发电机自励发电建立电动势的能力。试验方法如下：

合上S_1，由蓄电池向发电机磁场绕组供电进行他励，缓慢提高发电机转速，当发电机电压达到充电电压（或指示灯发亮）时，断开S_1，由发电机自励继续提高发电机转速，电压值应随之上升，当电压达到额定值时的转速，即为

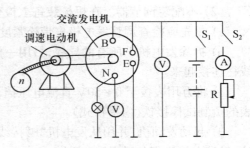

图2－35　交流发电机性能试验的接线图

空载转速。一般12V电源系统，当空载电压达到14V时，发电机转速不应超过1000r/min。

（2）满载试验。目的是检验发电机的发电能力。继空载试验之后，再逐渐提高转速，并合上开关S_2，同时调节负载电阻，记下输出电流和输出电压达到额定值时的转速，即为满载转速，其应符合规定值。

发电机经空载和满载试验后，如发现空载转速或满载转速过高，则表示发电机性能不好。

带有中性点（N）发电机试验时，当发电机转速达到额定转速时，其中性点电压应为发电机额定输出电压的1/2。

3）在机械装备上检查交流发电机的性能

（1）配装调节器进行检查。在机械装备修理作业中，如无任何试验设备，也可在机械装备上检查交流发电机的性能好坏。其方法如下：

a）检查并调整发电机皮带松紧度直至合适为止。

b）停机，拆掉蓄电池上的搭铁线（负极），拆除交流发电机"B"（或"火线"或"A"）接线柱上的导线，将一只量程为0～50A的直流电流表串接在所拆除导线与"B"接线柱之间；另取一只量程为0～50V的直流电压表，并将其与发电机并联，即将直流电压表的"＋"测

试棒接交流发电机的"B"接线柱,"－"测试棒直接搭铁。

c) 断开机械装备上所有用电设备的开关,以减小发电机的负载。

d) 接上蓄电池的搭铁线,起动发动机,并逐渐提高其转速,使发电机在略高于其满载转速下运转(相当于发动机转速为 1000r/min～1300r/min),此时电流表指示值应小于 10A,电压表指示值应在调节器的限额电压范围内(一般 12V 电源系统为 13.8V～14.8V;24V 电源系统则为 27.6V～29.6V)。

e) 接通机械装备上的主要用电设备(如照明、转向信号灯、暖风等,但不要按喇叭),使电流表指示数值大于 30A,此时电压表指示值应大于标称电压(即 12V 或 24V)。

f) 停机,拆掉蓄电池的搭铁线,拆掉电流表和电压表。然后重新接好交流发电机"B"接线柱上的导线和蓄电池的搭铁线。

试验时,如果电压表指示值远远低于规定电压的下限,说明发电机或调节器有故障。应对发电机进行不解体检查,即用万用表测量发电机各接线柱之间的电阻,当确认发电机无故障时,可断定为调节器故障。如果电压表指示值超过规定电压的上限,则故障多发生在调节器。

(2) 不配装调节器。在机械装备上检查交流发电机是否发电的方法如下:

a) 首先应检查调整发电机皮带松紧度。

b) 拆除发电机上所有的导线,另用一根导线将发电机"B"(或"火线"或"A")与"F"接线柱连接起来。

c) 将万用表拨至 0～50V 直流电压挡,并将其与发电机并联,即表的正测试棒接"B",表的负测试棒接铁(内搭铁式)。

d) 起动发动机,并用从发电机"B"接线柱上拆下的导线碰一下发电机"B"或"F"接线柱,对发电机进行他励,然后离去。

e) 缓慢提高发动机的转速至中速,同时观察电压表指针摆动情况,若电压表所指示的电压值随发动机转速的增高而升高,说明交流发电机良好;若电压表无指示,说明发电机不发电;若电压表指示值随转速的增高而上升缓慢,说明发电机发电不良。

若无电压表,也可用一小试灯代替。试灯明亮,表明发电机发电良好;试灯不亮,表明发电机有故障。

2.2.6 交流发电机拆装注意事项

(1) 当发电机轴与轴承配合很紧或由于长期未拆修而使轴与轴承锈死时,不能用手锤硬敲,应用拉拔器拆卸。

(2) 一般情况下,发电机的带轮、风扇和前端盖不必从转子轴上拆下。

(3) 将交流发电机解体后,应用压缩空气吹净内部灰尘,并用汽油清洗各部件油污。但应注意绕组、电刷应用干净的布擦净,不得用汽油浸洗。

(4) 安装电刷组件时,应先将两只电刷的引线接头套在两个螺钉上,再把电刷弹簧和电刷装进电刷架内。安装内装式电刷组件的发电机转子时,应先用铜丝将电刷压进电刷架内,如图 2－36 所示,避免转子上的滑环将电刷折断。

(5) 整流器组件和后端盖的固定螺栓配有绝缘衬套和绝缘垫圈,不得丢失,以确保元件板和后端盖有良好的绝缘性能。

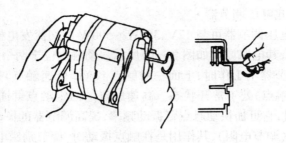

图 2-36　内装式电刷的安装

（6）装复后，转子的端隙应不大于 0.2mm，转子在定子内的转动应灵活自如，无碰擦现象。如有碰擦现象，应松开前、后端盖的连接螺栓，一边转动转子，一边用木质或橡胶手锤轻轻敲击端盖边缘，直至转子转动灵活自如时再拧紧连接螺栓或螺母。

2.3　交流发电机调节器

交流发电机是由发动机按固定传动比驱动旋转的，其转速的高低取决于发动机转速，当发动机转速变化或车上用电设备用电量变化时，交流发电机输出电压也会随之变化。为满足用电设备和对蓄电池充电的需要，必须保持交流发电机输出电压的基本稳定。因此，交流发电机必须配备用来调节电压的装置，称为发电机电压调节器。调节器可以保证交流发电机输出电压不受转速和用电设备变化的影响，使其保持稳定。

目前使用的调节器有电磁振动式调节器、晶体管调节器和集成电路调节器 3 种。

电磁振动式调节器又称触点振动式调节器。电磁振动式调节器因带有触点，结构复杂，电压调节精度低，触点火花对无线电干扰大，可靠性差，寿命短，正被逐渐淘汰。

晶体管调节器具有电压调节精度高、对无线电干扰小、体积小、无运动件、耐震、故障少、可靠性高等优点，并且可通过的励磁电流较大，适合于功率较大的发电机。

集成电路调节器除具有晶体管调节器的优点外，因为它体积特别小，可直接装于发电机内部，省去了与发电机的外部连线。因而增加了工作的可靠性，并具有防潮、防尘、耐高温性能好、价格低等优点，得到了广泛的应用。

2.3.1　交流发电机用电磁振动式调节器

由公式 $E = Cn\Phi$ 可知，在交流发电机结构形式固定的情况下，决定电动势大小的只有发电机的转速 n 和磁通 Φ。而发电机的转速是频繁变化的，所以只有用改变磁通的方法来改变电动势的大小。电磁振动式调节器是通过电磁力和弹簧弹力的平衡来改变触点闭合和断开的时间，改变励磁电流大小，从而改变磁通、调节电压的。

电磁振动式调节器有单级式和双级式两种。单级电磁振动式调节器只有 1 对触点，而双级电磁振动式调节器则有 2 对触点。

1. 双级电磁振动式调节器

常见双级电磁振动式调节器的结构如图 2-37 所示，尽管它们的具体结构不同，但均有两对触点，其中常闭触点 1 为低速触点，常开触点 2 为高速触点，能调节两级电压，故称双级式电压调节器。

1) FT61 型双级式电压调节器

FT61 型双级式电压调节器可与 12V、350W～500W 的交流发电机配套,用于 12V 电源系统的机械装备上,其电路原理如图 2-38 所示。动触点位于两个静触点之间,形成两对触点 K_1 和 K_2。调节器不工作时,上面一对触点 K_1(即低速触点)处于常闭状态,下面一对触点 K_2(即高速触点)处于常开状态。高速触点的固定触点臂通过调节器底座直接搭铁。R_1 为加速电阻,它可加快动触点臂振动频率,提高调节器的灵敏度和调压质量;R_2 为磁场电路附加电阻(调节电阻),其作用是在触点振动时,调节励磁电流以稳定发电机的输出电压;R_3 为温度补偿电阻,由镍铬丝制成,其电阻温度系数很小(仅为铜的 1/800),将它串入磁化线圈电路中时,可使整个磁化线圈电路中的总电阻值随温度变化而变化的数值相应减小,故能使调节电压值不随温度的增高而增高。

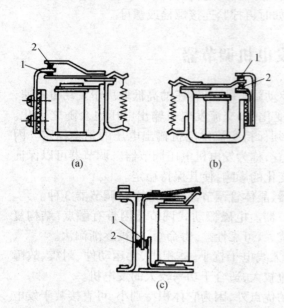

图 2-37　双级电磁振动式调节器结构形式
1—低速触点(常闭);2—高速触点(常开)。

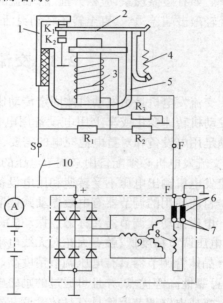

图 2-38　FT61 型调节器电路原理图
1—静触点;2—动触点臂;3—磁化线圈;4—调压弹簧;
5—磁轭;6—电刷;7—滑环;8—磁场绕组;
9—定子绕组;10—点火开关;
K_1—低速触点;K_2—高速触点;R_1—加速电阻(1Ω);
R_2—附加电阻(8.5Ω);R_3—温度补偿电阻(13Ω)。

FT61 型调节器工作过程如下。

(1) 当发电机低速运转,电压低于蓄电池电动势时,蓄电池向调节器磁化线圈供电,同时进行他励发电。

磁化线圈的电流流向为:蓄电池正极→电流表→点火开关→调节器"S"接线柱→加速电阻 R_1→磁化线圈 3→温度补偿电阻 R_3→搭铁→蓄电池负极。由于此时流过磁化线圈的电流所产生的电磁力不足以克服调压弹簧 4 的拉力,所以低速触点 K_1 仍处于闭合状态,发电机此时进行他励发电。励磁电流的流向为:蓄电池正极→电流表→点火开关→调节器"S"接线柱→静触点支架 1→低速触点 K_1→动触点臂 2→磁轭→调节器"F"、发电机

"F"接线柱→绝缘电刷和滑环→磁场绕组→搭铁电刷和滑环→搭铁→蓄电池负极。

（2）随着发电机转速的升高，其端电压也在不断地升高。当发电机端电压高于蓄电池电动势而低于调节器调节电压时，磁化线圈电流和励磁电流均由发电机供给。

磁化线圈的电流流向为：发电机正极（B）→点火开关→调节器"S"接线柱→加速电阻R_1→磁化线圈3→温度补偿电阻R_3→搭铁→发电机负极。此时，磁化线圈中电流所产生的电磁力仍不能克服调压弹簧拉力，低速触点K_1仍保持闭合状态。励磁电流流向为：发电机正极（B）→点火开关→调节器"S"接线柱→低速触点K_1→动触点臂2→磁轭→调节器"F"、发电机"F"接线柱→绝缘电刷和滑环→磁场绕组→搭铁电刷和滑环→搭铁→发电机负极。

（3）发电机转速升高，输出电压达到调节器调节电压时，磁化线圈电流所产生的电磁力足以克服调压弹簧拉力，使低速触点K_1打开，励磁电流改变流向，其电路为：发电机正极（B）→点火开关→调节器"S"接线柱→加速电阻R_1→附加电阻R_2→调节器"F"、发电机"F"接线柱→绝缘电刷和滑环→磁场绕组→搭铁电刷和滑环→搭铁→发电机负极。由于发电机励磁电路中串联了电阻R_1和R_2，所以励磁电流减小，发电机电压降低。当发电机电压降至略低于调节电压时，磁化线圈所产生的电磁力便又会小于调压弹簧拉力，于是低速触点K_1重又闭合，将附加电阻R_2短路，励磁电流增大，磁场加强，发电机输出电压再次升高；当升至略高于调节电压时，低速触点K_1又被吸开。如此反复，使发电机输出电压保持恒定。

（4）当发电机高速运转时，发电机的输出电压会超过第一级调节电压而达到第二级调节电压，磁化线圈电流所产生的电磁力也将远大于调压弹簧的拉力，将活动触点臂继续吸下，使高速触点K_2闭合，磁场绕组被短路。此时，发电机磁场绕组中无励磁电流流过，发电机靠剩磁发电，端电压迅速下降，磁化线圈电流所产生的电磁力减小，高速触点K_2重又打开（低速触点K_1也处于打开状态），附加电阻R_2被串入励磁电路，磁场绕组中有电流流过，发电机端电压升高，高速触点K_2重新闭合。如此反复，K_2不断地振动，使发电机的输出电压保持在一定范围内。

双级电磁振动式调节器能控制两级电压，其电压调节特性如图2-39所示，其中$n_1 \sim n_2$为低速触点（K_1）工作区，其工作电压为第一级调节电压。一般来说，12V电源系，第一级调节电压为13.2V~14.2V；24V电系，第一级调节电压为27V~29V。调节电压高低取决于调压弹簧拉力和衔铁与铁芯间空气隙。$n_3 \sim n_{max}$为高速触点（K_2）工作区，其工作电压为第二级调节电压。触点工作从第一级过渡到第二级时，由于弹簧拉力以及衔铁与铁芯间空气隙发生变化，所以两级调节电压的平均值也略有不同，出现一个差值ΔU。

12V电源系，调节电压差值应不超过0.5V；24V电源系，调节电压差值应不超过1V。调节电压差值ΔU的大小取决于高速触点K_2的间隙值。$n_2 \sim n_3$为电压调节器工作失控区，此时，低速触点K_1打开失去调节作用，高速触点K_2尚未进入工作，也处于打开状态，发电机输出电压失去控制，会随转速的升高而升高。

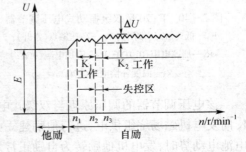

图2-39 双级式电压调节器调节特性

2）FT70 型双级式电压调节器

FT70 型双级式电压调节器可与 14V、500W 的交流发电机配套,用于 12V 机械装备上,其结构电路如图 2-40 所示,这种调节器的结构和工作原理与 FT61 型相似,其特点如下。

（1）静触点仅一个且在中间位置。动触点有两个,焊接在两个活动臂上,且分别位于上端和下端,下触点为常闭的低速触点 K_1,上触点为常开的高速触点 K_2。

（2）各电阻的电阻值与 FT61 型调节器不同。

2．单级电磁振动式电压调节器

交流发电机的磁场电流大,转速高,如采用普通单级电磁振动式电压调节器,需增大调节电阻值而使触点间火花增大,触点迅速烧蚀损坏;如采用双级式电压调节器,因有两对触点检调较困难,且从低速触点过渡到高速触点工作时,出现失控区,对充电性能有一定影响。为克服上述缺点,可采用具有灭弧系统的单级电磁振动式电压调节器。

1）FT111 型单级电磁振动式电压调节器

图 2-41 所示为具有灭弧系统的 FT111 型单级电磁振动式电压调节器的电路原理图。这种调节器只有一对触点,因而仅能调节一级电压。为了有效地减小触点断开时的火花,延长触点的使用寿命,在该调节器电路中增加了一个由二极管 V、辄流线圈 W_2 和电容器 C 组成的 V—W_2—C 触点灭弧系统。

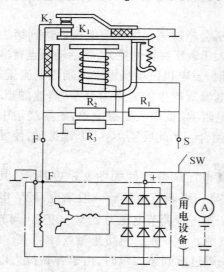

图 2-40　FT70 型双级振动式电压调节器

K_1—低速触点(常闭); K_2—高速触点(常开);
R_1—加速电阻(0.4Ω); R_2—附加电阻(9Ω);
R_3—温度补偿电阻(20Ω)。

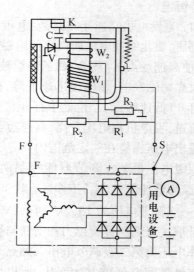

图 2-41　具有灭弧系统的 FT111 型单级振动式电压调节器

R_1—加速电阻; R_2—调节电阻; R_3—温度补偿电阻;
W_1—磁化线圈; C—电容; V—二极管; W_2—辄流线圈。

该电压调节器的调压原理与双级式电压调节器相同。接通点火开关,蓄电池经触点 K 向发电机磁场绕组供电,进行他励建立电动势。当发电机转速升高到其端电压高于蓄电池电动势时,发电机他励转为自励正常发电。随着发电机转速的继续升高,当其端电压稍高于调节电压时,在磁化线圈 W_1 的电磁力作用下,吸下衔铁打开触点 K,使电阻 R_1、R_2

串联接入磁场电路,减小了磁场电流,发电机端电压下降;当发电机端电压降至略低于调节电压时,触点 K 重又闭合,电阻 R_1、R_2 被短路,磁场电流增大,发电机电压又上升。如此反复,触点 K 不断地振动,调节磁场电流,使发电机电压保持一个稳定值。

灭弧系统的工作原理:当触点打开瞬间,由于磁场电流突然减小,在磁场绕组中便产生较高的自感电动势,并正向加在二极管 V 上而导通,感应电流通过二极管 V 和轭流线圈 W_2 构成回路,因而保护了触点。电容器 C 与轭流线圈 W_2 串联后并联在触点两端,用来吸收自感电动势。轭流线圈的另一个作用是,触点打开时,感应电流通过它产生退磁作用,以加快触点的闭合,提高触点的振动频率,改善调压质量,而触点闭合时又有缓冲电容器放电的作用。

2）FT211 型单级电磁振动式电压调节器

FT211 型单级电磁振动式电压调节器与 24V 交流发电机配套,其结构和性能与 FT111 型类同,故不再重复。

3. 具有磁场继电器的双联调节器

磁场继电器又称防倒流继电器,其作用是自动接通或切断发电机磁场绕组中的电流。它与振动式电压调节器合装为一体,构成具有磁场继电器的双联调节器,这种双联调节器只装于柴油发动机上。其目的是防止柴油发动机熄火后,忘关掉电源开关,而使蓄电池通过发电机磁场绕组长期过度放电,导致发电机和蓄电池过早损坏。

现以典型的 FT61A 型双联调节器为例来进行说明。

FT61A 型调节器为具有磁场继电器的双联调节器,可与 24V、300W～500W 交流发电机配套,用于柴油发动机上,其原理电路如图 2－42 所示,右边一联为双级电磁振动式电压调节器,左边一联为磁场继电器。其工作过程如下。

起动发动机时,起动开关连锁动作而使电源开关 K 闭合,蓄电池的电流经电源开关 K、接柱"S"流入磁场继电器的起动线圈 W_1,产生电磁力使磁场继电器触点 K_1 闭合,接通磁场电路和电压调节器磁化线圈电路。

磁场电流流向为:蓄电池正极→接柱"B"→磁场继电器触点 K_1 及磁轭→电压调节器磁轭及触点 K_2→磁场接线柱"F"→熔断器→磁场绕组→搭铁→蓄电池负极。

电压调节器磁化线圈电流流向为:蓄电池正极→接线柱"B"→磁场继电器触点 K_1 及磁轭→加速电阻 R_1→电压调节器磁化线圈 W_3→温度补偿电阻 R_3→搭铁→蓄电池负极。

发动机起动后,电源开关 K 随起动开关的连锁动作而断开,磁场继电器起动线圈 W_1 断电,但维持线圈 W_2 由交流发电机中性点供电,继电器触点 K_1 仍保持闭合,使

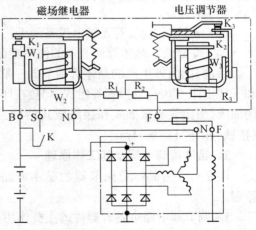

图 2－42　FT61A 型双联调节器

K_1—磁场继电器触点(常开);W_1—起动线圈;

W_2—维持线圈;R_1—加速电阻(2Ω);

R_2—附加电阻(40Ω);R_3—温度补偿电阻(80Ω);

K_2—电压调节器低速触点(常闭);

K_3—电压调节器高速触点(常开);W_3—磁化线圈。

发电机的端电压随转速的升高而上升，由他励转为自励发电的正常状态。磁场电路和磁化线圈的电路均未改变，但电源变为发电机本身。

发电机转速继续升高，发电机的端电压达到调压值时，电压调节器工作，使发电机的端电压不随转速的升高而上升，始终保持恒定。

发动机熄火停转时，发电机中性点处电压为零，磁场继电器维持线圈中无电流流过，触点 K_1 在弹簧拉力作用下打开，切断了磁场电路，从而避免了蓄电池长时间向发电机磁场绕组放电而烧坏发电机，损坏蓄电池。

国产带磁场控制功能的双联调节器还有 FT70A、FT62 型等几种，它们的构造和工作原理与 FT61A 型基本相同。

2.3.2 晶体管调节器

电磁振动式调节器由于有铁芯、磁轭、衔铁、弹簧、触点、线圈等机械部件，不仅存在结构复杂、质量大等不足之处，而且在触点开闭过程中存在着机械惯性和电磁惰性，使振动频率受到限制。当发电机在高速状态下突然失去负载时，由于触点不能迅速动作，会导致发电机产生瞬时过电压，对整流二极管或其它电子元件造成危害。另外，触点容易烧蚀，还会产生无线电干扰。

晶体管调节器是利用晶体管的开关特性，来控制发电机的磁场电流、使发电机的输出电压保持恒定的。晶体管调节器与电磁振动式调节器相比具有以下优点。

（1）结构简单，故障少，工作可靠。晶体管调节器中无触点，无线圈，无振动元件，不但结构简单，而且不会产生触点烧蚀、熔焊、绕组损坏等现象，所以故障率低，工作可靠。

（2）调压质量高。晶体管调节器是利用晶体管开关电路取代了振动式调节器的机械部件和触点，不存在机械惯性和电磁惰性。开、关时间短，速度快，所以可使发电机发电电压稳定，脉动小。

（3）无触点火花，对无线电设备的干扰小。

（4）寿命长。晶体管调节器的使用寿命一般是电磁振动式调节器的 2 倍～3 倍。

目前，国内外生产的晶体管调节器一般都是由 2 个～4 个晶体管、1 个～2 个稳压管和一些电阻、电容、二极管等组成，焊接在印制电路板上，然后用铝合金外壳或钢板外壳封闭而成，引出线有接插式和接线板式两种，其上分别标有"B"或"＋"（点火）、"－"或"E"（搭铁）和"F"（磁场）标记。

1. 晶体管调节器及其工作原理

图 2－43 为晶体管调节器的基本电路，下面以此电路来讲述晶体管调节器的工作原理。

1）调节器电路中各元器件的主要作用

（1）R_1 和 R_2 构成分压器。当发电机不转动或发电机低速运转时，接通点火开关，蓄电池的端电压便加在分压器 A、C 端，R_1、R_2 有电流流过，显然电阻 R_1 分得的电压 U_{BC} 为：

$$U_{BC} = U_{AC} \frac{R_1}{R_1 + R_2} (V) \tag{2-9}$$

U_{BC} 通过 V_1 的发射结加到稳压管 V_3 上，使稳压管 V_3 承受反向电压。由于蓄电池的电压低于发电机的调节电压，故此时分压器加在稳压管 V_3 的反向电压低于稳压管的击

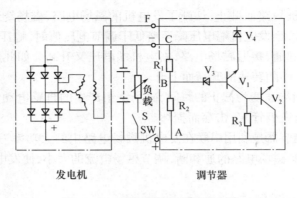

发电机　　　　　　　　　　　　调节器

图 2-43　晶体管调节器基本电路

穿电压,V_3 截止;当发电机端电压高于蓄电池电动势时,加在分压器两端的电压即为发电机的端电压。如发电机的端电压达到调节电压值,加在稳压管 V_3 两端的反向电压便高于稳压管的击穿电压,稳压管 V_3 导通。

(2) 稳压管 V_3 是用来感受发电机电压变化。发电机电压达到调节电压值时,V_3 导通;发电机电压低于调节电压值时,V_3 截止。

(3) 小功率三极管 V_1 用来放大输入信号,并受稳压管 V_3 控制。V_3 导通时,V_1 有基极电流流过且会使 V_1 饱和导通,V_1 饱和导通后,相当于一个接通的开关,而将 V_2 短接,即 V_2 截止。

(4) V_2 为大功率三极管,它串联在发电机磁场电路中,用来接通与断开发电机的磁场电路。V_2 导通时,发电机磁场绕组中有电流流过;V_2 截止时,发电机磁场电路断开,磁场绕组中无电流流过。

(5) V_4 为续流二极管,其作用是吸收 V_2 截止时,磁场绕组中产生的自感电动势,保护 V_2 不被损坏。

(6) R_3 为 V_2 的基极偏置电阻。

2) 晶体管调节器的工作原理

闭合点火开关,当发电机不运转或低速运转时,稳压管 V_3 两端的电压低于击穿电压,稳压管 V_3 截止,小功率三极管也因稳压管 V_3 截止无基极电流而截止,大功率三极管 V_2 在偏置电阻 R_3 的作用下,有基极电流流过,于是 V_2 饱和导通,磁场电路接通,发电机磁场绕组中有电流流过,电流流向为:蓄电池正极→点火开关"SW"→调节器"+"接线柱

电阻 R_3 → V_2 基极
→ $\langle$ 　　　　　　　　 $\rangle$ → V_2 的发射极→调节器及发电机"F"接线柱→磁场绕组→蓄
V_2 的集电极

电池负极。此时发电机他励建立电动势。

当发电机端电压高于蓄电池电动势而低于调节电压值时,V_3、V_1 仍截止,V_2 继续导通,磁场绕组中有电流流过,电流流向同前,但此时由发电机供电进行自励正常发电。

当发电机端电压达到调节电压值时,稳压管 V_3 两端承受的反向电压达到了击穿电压,V_3 导通,小功率三极管 V_1 有基极电流流过,基极电流流向为:发电机正极→点火开关"SW"→调节器"+"接线柱→R_2→V_3、V_1 基极、发射极→发电机负极。于是,V_1 立即饱和

导通，V_2 的发射结被短路而截止，切断了发电机的磁场电路，磁场绕组中无电流流过，发电机的端电压下降。当发电机端电压降至略低于调节电压值时，稳压管 V_3 重又截止，V_1 随之也截止，V_2 又导通，接通磁场电路，发电机端电压又升高。如此反复，将发电机电压控制在一定范围内，不随转速的升高而上升。

当三极管 V_2 由导通变为截止的瞬间，磁场绕组产生的自感电动势经续流二极管 V_4 构成回路放电，防止三极管 V_2 击穿而损坏。

可见，晶体管调节器是利用串联在发电机磁场电路中的大功率三极管的导通与截止（即开关特性）来控制磁场电路的通和断，调节磁场电流的大小，使发电机的输出电压稳定在规定值范围内的。

2．晶体管调节器实例

1）JFT106 型晶体管调节器

JFT106 型晶体管调节器调节电压为 13.8V～14.6V，可与外搭铁式的交流发电机配套使用。其内部接线如图 2－44 所示，该调节器对外有"＋"、"－"和"F"3 个接线柱。其中"＋"与发电机的"F_2"接线柱相连、"F"与发电机的"F_1"接线柱相连、"－"接线柱搭铁。

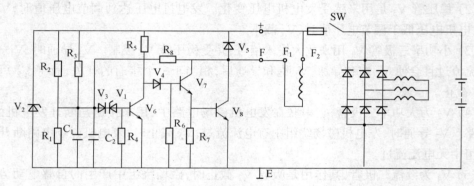

图 2－44　JFT106 型调节器电路原理图

R_1、R_2、R_3 和稳压器 V_1 构成了电压检测电路，其中 R_1、R_2 和 R_3 为分压电阻，将交流发电机的端电压进行分压后反向加在稳压管 V_1 的两端；稳压管 V_1 为感压元件，随时感受着发电机端电压的变化，起控制作用。

晶体三极管 V_6、V_7、V_8 组成复合大功率二级开关电路，利用其开关特性控制磁场电路的接通或断开。

电阻 R_4、R_5、R_6、R_7 为晶体三极管的偏置电阻。

二极管 V_3 接在稳压管 V_1 之前，其作用是保证稳压管安全可靠地工作。当发电机端电压过高时，V_3 能限制流过 V_1 的电流，以防烧坏 V_1；当发电机端电压降低时，V_3 又迅速截止，以保证 V_1 可靠截止。

V_5 为续流二极管，其作用是防止 V_8 截止时，磁场绕组中的瞬时自感电动势击穿 V_8。

R_8 为反馈电阻，它具有提高灵敏度，改善调压质量的作用。电容器 C_1、C_2 可降低晶体管的开关频率。

稳压管 V_2 起到过电压保护作用，利用稳压管的稳压特性，可对发电机负载突然减小或蓄电池接线突然断开时，发电机所产生的正向瞬变过电压起保护作用，并可利用其正向导通特性,对开关断开时电路中可能产生的反向瞬变过电压起保护作用。

调节器工作过程如下。

(1) 起动发电机并接通点火开关,蓄电池电压经分压器加在稳压管 V_1 两端,此时,由于加在稳压管 V_1 两端的电压低于击穿电压,V_1 截止,三极管 V_6 截止,而 V_7、V_8 导通,接通了发电机的磁场电路,发电机他励发电建立电动势。

(2) 发动机转速上升,发电机转速随之上升,当发电机输出电压高于蓄电池电压时,交流发电机由他励转变为自励正常发电。此时,由于发电机的电压未达到调节器的调节电压,加在稳压管 V_1 两端的电压仍低于击穿电压,V_1 仍截止,三极管 V_6 截止,而 V_7、V_8 仍导通。

(3) 随着发电机转速继续升高,当发电机端电压达到调节器的调节电压时,稳压管 V_1 导通,三极管 V_6 由截止转为导通,V_7、V_8 则由导通转为截止,切断磁场电路,发电机端电压下降。当降至规定值时,V_1 又截止,V_6 也截止,V_7、V_8 又导通,再次接通磁场电路,发电机端电压又上升。如此反复,使发电机电压保持在规定值。

2) JFT121 型晶体管调节器

JFT121 型晶体管调节器调节电压为 13.8V~14.6V,可与内搭铁式交流发电机配套使用,内部接线如图 2-45 所示。该调节器对外有"＋"、"－"和"F"3 个接线柱。其中"＋"与发电机"B"接线柱相连,"F"与发电机"F"接线柱相连,"－"接线柱搭铁。

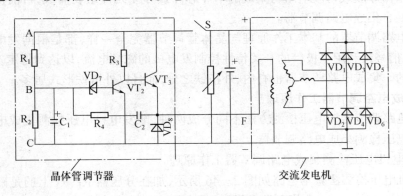

图 2-45　JFT121 型晶体管调节器

VT_3 是大功率管,用来接通与切断发电机的励磁回路。VT_2 是小功率管,用来放大控制信号;稳压管 VD_7 是感受元件,串联在 VT_2 的基极回路中,感受发电机电压的变化。R_1 和 R_2 组成分压器,电压 U_{BC} 反向加在稳压管 VD_7 上,当发电机电压达到调节器的调节电压时,稳压管 VD_7 反向击穿而导通;R_3 是 VT_2 的集电极电阻,同时也是 VT_3 的偏置电阻。VD_8 为续流二极管,为 VT_3 由导通变为截止时励磁绕组产生的自感电动势续流,保护 VT_3。R_4 和电容 C_2 组成正反馈电路,用以提高 VT_2 的翻转速度;电容 C_1 用来降低开、关频率,减少功率损耗。

调节器工作过程如下。

(1) 起动发电机并接通点火开关,蓄电池电压经分压器加在稳压管 VD_7 两端,此时,由于加在稳压管 VD_7 两端的电压低于击穿电压,VD_7 截止,VT_2 因无基极电流而截止,而此时 VT_3 通过 R_3 加有较高的正向偏压,饱和导通,接通了发电机的磁场电路,发电机他

67

励发电建立电动势。

（2）发动机转速上升，发电机转速随之上升，当发电机输出电压高于蓄电池电压时，交流发电机由他励转变为自励正常发电。此时，由于发电机的电压未达到调节器的调节电压，加在稳压管 VD_7 两端的电压仍低于击穿电压，VD_7 仍截止，三极管 VT_2 截止，而 VT_3 仍导通。

（3）随着发电机转速继续升高，当发电机端电压达到调节器的调节电压时，稳压管 VD_7 导通，三极管 VT_2 由截止转为导通，VT_3 则由导通转为截止，切断磁场电路，发电机端电压下降。当端电压低于调节值时，当降至规定值时，VD_7 又截止，三极管 VT_2 截止，VT_3 又导通，如此反复，使发电机电压保持在规定的电压范围内。

2.3.3　集成电路调节器

集成电路调节器也称 IC 电路调节器，它具有体积小、质量轻、调压精度高（为 $\pm0.3V$，而电磁振动式调节器为 $\pm0.5V$）、耐振动、寿命长、可以直接装在交流发电机内、接线简单等优点，所以被广泛用于现代机械装备交流发电机上。

集成电路调节器有两种类型，即全集成电路调节器和混合集成电路调节器。全集成电路调节器是把三极管、二极管、电阻、电容等同时印制在一块硅基片上。混合集成电路调节器是指由厚膜或薄膜电阻与集成的单片芯片或分立元件组装而成，目前使用最广泛的是厚膜混合集成电路调节器。

集成电路调节器的基本工作原理与晶体管调节器完全一样，都是根据发电机的电压信号（输入信号），利用三极管的开关特性控制发电机的磁场电流，以达到稳定发电机输出电压的目的。集成电路调节器也有内、外搭铁之分，而且以外搭铁形式居多。

1. 集成电路调节器工作原理

集成电路调节器按电压检测方法不同分成两种，即发电机电压检测集成电路调节器和蓄电池电压检测集成电路调节器。

1）发电机电压检测集成电路调节器工作原理

发电机电压检测法基本电路如图 2-46 所示，加在分压器 R_1、R_2 上的是磁场二极管输出端"L"处的电压 U_L，此值和发电机"B"端电压 U_B 相等，检测点 P 的电压为：

$$U_P = U_L \frac{R_2}{R_1 + R_2} = U_B \frac{R_2}{R_1 + R_2} \qquad (2-10)$$

可见由检测点 P 加到稳压管 V_3 两端的反向电压与发电机的端电压成正比。

接通点火开关 SW，蓄电池电压经充电指示灯加在 R_1、R_2 组成的分压器上，此时稳压管 V_3 截止，三极管 V_1 截止，V_2 在 R_3 的偏置作用下导通，蓄电池电流经充电指示灯流入磁场绕组，使发电机励磁，此时充电指示灯亮，表示发电机不发电。当发电机电压达到蓄电池电压时，发电机由他励转为自励，通过

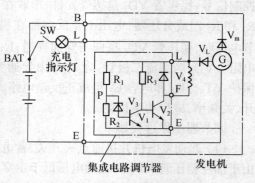

图 2-46　发电机电压检测法

68

磁场二极管向磁场绕组供电,此时充电指示灯因两端电位相等而熄灭,表示发电机工作正常。当发电机电压达到规定值时,稳压管 V_3 导通,三极管 V_1 有基极电流流过而饱和导通,V_2 则截止,切断磁场电路,发电机电压下降。当降至规定值时,V_3 又截止,V_1 截止而 V_2 导通,再次接通磁场电路,发电机电压又上升。如此反复,使发电机电压保持在规定值。

发电机电压检测法的缺点是:如果"B"到"BAT"接线柱之间的电压降较大时,蓄电池的充电电压将会偏低,使蓄电池充电不足。因此,一般大功率发电机不宜采用。

2) 蓄电池电压检测集成电路调节器工作原理

蓄电池电压检测法基本电路如图 2-47 所示,工作原理与发电机电压检测法基本相同。但加在分压器 R_1、R_2 上的电压为蓄电池电压,由于通过检测点 P 加到稳压管 V_3 上的反向电压与蓄电池端电压成正比,故可直接控制蓄电池的充电电压。但采用这一方法时,如"B"到"BAT"或"S"到"BAT"之间断路时,由于不能检测出发电机的端电压,发电机电压将会失控。为了克服这个缺点,必须采取补救措施,图 2-48 所示为采用蓄电池电压检测法的补救电路,其特点是在分压器与发电机"B"端之间接入电阻 R_4,在分压器与蓄电池"S"端之间增加一个二极管 V_5。这样当"B"到"BAT"或"S"到"BAT"之间断路时,由于 R_4 的存在,仍能检测出发电机的端电压 U_B,使调节器正常工作,防止发电机电压过高的现象发生。

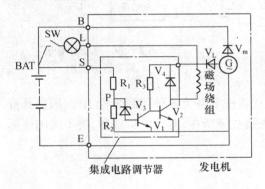

图 2-47 蓄电池电压检测法

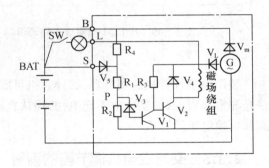

图 2-48 蓄电池电压检测法补救电路

2. 国产 JFT151 型内装集成电路调节器

国产 JFT151 型内装集成电路调节器为薄膜混合集成电路调节器,内部电路如图 2-49 所示,为双重感受形式。R_1、R_2 构成分压器,稳压管 V_1 可从该分压器上获得比较电压。当发电机电压低于规定值时,稳压管 V_1 截止,三极管 V_2 截止,V_3 则在 R_4 偏置下导通,发电机磁场绕组中有电流流过,发电机端电压升高。当电压上升到高于规定值时,稳压管 V_1 导通,三极管 V_2 饱和导通并将 V_3 的基极和发射极短路,于是 V_3 截止,切断了发电机的磁场电路,发电机端电压随即下降。当降至低于规定值时,V_1、V_2 重新截止,V_3 导通,又接通磁场电路,发电机端电压又上升。如此反复,发电机端电压便不随转速的升高而上升,保持在规定值范围内。

分流电阻 R_3 可提高三极管 V_2 的耐压能力,C_1、R_5 为正反馈电路,以加快 V_3 的翻转,减小 V_3 的过度损耗;C_2 为负反馈电路,降低开关频率,进一步减少管耗。V_5 为续流二极管,当 V_3 截止时,可使发电机磁场绕组的自感电动势构成回路,保护 V_3 免受损坏;稳压管 V_4 与电源并联,起过电压保护作用。

2.3.4 电子计算机调节器简介

在许多现代机械装备上,电子计算机(微处理机)得到了广泛应用,它除了完成其它各种控制工作外,还用来调节发电机电压,担负调节器的功能,其基本工作情况与集成电路调节器完全一样。电子计算机工作时,可使发电机磁场电路间歇性地搭铁(接地),以保持发电机的电压在规定范围内。图2-50所示为现代电子计算机调节电路方框图。

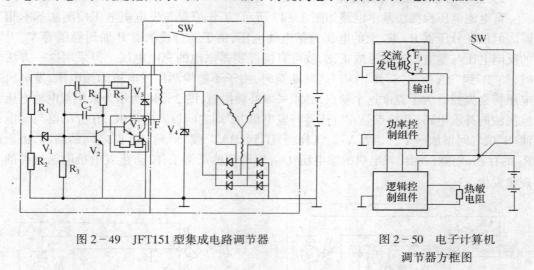

图2-49 JFT151型集成电路调节器　　　图2-50 电子计算机
调节器方框图

装用电子计算机的调节器,其计算机可取代机械装备上各种控制装置工作,因而其价格是非常昂贵的,如蓄电池不充电,必须认真查找故障所在,然后进行修理,决不能随便拆卸和更换电子计算机。

2.3.5 交流发电机调节器的型号

根据中华人民共和国行业标准 QT/T73-93《汽车电气设备产品型号编制规则方法》的规定,车用交流发电机调节器的型号由5部分组成:

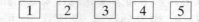

（1）产品代号:用2个或3个大写汉语拼音字母表示,有 FT、FDT 两种,分别表示有触点的电磁振动式调节器和无触点的电子调节器。

（2）电压等级代号:用1位阿拉伯数字表示:1-12V;2-24V;6-6V。

（3）结构形式代号:用1位阿拉伯数字表示。

（4）设计序号:按产品的先后顺序,用1、2位阿拉伯数字表示。

（5）变型代号:用大写汉语拼音字母 A、D、C… 顺序表示(不能用 O 和 I)。

例如,FT126C 表示 12V 电磁振动式电压调节器,第6次设计,第3次变型。

FDT125 表示 12V 集成电路调节器,第5次设计。

2.4 交流发电机调节器的检修与调试

2.4.1 电磁振动式电压调节器的检修与调试

1.触点的检查与修理

1）触点的检查

电磁振动式电压调节器触点的常见故障有:触点表面沾有油污或灰尘、触点烧蚀、氧化或熔焊等。一般检查方法有直观检查法和测量电阻法两种。

(1)直观检查法。即用肉眼直接观察触点表面有无油污和灰尘,触点表面的烧蚀状况、磨损状况等。

(2)测量电阻法。即用万用表 R×1 挡测量触点之间的接触电阻。

单级式电压调节器触点接触电阻的检查方法是:将万用表拨到 R×1 挡,用两个测试针分别测量调节器"S"(点火)与"F"(磁场)两接线柱之间的电阻值,如电阻值为零,则触点接触良好,否则为触点接触不良。

双级式电压调节器因有两对触点(常闭的低速触点和常开的高速触点),因而应分别对两对触点的接触状况进行检查。首先检查低速触点的接触状况,其方法是:将万用表拨到 R×1 挡,用万用表的两个测试针分别测量调节器"S"(点火)与"F"(磁场)接线柱之间的电阻值。若电阻值为零,则低速触点接触良好;否则说明低速触点表面烧蚀而接触不良。然后检查高速触点接触状况,其方法是将高速触点闭合,用万用表 R×1 挡测量调节器"F"(磁场)和搭铁(底座)之间的电阻值。如电阻值为零,则高速触点接触良好;否则为高速触点接触不良。

2）触点的修理

触点的修复方法有两种:打磨法和更换触点法,应视触点的损坏情况而选定。

(1)打磨法。经检查,发现触点表面沾有油污或灰尘、触点表面有轻微烧蚀时,可采用打磨法修复,即将"00"号细砂纸砂面朝外对折后,插入触点接触面之间,轻压触点并往复抽动砂纸,直至磨光磨平接触面为止,最后用清洁的纸片擦去触点表面的脏物和遗留的砂粒。

(2)更换触点法。经检查发现触点表面有较深蚀坑或表面严重残缺以及触点经修磨后厚度不足 0.4mm 时,应采用更换触点法,焊接新触点。其焊接工艺如下:按图 2-51 所示,先将旧触点臂上的触点正对安装在焊接夹具的电极上,并将其夹于上下电极之间,合上开关 5,加热触点使焊料熔化,随即提起电极,除去旧钨头,用细平锉修平焊接表面,放上薄银片焊料和新的钨触头,使用夹具将钨头对准旧触点尾部 4,并将硼砂撒于焊区,再合上开关 5,通电约 5s,将焊料熔化,停电冷却后,即可取下焊好的触点。修好的触点在装复时应注意上下触点中心对正,偏移量不得超过 0.20mm。

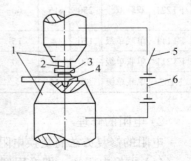

图 2-51 焊接触点夹具
1—夹具;2—触点钨头;3—焊料;
4—触点尾部;5—开关;
6—加热用蓄电池。

2．电阻的检查与修理

调节器中各电阻经常出现的故障有断路、短路和搭铁不良等。

1）电阻的检查

（1）直观检查。用肉眼直观检查各电阻有无变色、烧焦等痕迹。

（2）用万用表检查。按调节器电路图测量各电阻的阻值，并与标准电阻值（见表2-5）进行比较，判断各电阻是否有故障以及何种故障。如测得的电阻值符合标准电阻值，说明电阻良好；如测得的电阻值小于标准电阻值，说明电阻有短路故障；如表针不动则说明电阻断路或搭铁不良。

表 2-5　电磁振动式调节器主要元器件参数

型号	类型	电阻/Ω			磁化线圈			继电器线圈	灭弧系统
		附加电阻	加速电阻	温度补偿电阻	直径	匝数	电阻		
FT70	单联双级	9	0.4	20	0.29	700	7.2		
FT70A	单联双级	40	2	80	0.21	1540	30		—
FT61	单联双级	8.5	1	13	0.31	820	9.5		
FT61A	双联双级	40	2	80	0.2	2200	53	维持线圈:φ0.17,1420 匝,35Ω;康铜 φ0.25,72 匝~77 匝,总电阻 65Ω	—
FT212	单联单级	30Ω 2个并联	—	60	0.2	1280	36	—	
FT122	双联双级	4	—	—	内:QZ0.2 康铜 0.25 外:QZ0.10	1150 75-77 1200	65 148	内:QZφ0.15,900 匝,总电阻 65Ω	
FT121	双联双级	150	4	15	0.31	900	8.8	φ0.21,1400 匝,27Ω φ0.27,700 匝,13Ω	
FT221	双联双级	250	15	60	0.29	1400	18	φ0.15,2300 匝,85Ω φ0.19,1400 匝,52Ω	
FT111	单联单级	150	4	15	0.31	900	8.8	—	
FT211	单联单级	300	8	60	0.29	1400	18	—	
FT62	单联单级	80	13		0.25	1450	95	—	

2）电阻的修理

电阻的修复方法有更换电阻法和绕制代用电阻法。

（1）更换电阻法。即换用型号规格与原电阻相同的备用电阻或换用同型号废旧调节器中未损坏的相应电阻。

（2）绕制代用电阻法。即用大阻值的电阻丝,在原瓷管上绕制一个与原阻值相等的代用电阻。

3．线圈的检查与修理

1）线圈的检查

（1）直观检查。查看线圈表面有无刮伤、烧焦的痕迹。

（2）用万用表检查。按调节器电路，用万用表测量调节器各线圈的电阻值，其阻值应符合表2-5的规定。若线圈有断路或严重短路时，可参照表中参数重新绕制新线圈。

2）线圈的修理

当调节器中的线圈有断路、短路等故障时，可换用同型号调节器中未损坏的线圈，也可绕制新线圈，绕制新线圈的工艺方法如下。

（1）拆除旧线圈。拧掉调节器底座下面的铁芯固定螺母，焊脱接线，拆掉固定触点支架、活动触点臂等，将铁芯和线圈一起取出，并拆除线圈。注意拆除时应记录线圈的绕向、匝数、线径、引出线位置等参数，以便重新绕制时参考。

（2）重新绕线。绕线前应先垫好一层绝缘纸或绝缘绸，绕成线圈后，外部也应包绝缘绸。

4．弹簧的检查与修理

1）弹簧的检查

调节器均采用密圈拉力弹簧，若拆除的弹簧在自由状态下各圈有未并紧者，应予以修整。弹簧两端的拉钩折断不足一圈时，应重新弯曲钩环。弹簧严重变形或折断无法继续修复使用时，应换新或绕制新弹簧。

2）弹簧的修理

（1）弹簧的整修。弹簧个别单圈被拉开并不紧时，可用薄刀片垫起单圈，修整变形段使之并紧。弹簧拉钩折断不足一圈时，可用尖嘴钳弯起一单圈重新制作挂钩。

（2）绕制新弹簧。取直径与原旧件相同的冷卷弹簧钢丝，按原弹簧外径、圈数等参数绕制新弹簧。绕好的弹簧在剪断前需经修整，若弹力过大时应加粗芯棒重绕。弹力稍大时可多留1圈~2圈；反之，应减小芯棒直径或弹簧圈数。

5．单级振动式电压调节器的试验与调整

1）单级振动式电压调节器的试验

单级振动式电压调节器试验的主要内容是半载时的调节电压值，试验所需设备和仪器与试验交流发电机相同，其接线方法如图2-52所示。

起动电动机，接通开关S_1，让蓄电池对发电机励磁，待发电机自励后，将开关S_1断开，S_2闭合，逐渐提高发电机转速，并使其在3000r/min下稳定运转，调可变电阻R，使发电机处于半载状态（即电流表指示电流值为发电机额定输出电流的1/2）。此时，电压表指示的电压即为被测调节器的调节电压，其值应符合表2-6的规定。如不符合规定，可适当改变弹簧弹力和衔铁气隙，予以调整。

2）单级式电压调节器的调整

单级式电压调节器调节电压不符合规定时，可通过改变弹簧拉力进行调整；当无法用改变弹簧拉力的办法将调节电压调整到规定值时，则应对调节器的衔铁气隙进行必要的调整，其规定值见表2-6。调整时应注意，衔铁气隙不能过大，否则会引起触点压力不足，接触不良，甚至在机械装备行驶中，由于振动而造成误动作，影响调节器正常工作。

6. 双级振动式电压调节器的试验与调整

1）双级振动式电压调节器的试验

双级振动式电压调节器需要试验与调整的基本数据是:低载时调节电压值以及低载与半载调节电压的差值,所需试验设备与试验交流发电机相同,其接线方法如图2-53所示。现以FT70型调节器为例,说明其试验与调整方法。

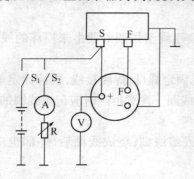 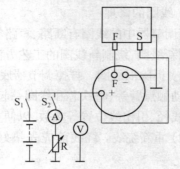

图2-52　单级振动式调节器的试验接线方法　　　图2-53　双级式电压调节器的试验

（1）起动发动机,闭合开关S_1,让蓄电池对发电机励磁(他励)。

（2）待发电机自励后,断开开关S_1,使开关S_2闭合,逐渐提高发电机转速并使其在3000r/min下稳定运转。调节可变电阻R,使发电机处于低载状态(14V交流发电机输出电流为4A;28V交流发电机输出电流为2A),记下调节器所维持的电压值,若不符合规定(见表2-6),用改变弹簧拉力的方法予以调整,直到调整好为止。然后再调节可变电阻R,使发电机处于半载状况(即输出电流为额定电流的1/2),记下调节器所维持的电压值。低载与半载调节电压的差值应符合表2-6的规定,若电压差超过规定时,可适当减小衔铁气隙;若电压差为负值时,可适当增大衔铁气隙。

表2-6　国产电磁振动式电压调节器的调整数据

型号	规格	高速触点间隙/mm	衔铁气隙/mm	半载时调节电压/V	低载时调节电压/V	低载与半载时调节电压差值/V	继电器闭合电压/V
FT70	14	0.3~0.4	1.2~1.3		13.8~14.5	≤0.5	
FT70A	28	0.3~0.4	1.2~1.3		27.6~29	≤1.0	
FT62	28				27.6~29.6	≤1.0	
FT61	14	0.2~0.3	1.05~1.15		13.2~14.2	≤0.5	
FT61A	28	0.2~0.4	1.2~1.3		27.6~29	≤1.0	8~10
FT121	14	0.25	1.0~1.2		13.5~14.5	≤0.5	4~5
FT122	14				13.2~14.2	≤0.5	4~5
FT221	28	0.25	1.0~1.2		27~29	≤1.0	8~10
FT124	14				13.5~14.5	≤0.5	4~5
FT212	28	0.25	1.0~1.2		27~29	≤1.0	
FT223	28				27~29	≤1.0	6~8
FT111	14		1.4~1.5	13.5~14.5			
FT211	28		1.4~1.5	27~29			

注:(1)试验时配合工作的交流发电机的转速为3000r/min。

（2）低载,指14V交流发电机的输出电流为4A,28V交流发电机输出电流为2A。

（3）半载,指交流发电机输出电流为额定输出电流的1/2

74

在上述试验中,如改变弹簧拉力仍不能将电压调整到规定值时,则应对高速触点间隙以及衔铁气隙进行调整。

2) 双级振动式电压调节器各部分间隙的调整

双级振动式电压调节器需要调整的间隙有两个:衔铁气隙和高速触点间隙。现以FT61型调节器为例,说明其一般调整方法。

调整时,首先应调整衔铁气隙,其方法是:松开低速触点支架紧固螺钉,将支架上下移动,直到衔铁气隙符合表2−6的规定,紧固并锁止低速触点支架固定螺钉,然后,再移动高速触点固定侧,改变高速触点间隙直到符合表2−6的规定。

注意,在机械装备上调整触点间隙时,应在发动机停熄下进行,以防发电机短路而烧坏高速触点等。

2.4.2 晶体管调节器常见故障及其检修与试验

1. 晶体管调节器的性能检测与调整

1) 晶体管调节器的检测

检测晶体管调节器所需设备与检测电磁振动式调节器相同。按图2−54接好检测线路,起动调速电动机,接通开关 S_1,使蓄电池给发电机励磁,待发电机正常发电后,切断开关 S_1,使发电机自励发电。闭合开关 S_2,逐渐提高发电机转速至 3000r/min,并保持稳定运转,调节可变电阻 R,使发电机处于半载状态。此时电压表所指

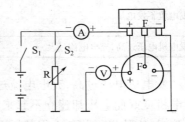

图2−54 晶体管调节器检测线路

示的电压值即为被测晶体管调节器的调节电压值,合格的调节器其调节电压值应符合表2−7的规定。

表2−7 晶体管调节器调节电压值

型 号	规格/V	调节电压/V	配用发电机/(V/W)
JFT126	14	13.5~14.5	14/350、500
JFT106	14	13.2~14.6	14/≤1000
JFT107	14	13.5~14.5	14/350、500
JFT141	14	13.8~14.2	14/350、500
JFT142B	14	13.8~14.2	14/350、500
JFT124	14	13.5~14.5	14/350、500
JFT201	14	13.5~14.5	14/350、500
JFT244	28	27~29	28/350、500
JFT246	28	27~29	28/350、500
JFT201A	28	27~29	28/500、750
JPT241	28	27.5~28.5	28/350、500
JFT242B	28	27~28	28/350、500
JFT206	28	27.2~29.2	28/≤1000
JFT207	28	27~29	28/350、500

2) 晶体管调节器的调整

晶体管调节器有可调式和不可调式两种。

可调式晶体管调节器的分压电路中有电位器,利用电位器便可调整晶体管调节器的调节电压。但应注意晶体管调节器在出厂时均已调好,一般不需再调。如果使用中发现电压偏高或偏低需要调整时,应按上述方法进行测试,然后再予以调整。调整时,可打开盖子,用起子稍稍转动电位器的旋钮,顺时针转动时,调节电压升高;反之,则降低。调整后,还应按上述方法进行测试,直到调节电压符合规定时为止。

为避免使用者随意调整调节器造成损坏,目前绝大多数生产厂家都生产了不可调式晶体管调节器。这种调节器的分压电路中没有电位器,而用固定电阻分压取样,因而无法调整。如经检测该种调节器调节电压不合规定,则应予以更换。

2．晶体管调节器常见故障

晶体管调节器由于使用不当或元器件质量不佳,可能出现的故障见表2-8。

表2-8　晶体管调节器常见故障

故 障 现 象	故 障 原 因
发电机不发电	大功率三极管或复合管断路;稳压管或小功率三极管短路;续流二极管、电容短路
发电机电压过高,充电电流过大	大功率三极管或复合管短路;稳压管或小功率三极管断路

发电机电压过高,充电电流过大时,如蓄电池正常,则一般是由于调节器失调所致;如发电机良好而电压却建立不起来,且无充电电流时,故障大多在调节器。当确认调节器有故障时,应从机械装备上将其拆下进行仔细检查和修理。

3．判断晶体管调节器好坏的方法

判断晶体管调节器好坏的方法很多,现介绍几种常用的方法。

1) 测量磁场电流法

在调节器"F"与发电机"F"接线柱之间串联一只量程为10A的直流电流表,使交流发电机运转,通过测量磁场电流与发电机转速的变化规律来判断调节器的好坏。发动机转速上升时,如果电流表的指针指示位置一直不动,说明晶体管调节器中大功率三极管(或复合管)断路,或稳压管、小功率三极管短路;如电流表在低速时有较稳定的指示值,当转速超过800r/min～1000r/min以后,指示值随转速升高而不断增大,则为大功率三极管(或复合管)短路,或稳压管、小功率三极管断路;如电流表在低速时有较稳定的指示值,在转速升高到800r/min～1000r/min以后,随着转速的升高,电流表指示值逐渐减小,则调节器良好。

2) 用可调直流稳压电源(或蓄电池)和试灯检查

其方法是用可调直流稳压电源(输出电压为0～30V,电流为5A)和一只12V(或24V)20W的机械装备灯泡代替发电机磁场绕组,按图2-55接线进行试验。

注意:检查内搭铁式晶体管调节器时,试灯应接在调节器"F"与"－"接线柱之间;检查外搭铁式晶体管调节器时,试灯则应接在调节器"F"与"＋"接线柱之间。调节直流稳压电源,使其输出电压从零逐渐升高,14V调节器当电压升高到6V(28V调节器电压升高到12V)时,试灯开始点亮,随着电压的不断升高,试灯逐渐变亮,14V调节器当电压升高到14V±0.5V(28V调节器当电压升高到28V±1V)时,试灯应立即熄灭。继续调节直流稳压电源,使电压逐渐降低,试灯又重新变亮,且亮度随电压的降低逐渐减弱,则说明调节器良好。

电压超过调节电压值时,试灯仍不熄灭,说明调节器有故障(大功率三极管或复合管短路或稳压管、小功率三极管断路),已不能起调节作用;如试灯一直不亮,也说明调节器有故障(大功率三极管或复合管断路,或稳压管、小功率三极管短路),不能接通磁场电路。

检查时,如果没有可调直流稳压电源时,也可用 2 个(14V 调节器)或 3 个(28V 调节器)12V 的蓄电池串联代替,按图 2-56 接线。试验时,应将调节器的"+"端逐级接触蓄电池单格电池的正极,使电压逐渐增高,试灯亮度将逐渐增强,14V 调节器当电压接近 14V~16V(28V 调节器当电压接近 28V~30V)时,试灯立即熄灭,则说明调节器良好。如在上述试验中,试灯一直不亮或试灯能亮,但一直不能熄灭,均说明调节器损坏有故障。

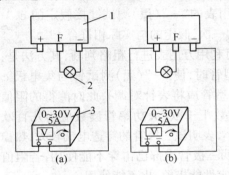 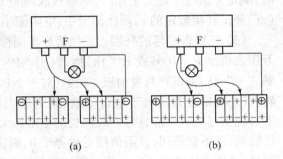

图 2-55　用可调直流稳压电源判断
晶体管调节器好坏接线图
(a) 内搭铁式调节器;(b) 外搭铁式调节器。
1—晶体管调节器;2—12W(24V)、20W 灯泡;
3—可调直流稳压电源。

图 2-56　利用蓄电池和试灯检查
晶体管调节器的好坏
(a) 内搭铁式调节器;(b) 外搭铁式调节器。

4. 晶体管调节器主要元器件性能检查

对晶体管调节器中主要元器件进行性能检查时,一般应将怀疑有故障的元器件从电路中取出,然后再进行认真、细致地检查。晶体管调节器内主要有三极管、二极管和稳压管、电阻、电容等元器件。

1) 三极管的检查

(1) PNP 型和 NPN 型管子的判别。三极管的外壳上一般都有型号标记,根据型号标记,便可确知三极管是 PNP 型还是 NPN 型管子。但当标记不清时,则可利用万用表电阻挡判别三极管是 NPN 型还是 PNP 型。其判别方法如下:

先将万用表拨到 R×100 或 R×1k 挡,然后将黑测试针接触假定的基极,用红测试针依次去接触另外两个管脚,若两次测得的电阻都较小(约为几百欧),当对调黑红测试针重复上述测量时,两次测量的电阻值都较大(约为几十到几百千欧),则原假定的基极成立,且该三极管为 NPN 型;反之为 PNP 型。

(2) 三极管极性的判断。三极管管脚处一般都有供识别的电极标记,另外当知道三极管型号时,也可在半导体三极管手册中查找到 e、b、c 三个管脚。但当标记不清或找不到标准手册时,可利用万用表电阻挡进行判别。一般方法是先确定基极 b,而后确定发射极 e 和集电极 c。

判别基极:检查 PNP 管时,万用表拨到 R×1k 挡,用表的"＋"(红)测试针接触到三极管的任意管脚,"－"(黑)测试棒分别接触另外两个管脚,如果万用表的指示值都很小,那么"＋"(红)测试针所接的管脚为基极。检查 NPN 管时,用万用表的"－"(黑)测试针接触到三极管的任意管脚,"＋"(红)测试针分别接另外两个管脚,如果万用表的指示值都很小,那么"－"(黑)测试针所接的管脚即为基极 b。

判别发射极和集电极:把基极 b 找出来以后,再找发射极 e 和集电极 c。先假设一管脚为 e,另一管脚为 c,并将已确定的基极 b 和假定的 c 用手指捏住(但两管脚不能相碰)。判断 PNP 型管时,用万用表的"＋"(红)测试针接假定的 c,"－"(黑)测试针接假定的 e,测量电阻值。然后将假定的 c 变成假定的 e,而假定的 e 变成假定的 c,再测量电阻值。两次测量中,电阻值小的那一次假定的管脚是真正的发射极 e 和集电极 c。判断 NPN 型管时,测定方法与上述完全相同,只是接线时将万用表的"－"(黑)测试针接假定的 e,"＋"(红)测试针接假定的 e,两次测定中,电阻值小的一次,假定的与实际相符合。

(3) 三极管好坏的判别。三极管好坏同样可利用万用表进行粗略判断,其方法是:将万用表拨至 R×100(或 R×1k)挡,判别 NPN 型管时,使"－"(黑)测试针与集电极 c 接触,"＋"(红)测试针与发射极 e 接触(对于 NPN 型管应将表针对调),此时测得的阻值应较大(小功率硅管应大于数百千欧、锗管应大于数十千欧;大功率管读数应为几百欧以上),说明三极管性能良好。若测得的电阻值太小,表明该三极管的穿透电流较大,热稳定性能差,已不能使用;若阻值接近或等于 0,则说明三极管内部已击穿不能使用;若阻值慢慢减小(即表针漂移不定),则说明三极管的热稳定性能极差,也不能使用。

2) 二极管、稳压管的检查

二极管、稳压管的好坏判别和极性判断方法同交流发电机部分二极管的判断方法。

3) 电阻的检查

首先可从外观上检查电阻有无烧损、断线等故障,然后再用万用表电阻挡测量被检查电阻的阻值,并与规定标准电阻值比较,判断其是否有故障,如有故障应予更换。

4) 电容器的检查

可利用万用表的电阻挡粗略检查电容器的性能,检测时,应将万用表的选择开关拨到最高电阻挡,使两只测试针分别与电容器的两端相接触。如表针先顺时针摆一下,然后缓慢退回原处,则被检测电容器正常。否则,说明被检电容器性能不良,已不能使用(应注意电容器两端的极性)。

2.4.3　集成电路调节器的检查

1. 就车检测内装集成电路调节器的调节电压

就车检测内装集成电路调节器调节电压值的目的是判断调节器的技术状况。具体步骤和方法如下。

(1) 检查蓄电池是否已充足电,不足时,应予充足,检查并调整发电机风扇传动带松紧度。

(2) 关掉点火开关(即将点火开关转到"OFF"),拆下蓄电池搭铁线。

(3) 在交流发电机"L"或"S"接线柱与搭铁接线柱之间并联一只数字式电压表,如图2－57所示,将电压表的"＋"极接"L"或"S"接线柱,电压表的"－"极接搭铁线或蓄电池负极。

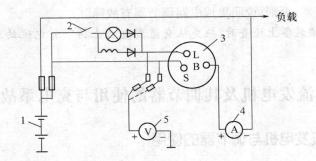

图2-57　就车检测内装集成电路调节器接线图

1—蓄电池；2—点火开关；3—整体式交流发电机；4—电流表；5—电压表。

（4）拆下交流发电机"B"接线柱上的导线，在"B"接柱和已拆下的输出线之间串联一只量程为0～100A的直流电流表，如图2-57所示。

（5）接上转速表，装上蓄电池搭铁线，接通点火开关（即将点火开关转到"ON"），观察电压表的显示值："L"接柱显示值应为2V～5V，"S"接线柱显示值应为蓄电池端电压，如电压表显示值为0V（即表针不动），则可能是"L"或"S"接线柱与蓄电池正极之间接线不良或熔断器烧断。

（6）起动发动机，关掉所有辅助用电设备和各种灯，将发动机转速缓慢上升到2500 r/min，当电流表指示值降到10A时，读取电压表的数值，该电压值即为内装集成电路调节器的调节电压，其值如符合表2-9的规定值，说明调节器工作正常。否则说明调节器或发电机有故障，应解体发电机进行检修。

（7）测试完毕后，应将发动机降至怠速，并关掉点火开关。恢复充电系统的连线。

2. 用可调直流稳压电源检查机械装备内装集成电路调节器好坏

机械装备集成电路调节器一般安装在发电机内部，检查判断其是否有故障时，可在发电机不解体的情况下，利用0～30V的可调直流稳压电源和量程为5A的电流表进行检查。其接线方法如图2-58所示。

表2-9　内装集成电路调节器
　　　　调节电压规定值

调节器环境温度/℃	调节电压值/V
-20	14.5～15.1
20	14.1～14.7
60	13.7～14.3
80	13.5～14.1

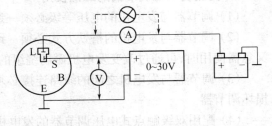

图2-58　集成电路调节器的检查

在蓄电池正极和交流发电机"L"接线柱之间串联一只量程为5A的电流表，如无电流表，也可用12V、25W的机械装备灯泡代替（对24V电系的调节器可用24V、25W的机械装备灯泡代替），再将可调直流稳压电源的"＋"接至交流发电机的"S"接线柱，"－"接至交流发电机外壳（搭铁）。调节直流稳压电源，使电压缓慢升高，观察电流表或试灯的变化，当电流表指针指示0A或试灯熄灭瞬间，可调直流稳压电源所指示的电压值就是集成电路调节器的调节电压值。如该值为13.5V～14.5V（对24V电系为27V～29V），说明集成电路调节器正常;否则,说明集成电路调节器有故障。

注意:如在机械装备上检查时,应先从交流发电机上拆下蓄电池的连接线,并不要使它搭铁。

2.5 交流发电机及其调节器的使用与充电系故障排除

2.5.1 交流发电机与调节器的使用

1.交流发电机的正确使用

(1)蓄电池必须负极搭铁。国产交流发电机均为负极搭铁,故蓄电池必须为负极搭铁,否则会出现蓄电池经发电机二极管大电流放电,将发电机二极管立即烧坏。

(2)发电机与蓄电池之间的导线连接要牢固可靠,以免电路突然断开产生瞬时过电压,烧坏晶体管元件。

(3)发电机和调节器二者的规格型号要相互匹配。

(4)发动机熄火后,应将点火开关(或电源开关)断开,以免蓄电池向励磁绕组和调节器线圈长时间放电,将磁场绕组和调节器线圈烧坏。

(5)发动机运行中,不得用"试火"的方法检查发电机是否发电,不得用兆欧表或220V交流电压检查发电机及其调节器的绝缘情况,否则将使二极管击穿而损坏。

(6)发现发电机不发电或发电电流很小时,应及时找出原因并加以排除,不可以再继续运转。因为开始有个别二极管短路而引起充电电流很小或不发电,若继续运转,就会引起其它二极管或定子绕组被烧坏。

(7)在发电机正常运行时,不可随意拆动电气设备的连接导线,以防止连线搭铁或短路引起瞬时过电压。

(8)在更换半导体元件时,电烙铁的功率应小于45W,焊接时操作要迅速,并应采取相应的散热措施,以免烧坏半导体元件。

2.交流发电机调节器的正确使用

(1)调节器与发电机的电压等级必须一致,否则充电系不能正常工作。

(2)调节器与发电机的搭铁方式必须一致。当调节器与发电机的搭铁方式不匹配而又急需使用时,可通过改变发电机磁场绕组的搭铁方式来解决。

(3)调节器与发电机之间的线路连接必须正确,否则充电系不能正常工作,甚至还会损坏调节器。

(4)配用双级触点式电压调节器的发电机,当检查充电系故障时,在没有断开调节器与发电机的接线之前,不允许将发电机的"B"与"F"(或调节器的"B"与"F")短接,否则将会烧坏调节器的高速触点。

2.5.2 触点式调节器充电系的故障诊断与排除

1.不充电

1)故障现象

发动机中速以上运转时,电流表指示不充电,或充电指示灯不熄灭,或发电机端电压

12V电源系统在12V(24V电源系统在24V)以下。

2) 原因分析

(1) 发电机传动皮带过松或沾油打滑。

(2) 发电机励磁线路或充电线路断路。

(3) 发电机故障:①二极管击穿、短路、断路;②定子绕组断路或搭铁;③电刷与滑环接触不良;④转子绕组断路。

(4) 调节器有故障:①触点烧蚀、脏污、弹簧弹力过小、气隙过小;②调节器的搭铁方式与发电机不配套。

3) 故障诊断与排除

首先检查传动皮带是否过松和充电系统导线是否松脱,熔断器是否烧断。然后按表2-10中的步骤进行判断。

表2-10 不充电故障检查

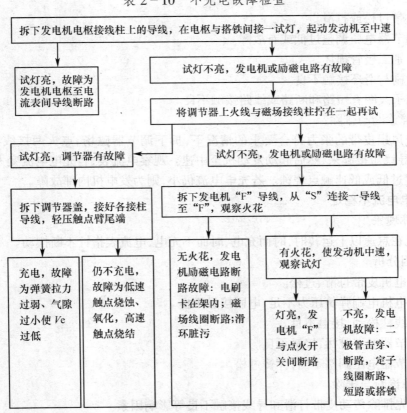

2. 充电电流过大

1) 故障现象

在蓄电池不亏电的情况下,电流表充电指示10A以上。

2) 原因分析

(1) 调节器弹簧张力调得过大或铁芯间隙过大,使限额电压过高。

(2) 调节器线圈短路或断路,失去调节器作用,使限额电压过高。

(3) 高速触点接触不良,当其触点闭合时,不能将励磁电流短路,使发电机电压升高。

81

（4）低速触点烧结，使励磁电流失控，发电机电压升高。

（5）发电机故障，如绝缘电刷与元件板短路，造成调节器不起作用。

3）故障诊断与排除

（1）拆下调节器磁场接线柱接线，逐步提高发电机转速并观察电流表。如指示充电，即为发电机有故障；若不充电，则为调节器故障。

（2）拆下调节器盖，观察调节器低速触点能否分开，若能分开，放松调节器弹簧后，充电电流正常，故障为弹簧张力过强。充电电流仍过大，故障为高速触点接触不良或调节器线圈断路或严重短路。

3．充电电流过小

1）故障现象

在蓄电池亏电的情况下，发动机中高速运转时的充电电流很小或接近于零。

2）原因分析

（1）皮带过松或打滑。

（2）调节器电压调整过低或有故障。

（3）个别二极管损坏。

（4）电刷与滑环接触不良。

（5）定子线圈有短路和断路或线路接触不良。

3）故障诊断与排除

在检查风扇皮带的张力符合要求的情况下，拆下调节器磁场、点火两接线柱上的导线，并将两导线短接起来，然后起动发动机至中速。观察电流表，若充电电流变大，为调节器电压调整过低或低速触点烧蚀。若充电电流仍小，则为发电机内部故障。

4．充电电流不稳定

1）故障现象

发电机在怠速以上运转时，时而充电，时而不充电，电流表指针不断摆动。

2）原因分析

（1）发电机皮带打滑、过松。

（2）发电机电刷弹簧压力不足，电刷接触不良。

（3）接线柱松动，接触不良。

（4）调节器触点脏污，接触不良。

（5）调节器电压调整不当，弹簧过松。

3）故障诊断与排除

（1）首先排除传动皮带打滑和导线接触不良等影响因素。

（2）电流表在怠速以上各种转速下都不稳定，说明调节器电压控制不稳定，可用手轻按活动触点的尾部，若充电稳定，则为弹簧或气隙调整不当。若指针仍不稳定，可用起子或导线短接触点，若有好转则为触点烧蚀或脏污。若仍无好转，则故障在发电机内，主要检查发电机各连线、滑环与电刷的接触是否良好。

5．发电机有异常响声

1）故障现象

发电机在运转中，有不正常噪声。

2）原因分析

（1）传动带过紧或过松。

（2）发电机轴承损坏或松旷缺油。

（3）发电机转子与定子相碰、电刷磨损过大，或电刷与滑环接触角度偏斜、电刷在电刷架内倾斜摆动。

（4）发电机总装时部件不到位，使机体倾斜或发电机电枢轴弯曲。

（5）发电机传动皮带轮与轴松旷。

3）故障诊断与排除

（1）检查传动带松紧度。

（2）检查发电机传动带轮与轴安装是否松旷。

（3）用手触摸发电机外壳和轴承部位是否烫手或有振动感，若烫手说明定子与转子相碰或轴承损坏。

（4）拆下电刷，检查其磨损和接触情况。

（5）拆检发电机，检查其内部机件配合和润滑是否良好。如果发电机噪声细小而均匀，应检查二极管和定子线圈是否短路或断路。

2.5.3 晶体管调节器不充电故障的检查

不充电的主要原因有：传动皮带过松，二极管、三极管及稳压管损坏和发电机不发电。不充电故障检查的一般方法如下。

（1）检查传动皮带是否过松和各连接线头是否松脱。

（2）检查发电机电枢接柱是否有电源。用试灯一端接电枢接柱，另一端搭铁，试灯亮说明有电，线路良好；若试灯不亮，说明发电机电枢至电流表间导线有断路。

（3）检查发电机工作是否正常。拆下调节器火线"＋"和磁场"F"两接柱上的导线并短接，然后起动发动机，其转速不宜过高，观察电流表是否充电。若电流表指示充电，说明调节器有故障；若电流表仍指示放电，则说明发电机或激磁电路有故障。

（4）检查调节器工作是否正常。在发电机磁场接柱与调节器磁场接柱间串接一试灯。当打开点火开关，如灯不亮则为调节器内大功率三极管断路或小功率三极管或稳压管短路。应拆下调节器盖，单独检查管子，不能实施单独检查的应更换。

2.5.4 充电指示灯故障检查与排除

1. 继电器式充电指示灯故障检查与排除

继电器式充电指示灯电路如图2-59所示。

（1）指示灯在机械装备行驶时，时亮时灭，可按充电不稳故障检查。若充电正常，可检查充电指示灯继电器至发电机中性接线柱引线是否接触不良，有关插接器是否松动。

（2）指示灯不熄灭，先按不充电故障检查方法检查。若充电正常，可用试灯一端接发电机电枢接线柱，另一端接发电机中性点接线柱。若试灯微亮，充电指示灯熄灭，应拆检发电机的中性接线柱是否断路；若试灯不亮，说明中性抽头到指示灯继电器线圈有断路；若试灯微亮，充电指示灯未熄灭，应拆检指示灯继电器，看弹簧是否过硬，触点是否烧结或

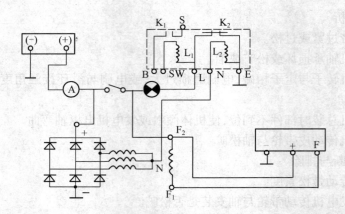

图 2-59　继电器式充电指示灯电路

脏污;若试灯亮,表明有负极二极管击穿。

（3）充电指示灯不亮,接通点火开关,观察机油压力报警灯、燃油表是否正常。若异常,说明仪表公共线路有问题,应检查仪表熔断器及线路。若仪表线路正常,可将继电器 L、E 两接柱短接,若指示灯发亮,表明继电器不能闭合;若仍不亮,应检查灯泡灯丝是否烧断,灯泡两端接线是否断路。

2.九管交流发电机充电指示灯故障检查与排除

1）充电指示灯不亮

接通点火开关,若充电指示灯不亮,则表明励磁回路断路,应检查充电指示灯是否烧坏,调节器是否断路;也可能是点火开关损坏、连接线断路、磁场绕组断路等原因造成。

2）充电指示灯常亮

若发动机起动后充电正常而指示灯不熄灭,说明充电指示灯两端存在电压降,应检查发电机定子是否有搭铁,正二极管是否有短路或励磁二极管有短路、断路。

复习思考题

1．简述普通交流发电机的结构组成和各部分的作用。

2．交流发电机中性点电压的作用有哪些?

3．简述发电机分解前的检查内容。

4．发电机修理完毕后,如何进行简易试验? 在机械装备上又如何试验?

5．与普通交流发电机相比,8 管交流发电机有何特点? 中性点二极管的主要作用是什么?

6．爪极式无刷交流发电机在结构上有什么特点? 与有刷交流发电机相比有什么优缺点?

7．9 管交流发电机中,磁场二极管的主要作用是什么?

8．交流发电机为什么要配用调节器?

9．试述 FT61 型调节器的工作原理。

10．试述 FT70 型调节器的工作原理。

11．在 FT111 中,二极管 V、线圈 W_2、电容 C 的作用是什么?

12．在双联调节器中增加磁场继电器的作用是什么? 其一般用于什么场合?

13．试述 JFT106 型晶体管调节器的工作过程。

14．试述双级式电压调节器的试验和调整过程。

15．判断晶体管调节器好坏的方法有哪些? 如何判断?

16．检查集成电路调节器好坏的方法有哪些? 如何检查?

17．如何正确使用交流发电机?

18．如何正确使用交流发电机的调节器?

19．充电系统常见故障有哪些? 如何排除?

20．如何改变交流发电机的搭铁方式?

第3章 起 动 机

3.1 起动机的组成和分类

3.1.1 起动机的起动方式

发动机的起动是指曲轴在外力作用下,从开始转动到怠速运转的全过程。机械装备发动机常用的起动方式有人力起动、辅助汽油机起动、气压起动和电力起动机起动等。人力起动是用手摇或绳拉起动,起动最简单,但起动不便,劳动强度大,目前在机械装备上只作为后备方式;气压起动是利用预先储存的高压空气起动,起动装置较复杂,主要用于坦克等履带装备的备用起动;辅助汽油机起动是利用小型汽油机带动大型柴油机起动,只在少数重型装备上采用;电力起动机起动是利用直流电动机通过传动机构将发动机起动,它具有操作简便、起动迅速、可靠、可重复起动的优点,所以被现代机械装备发动机广泛采用。

3.1.2 起动机的分类

1. 按操纵装置分

(1) 机械操纵式起动机。由驾驶员利用脚踏(或手动)直接操纵机械式起动开关接通和切断起动电路,通常称为直接操纵式起动机。

(2) 电磁操纵式起动机。由驾驶员旋动点火开关或按下起动按钮,通过电磁开关接通和切断起动电路。

2. 按传动机构分

(1) 惯性啮合式起动机。起动机的离合器是靠惯性力的作用产生轴向移动,使驱动齿轮啮入和退出飞轮齿圈。由于可靠性差,现在已不再使用。

(2) 强制啮合式起动机。靠人力或电磁力经拨叉推移离合器,强制性地使驱动齿轮啮入和退出飞轮齿圈。因其具有结构简单、动作可靠、操纵方便等优点,被普遍采用。

(3) 电磁啮合式起动机。靠电动机内部辅助磁极的电磁力,吸引电枢作轴向移动,将驱动齿轮啮入飞轮齿圈,起动结束后再由回位弹簧使电枢回位,让驱动齿轮退出飞轮齿圈,所以又称电枢移动式起动机。多用于大功率的柴油机上。

除上述形式外,还有永磁式起动机、减速式起动机等。

3.1.3 起动机的型号

根据 QC/T73-93《汽车电气设备产品型号编制方法》的规定,起动机的型号由以下 5 部分组成:

① ② ③ ④ ⑤

(1) 产品代号:QD、QDJ 和 QDY 分别表示起动机、减速型起动机和永磁型起动机。

(2) 电压等级代号:1－12V;2－24V。

(3) 功率等级代号:含义如表 3－1 所列。

(4) 设计序号:按产品设计先后顺序,以 1 位或 2 位阿拉伯数字组成。

(5) 变型代号:一般以大写汉语拼音字母 A、B、C 等表示。

表 3－1 起动机的功率等级代号

功率等级代号	1	2	3	4	5	6	7	8	9
功率/kW	~1	>1~2	>2~3	>3~4	>4~5	>5~6	>6~7	>7~8	>8~9

例如,QD124 表示额定电压为 12V,功率为 1kW～2kW,第 4 次设计的起动机。

3.2　电磁式起动机

机械装备用各型电磁式起动机的结构大同小异,通常由直流电动机、传动机构和操纵装置三大部分组成,如图 3－1 所示。

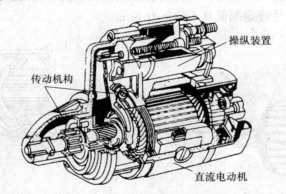

图 3－1　起动机的组成

3.2.1　直流电动机

起动机使用的直流电动机,因其励磁绕组与电枢绕组为串联连接,所以也称其为直流串励式电动机。其作用是将蓄电池提供的直流电能转变为机械能,产生电磁转矩起动发动机。

1. 直流电动机的结构

直流串励式电动机主要由电枢总成、定子总成、电刷总成和端盖等组成,如图 3－2 所示。

1) 电枢总成

电枢总成是电动机的转子,由电枢轴、铁芯、电枢绕组和换向器等组成,如图 3－3 所示。

电枢铁芯由硅钢片叠成后压装在电枢轴上。铁芯外围均匀开有线槽,用以放置电枢绕组。电枢绕组由较大矩形截面的铜带或粗铜线绕制而成,电枢绕组的端头均匀地焊在换向片上。为防止绕组短路,在铜线与铜线之间及铜线与铁芯之间用绝缘纸隔开。为防

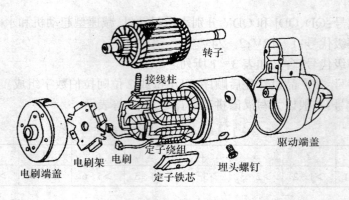

转子

接线柱

驱动端盖

电刷端盖　电刷架　电刷　定子绕组　定子铁芯　埋头螺钉

图 3-2　直流电动机的结构

止电枢高速旋转时由于离心力作用将绕组甩出,在铁芯线槽口两侧,用扎丝将电枢绕组挤紧、扎牢。

换向器如图 3-4 所示,由一定数量的燕尾形铜片和云母叠压而成,压装于电枢轴前端,铜片之间、铜片与轴之间相互绝缘,换向片与线头采用锡焊连接。考虑到云母的耐磨性较好,当换向片磨损以后,云母片就会凸起,影响电刷与换向片的接触,因此,一般起动机换向片之间的云母片规定割低 0.5mm～0.8mm。

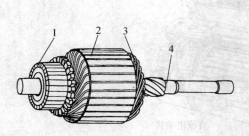

图 3-3　电枢总成
1—换向器;2—铁芯;3—电枢绕组;4—电枢轴。

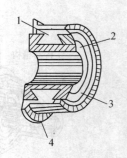

图 3-4　换向器剖面图
1—铜片;2—轴套;3—压环;4—凸缘。

电枢轴除中部固装电枢铁芯,左端固装换向器外,其右端还有伸出一定长度的花键部分,以套装传动机构的单向离合器。

2) 定子总成

定子总成是由磁场绕组、磁极和机壳等组成的磁场部分。

定子俗称"磁极",磁极固定在机壳内部。为增大转矩,机械装备起动机通常采用 4 个磁极(大功率的起动机多至 6 个磁极),每个磁极上面都套装着磁场绕组。磁场绕组也是用矩形的裸铜线绕制,外包绝缘层,按一定绕向连接后使 N、S 极相间地排列,并利用机壳形成磁路。图 3-5 为 4 个磁场绕组的外形和极性排列图,图 3-6 是 4 个磁极的磁路。

磁场绕组的连接方式主要有两种:一种是相互串联,如图 3-7(a)所示(ST8B、315 型等起动机采用);另一种是先将 2 个串联后再组成 2 条并联支路,如图 3-7(b)所示(ST614、QD124 型等起动机采用)。机械装备用起动机的电动机磁场绕组与电枢绕组均采用串联接线。

图 3-5　磁场绕组的外形和极性排列　　　　　图 3-6　磁极磁路

3) 电刷总成

电刷总成由电刷、电刷架、电刷弹簧等组成,如图 3-8 所示。电刷由铜与石墨粉压制而成,呈棕红色,一般含铜 80%～90%,石墨 10%～20%,截面积较大,引线粗或双引线,电刷架多制成框式。正极刷架与后端盖绝缘固装,负极刷架直接装于后端盖上而搭铁。电刷架上装有弹力较大的盘形弹簧。

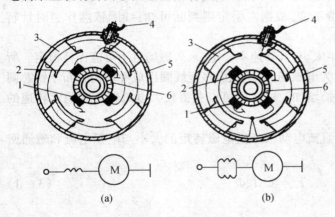
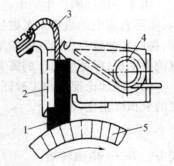

图 3-7　磁场绕组的连接方式　　　　　　　图 3-8　电刷总成
1—搭铁电刷;2—绝缘电刷;3—电刷引线;4—接线柱;　　　1—电刷;2—电刷架;3—电刷引线;
5—机壳;6—换向器。　　　　　　　　　　　4—电刷弹簧;5—换向器。

4) 端盖

端盖分为后端盖和驱动端盖。后端盖安装电刷总成。驱动端盖安装传动机构,上有拨叉座和驱动齿轮行程调整螺钉,还有支撑拨叉的轴销孔。为了避免电枢轴弯曲变形,一些起动机还装有中间支撑板。端盖及中间支撑板上的轴承多用青铜石墨轴承或铁基含油轴承。轴承一般采用滑动式,以承受起动机工作时的冲击性载荷,有些减速型起动机也采用球轴承。电枢轴的两端则支承在两端盖的轴承孔中。

2. 直流电动机的工作原理

直流电动机是将直流电能转变为机械能并产生电磁转矩的动力装置。它是根据通电导体在磁场中产生电磁力这一原理制成的,其工作原理如图 3-9 所示。在永久磁场中置一线圈 abcd,两端分别与换向片 A、B 相固连,换向片又与两个不动的"＋"、"－"电刷作滑动接触,电刷与直流电源相连接。当处于图 3-9(a)位置时,电流由"＋"电刷、换向片 A

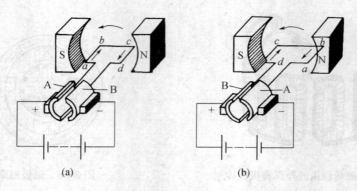

图 3-9 直流电动机的工作原理

(a) 电流方向由 a 向 d；(b) 电流方向由 d 向 a。

经线圈 $a \to d$ 和换向片 B、"－"电刷流向电源，根据左手定则判断可知：线圈作逆时针转动，线圈转过 180°处于图 3-9(b)位置时，电流却由"＋"电刷、换向片 B 经线圈 $d \to a$ 和换向片 A、"－"电刷流回电源，对线圈和换向片而言电流方向改变了，但却使处于 N 极和 S 极下的导线中的电流方向仍保持不变，根据左手定则判断可知：线圈依然作逆时针转动，这就是直流电动机的工作原理。

由于一匝线圈产生的电磁转矩太小，且转速不稳定，永久磁场也不可能保持恒定。所以，实际直流电动机将永久磁铁改为电磁场，电枢也由多匝线圈组成并均匀分布于铁芯圆周，换向片的数目也随线圈的增多而增加。这样就可以获得较大电磁转矩和稳定转速的直流电动机，以适应工作的需要。

由电磁理论推导和实验证明，直流电动机产生电磁转矩的大小与电枢电流和磁通密度的乘积成正比，即：

$$T = C_e I_S \Phi \tag{3-1}$$

式中　T——电磁转矩；
　　　I_S——电枢电流；
　　　Φ——磁通密度；
　　　C_e——电机常数。

3.2.2　传动机构

传动机构主要由单向离合器和拨叉组成。其作用是在发动机起动时，使驱动齿轮啮入发动机飞轮齿圈，将直流电动机的电磁转矩传给曲轴，发动机起动后，使驱动齿轮自动打滑，及时切断曲轴与电动机之间的动力传递，以防起动机被发动机带着超速旋转而损坏。对于大功率起动机，当发动机阻力过大而起动机不能带动时，离合器还能自动打滑，从而防止起动机因过载而引起损坏。

常见的单向离合器有滚柱单向离合器、弹簧单向离合器和摩擦片单向离合器。小功率的发动机常采用滚柱单向离合器，大功率的发动机则采用摩擦片单向离合器。

驱动齿轮与飞轮的啮合一般通过拨叉强制拨动完成，如图 3-10 所示。起动机不工作时，驱动齿轮处于图 3-10(a)所示位置；当需要起动时，拨叉在电磁力的作用下，将驱动齿轮推出与飞轮齿圈啮合,如图3－10(b)所示;待驱动齿轮与飞轮齿圈接近完全啮合时,起动机主开关接通,起动机带动发动机曲轴运转,如图3－10(c)所示。发动机起动后,如果驱动齿轮仍处于啮合状态,则单向离合器打滑,小齿轮在飞轮带动下空转,电动机处于空载下旋转,避免了被飞轮反拖高速旋转的危险。起动完毕后,起动机拨叉在复位弹簧作用下回位,带动驱动小齿轮退出飞轮齿圈的啮合。

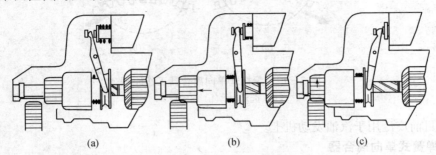

图3－10 起动机驱动齿轮啮合过程

(a) 静止未工作;(b) 电磁开关通电推向啮合;(c) 主开关接通接近完全啮合。

1. 滚柱式单向离合器

1) 结构

滚柱式单向离合器是通过改变滚柱在楔形槽中的位置实现接合和分离的。其结构分十字块式和十字槽式两种,如图3－11所示,主要由驱动齿轮、外壳及十字槽套筒(或外座圈及十字块套筒)、滚柱、弹簧等组成。离合器的套筒内有螺旋花键。单向离合器既可在拨叉作用下沿电枢轴轴向移动,又可在电枢驱动下作旋转运动。

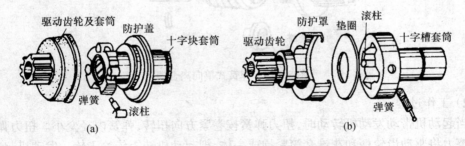

图3－11 滚柱式单向离合器

(a) 十字块式;(b) 十字槽式。

2) 工作过程

起动时,起动机带动发动机旋转,滚柱被挤到楔形槽的窄端,并越挤越紧,使十字块与驱动小齿轮形成一体,电动机转矩便由此输出,如图3－12(a)所示。发动机起动后,当飞轮转动线速度超过驱动小齿轮线速度时,飞轮便带电枢旋转,此时滚柱被推到楔形槽宽端,出现了间隙。十字块和驱动小齿轮便开始打滑,如图3－12(b)所示,于是齿轮空转,切断了动力。

滚柱式单向离合器工作时属线接触传力,所以不能传递大转矩,一般用于小功率(2kW以下)的起动机上,否则滚柱易变形、卡死,造成单向离合器分离不彻底。由于它结

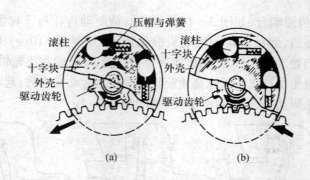

图 3-12　滚柱式单向离合器工作原理

(a) 起动时；(b) 起动后。

构简单,目前广泛用于汽油发动机上。

2.弹簧式单向离合器

1) 结构

弹簧式单向离合器是通过扭力弹簧的径向收缩和放松来实现结合和分离的,其结构如图 3-13 所示。驱动齿轮与花键套筒间采用浮动的圆弧定位键相连接。齿轮后端传力圆柱表面和花键套筒外圆柱面上包有扭力弹簧。扭力弹簧两端各有 1/4 圈内径较小,并分别紧箍在齿轮柄和套筒上,扭力弹簧外装有护套。

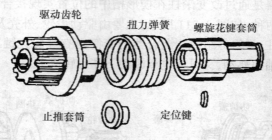

图 3-13　弹簧式单向离合器

2) 工作过程

当起动机带动发动机转动时,扭力弹簧按卷紧方向扭转,弹簧内径变小。扭力弹簧借助摩擦力将驱动齿轮柄和花键套筒紧抱成一体,把起动机转矩传给飞轮。发动机起动后,飞轮转动速度超过起动机驱动齿轮速度,飞轮便驱动起动机小齿轮,此时,扭力弹簧受力方向与上述情况相反;弹簧朝旋松方向扭转,内径增大,驱动齿轮与花健套筒分成两体而打滑,于是齿轮空转,而电枢不能跟着飞轮高速旋转。

弹簧式单向离合器具有结构简单、寿命长、成本低等特点。因扭力弹簧圈数较多,轴向尺寸较大,故多用于大中型起动机。

3.摩擦片式单向离合器

1) 结构

摩擦片式单向离合器是通过主从动摩擦片的压紧和放松来实现结合和分离的,其结构如图 3-14 所示。离合器的花键套筒通过 4 条内螺纹与电枢花键轴相连接,花键套筒又通过 3 条外螺纹与内结合鼓连接。主动摩擦片内齿卡在内结合鼓的切槽中,组成了离

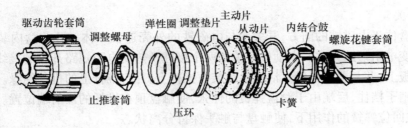

图 3-14　摩擦片式单向离合器

合器主动部分。驱动齿轮和齿轮套筒是一个整体,带凹坑的从动摩擦片外齿卡在驱动齿轮套筒的切槽中,形成了离合器的从动部分。主、从动摩擦片交错安装,并通过特殊螺母、弹性圈和压环限位。在压环和摩擦片间装有调整垫片。

2) 工作过程

当起动机带动发动机曲轴旋转时,内结合鼓沿花键套筒上的螺旋花键向飞轮方向旋进,将摩擦片压紧,把起动机转矩传给发动机。发动机起动后,当飞轮以较高转速带动驱动齿轮旋转时,内结合鼓沿螺旋花健退出,摩擦片打滑,使小齿轮空转而电枢不跟着飞轮高速旋转。当起动机超载时,弹性圈在压环凸缘的压力作用下弯曲变形,当弯曲到内结合鼓的左端顶住了弹性圈的中心部分时,即限制了内结合鼓继续向左移动,离合器便开始打滑,从而避免因负荷过大烧坏起动机。

摩擦片式单向离合器传递的最大转矩可通过增减调整垫片进行调整。但结构较复杂,在较大功率起动机上应用比较广泛。

3.2.3　操纵装置

操纵装置的作用是接通或切断起动机与蓄电池之间的主电路,并使驱动小齿轮进入或退出啮合,对于汽油机起动机的操纵装置还有副开关,能在起动时将点火线圈附加电阻短路,以增大起动时的点火能量。

1．结构

电磁式操纵开关的结构如图 3-15 所示,主要由开关、电磁铁等组成。

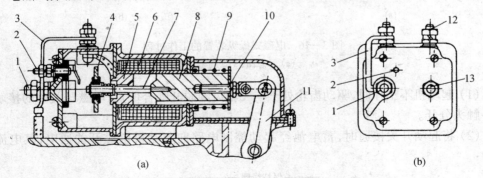

(a)　　　　　　　　　(b)

图 3-15　电磁式操纵开关结构图

1、13—主接线柱;2—附加电阻短路接线柱;3—导电片;4—固定触盘;5—固定铁芯;
6—吸拉线圈和保持线圈;7—推杆;8—活动铁芯;9—复位弹簧;10—调节螺钉;
11—拨叉;12—起动机接线柱。

1）开关

开关盒位于电磁铁的前方,开关盒与电磁铁的外壳连在一体。开关盒内装有电动机开关和热变电阻短路开关。电动机开关的两个接柱及热变电阻短路开关的接线柱都紧装在盒的盖板上,并与盖板绝缘。活动触盘装在推杆上,并与推杆上的机件绝缘。活动触盘的前端有销子挡住,后端由于触盘弹簧的伸张,使触盘顶在推杆的最前端位置。起动机不工作时,在回位弹簧的作用下,使触盘与触头保持分离状态。

2）电磁铁

电磁铁的作用是用电磁力来操纵传动机构和电动机开关。电磁铁由绕在钢套上的导线较细、匝数较多的保持线圈和导线较粗、匝数较少的吸拉线圈组成。保持线圈的一端搭铁,另一端与吸拉线圈的一端共接在开关盒上的一个接线柱上。而吸拉线圈的另一端接开关盒上的另一接线柱,并通过一导电片与电动机的磁场接线柱相接。吸拉线圈和保持线圈的绕线方向相同,通电后两个线圈产生的磁力相加。电磁铁芯活动地装在铜套内。电磁铁芯的尾端旋装连接杆,并通过耳环用销子与拨叉上端的圆孔连接,以便电磁铁芯运动时带动拨叉使单向传动机构移动。松开连接杆固定螺帽转动连接杆,即可调整驱动齿轮与止推螺母间的间隙(在电磁铁芯吸到底时)。

2．工作过程

电磁式操纵装置的工作过程如图 3－16 所示。

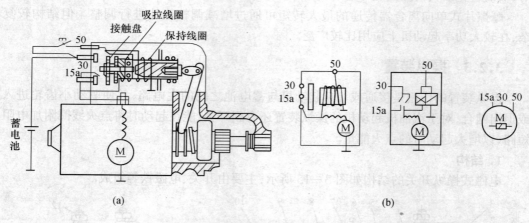

图 3－16 电磁式操纵装置的工作过程
(a) 示意图;(b) 符号。

（1）起动机不工作时,驱动齿轮处于与飞轮齿圈脱开啮合位置,电磁开关中的接触盘与各触头分开。

（2）将起动开关接通时,蓄电池经起动控制电路向起动机电磁开关通电,其电流回路为:

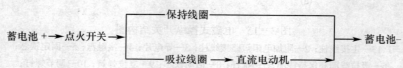

94

此时,吸拉线圈和保持线圈磁场方向相同,电磁吸力相加。活动铁芯在电磁力作用下克服回位弹簧的弹力向内移动,压动推杆使起动机主开关接触盘与触头靠近,与此同时通过拨叉将驱动小齿轮与飞轮齿圈啮合;当驱动小齿轮与飞轮齿圈接近完全啮合时,接触盘已将触头接通,起动机主电路接通,直流电动机产生强大转矩通过结合状态的单向离合器传给发动机飞轮齿圈。同时热变电阻短路开关接通,将点火线圈附加电阻短路。主开关接通后,吸拉线圈被主开关短路,电流消失,活动铁芯在保持线圈电磁力作用下保持在吸合位置。

(3)发动机起动后,飞轮齿圈转动线速度超过了起动机驱动小齿轮的线速度,单向离合器打滑,使小齿轮空转而电枢不跟着飞轮高速旋转。

(4)松开起动开关,起动控制电路断开,但电磁开关内吸拉线圈和保持线圈通过仍然闭合的主开关得到电流,其电流回路为:

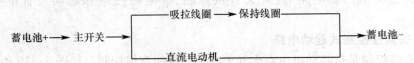

此时,因吸拉线圈和保持线圈磁场方向相反,电磁力相互削弱,活动铁芯在复位弹簧作用下迅速回位,使驱动小齿轮脱开飞轮齿圈,主、副开关断开,起动机停止工作,起动结束。

3. 驱动小齿轮与飞轮齿圈不能脱开的保护措施

在起动机工作时,由于蓄电池存电不足、发动机有故障或在严寒季节等情况下,使用起动机起动发动机而未能将发动机转动时,虽然起动机起动按钮或钥匙已经松开,但因驱动小齿轮与飞轮齿圈间存在着压力,致使驱动小齿轮不能退出,导致起动机开关不能断开,使流过起动机的电流增大到制动电流的强度,如时间稍长即有烧坏起动机的可能。为防止上述现象的发生,在起动机操纵装置的结构上采取了以下3种保护措施。

(1)将拨叉滑套做成两半,并在靠电枢的一面加装缓冲弹簧。当松开起动机起动按钮或钥匙,驱动小齿轮因故不能脱出时,活动铁芯在回位弹簧的作用下,可以推动拨叉滑套的前半块压缩缓冲弹簧,使活动铁芯向退出方向移动一定距离即可断开起动机开关,切断起动机电源,起动机便不再产生转矩,使齿面间的压力消失,驱动小齿轮即可与飞轮齿圈脱离。

(2)拨叉杆与衔铁的连接孔采用长圆形,如图3-17所示。当松开起动机起动按钮或钥匙,驱动小齿轮因故不能脱出时,活动铁芯可在其回位弹簧和触盘弹簧的作用下,沿此长圆孔右移一定距离 a,从而使触盘与起动机开关触头分开,切断起动机电源,起动机便不再产生转矩,使齿面间的压力消失,拨叉在回位弹簧的作用下,即可带动驱动小齿轮退出飞轮齿圈脱离。

(3)在衔铁与拨叉杆的连接处增设一个弹簧柱,如图3-18所示。当松开起动机起动按钮或钥匙,驱动小齿轮因故不能脱出时,活动铁芯在其回位弹簧和触盘弹簧的作用下,可克服弹簧柱弹簧的弹力,使活动铁芯左移一定距离 a,将起动机触盘与开关触头分开,切断起动机电源,使齿面间的压力消失,使驱动小齿轮与飞轮齿圈脱离。

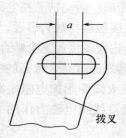

图 3－17　拨叉上的长圆形连接孔

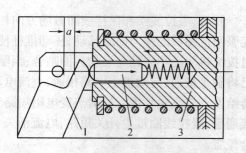

图 3－18　在衔铁中增设弹簧柱
1—拨叉；2—弹簧柱；3—活动铁芯。

3.2.4　起动系控制电路

常见的起动系控制电路有：开关直接控制、继电器控制和起动复合继电器控制3种。

1．开关直接控制式起动电路

开关直接控制是指起动机由点火开关或起动按钮直接控制。如图 3－19 所示。起动功率较小的机械装备常用这种控制形式。

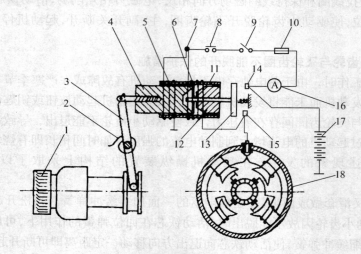

图 3－19　直接控制起动电路图
1—驱动齿轮；2—复位弹簧；3—拨叉；4—活动铁芯；5—保持线圈；6—吸拉线圈；7—接线柱；
8—起动按钮；9—起动总开关；10—熔断丝；11—黄铜套；12—固定铁芯；13—接触盘；
14、15—接线柱；16—电流表；17—蓄电池；18—起动机。

2．起动继电器控制起动电路

起动继电器控制是指用起动继电器触点控制起动机电磁开关的大电流，而用点火开关或起动按钮控制继电器线圈的小电流，如图 3－20 所示。起动继电器的作用就是以小电流控制大电流，保护点火开关或按钮，减少起动机电磁开关线路压降。

起动工作过程：

起动时，将点火开关旋至起动挡，起动继电器线圈通电，电流流向为：蓄电池正极→主接线柱 4→电流表→点火开关 3→继电器"点火开关"接线柱→线圈 2→搭铁→蓄电池负

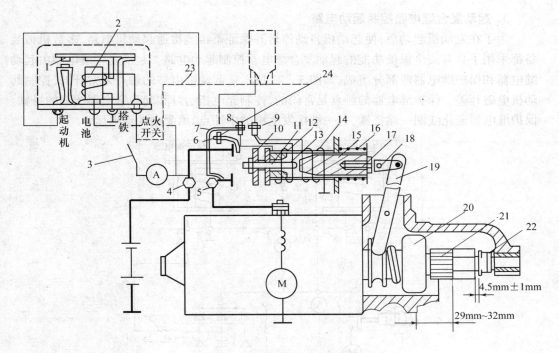

图 3－20　起动机电气原理图

1—起动继电器触点；2—起动继电器线圈；3—点火开关；4、5—主接线柱；6—辅助接线柱；7—导电片；
8—吸拉线圈接线柱；9—起动机接线柱；10—接触盘；11—推杆；12—固定铁芯；13—吸拉线圈；
14—保持线圈；15—活动铁芯；16—回位弹簧；17—螺杆；18—连接头；19—拨叉；20—滚柱式单向离合器；
21—驱动齿轮；22—止推螺母；23—点火线圈附加电阻接线；24—点火线圈附加电阻短路接线柱。

极，产生电磁吸力，使起动继电器触点 1 闭合，电磁开关电路接通，电流流向为：蓄电池正极→继电器"电池"接线柱→触点 1→继电器"起动机"接线柱→电磁开关起动机接线柱→保持线圈 14 → 搭铁 → 蓄电池负极

吸拉线圈 13 → 接线柱 8→ 导电片 7 → 起动机内部 →搭铁 → 蓄电池负极

　　当吸拉线圈和保持线圈通电后，由于两线圈产生的磁场方向相同，在合成电磁力的作用下吸引活动铁芯 15 左移，在起动机缓慢转动下，拨叉 19 逆时针摆动推出单向离合器，使驱动齿轮 21 与飞轮齿圈顺利啮合。当齿轮全部啮合时，活动铁芯 15 便顶着推杆 11 移至极限位置，接触盘 10 同时将辅助接线柱 6 和主接线柱 4、5 接通。于是，起动机在短接了附加电阻线 23 的有利条件下产生正常的电磁转矩将发动机起动。在起动机主电路接通的同时，吸拉线圈 13 被短路，驱动齿轮靠保持线圈 14 电磁力保持在工作位置。

　　发动机起动后，单向离合器开始打滑，松开点火开关，钥匙即会自动转回到点火挡，起动继电器线圈断电，触点 1 打开，于是电磁开关两线圈串联，保持线圈中的电流便改道经接触盘 10、导电片 7、电磁开关吸拉线圈接线柱 8、吸拉线圈、电磁开关起动机接线柱、保持线圈、搭铁回蓄电池负极。由于此时两线圈产生的磁场方向相反而相互抵消，于是活动铁芯便在回位弹簧的作用下回位。首先使起动主电路断开，其次将点火线圈附加电阻线 23 串入低压电路，最后拨叉将打滑的离合器拨回，驱动齿轮脱离飞轮齿环，起动机停止工作。

3．起动复合继电器控制起动电路

为了在发动机起动后,使起动机自动停转并保证不再能接通起动机电路,多数机械装备都采用了具有安全保护功能的起动复合继电器控制起动电路。起动复合继电器由起动继电器和保护继电器两部分组成,如图3-21所示。起动继电器的触点是常开的,控制起动机电磁开关。保护继电器的触点是常闭的,控制充电指示灯和起动继电器线圈的搭铁。保护继电器磁化线圈一端搭铁,另一端接发电机的中性点,承受中性点电压。

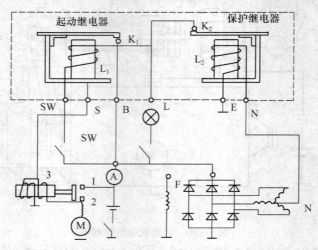

图3-21　起动复合继电器控制起动系电路

起动工作过程:

(1)起动时,将点火开关旋至起动位置,电流经蓄电池正极、电流表、点火开关SW之后,分成并联的两条支路:一路流经充电指示灯、L接线柱、K_2、磁轭、搭铁到蓄电池负极。另一路流经接线柱SW、线圈L_1、K_2、磁轭、搭铁到蓄电池负极。

线圈L_1产生电磁吸力,K_1闭合,将起动机电磁开关吸拉线圈和保护线圈的电路接通。电流流经蓄电池正极、电流表、接线柱B、K_1、磁轭、接线柱S,此后,分成并联的两条支路:一路流经保持线圈、搭铁、蓄电池负极。另一路流经吸拉线圈、起动机磁场绕组、电枢绕组、搭铁、蓄电池负极。

在吸拉线圈和保持线圈电磁吸力的共同作用下,起动机主电路(接线柱1、2)接通,起动电流流经起动机磁场绕组,电枢绕组。起动机发出电磁转矩,驱动发动机旋转。

(2)发动机起动后,若驾驶员没有及时松开点火开关,但由于此时交流发电机电压已升高,中性点电压作用在保护继电器线圈L_2上,使K_2打开,切断了充电指示灯的电路,充电指示灯熄灭。同时又将L_1的电路切断,K_1打开,起动机电磁开关释放,切断了蓄电池与起动机之间的电路,使起动机自动停止工作。

(3)发动机正常运转过程中,在交流发电机中性点电压的作用下,K_2一直处于打开状态,充电指示灯不亮,表示充电系正常,即使驾驶员操作失误,将点火开关旋至起动位置,由于K_2始终处于打开状态,L_1中无电流,所以起动机将不会工作,从而防止了起动机驱动齿轮被打坏的危险,起到了安全保护作用。但是,如果充电系有故障导致发电机中性点电压过低,则起动复合继电器就起不到安全保护作用了。

3.3 起动机的检查与修理

3.3.1 起动机的解体

以解放 CA1092 型汽车用起动机(图 3-22)为例,首先将待修起动机外部的尘污、油污清除干净,拆去防尘箍,然后按以下步骤解体。

(1) 拆下电磁开关与电动机接线柱之间的连接铜片。

(2) 拆下电磁开关与驱动端盖的紧固螺钉,取下电磁开关。

(3) 拆下起动机防护罩。

(4) 用电刷钩取出电刷。

(5) 旋出两支穿心螺栓,使驱动端盖(连同转子)、定子与电刷端盖分离,注意转子换向器处止推垫圈的片数。

(6) 拆下中间支撑板螺钉,拆下拨叉销轴,从驱动端盖中取出转子(连同中间支撑板、单向离合器)。

(7) 拆下转子驱动端锁环,取下挡圈,取下单向离合器、中间支撑板。

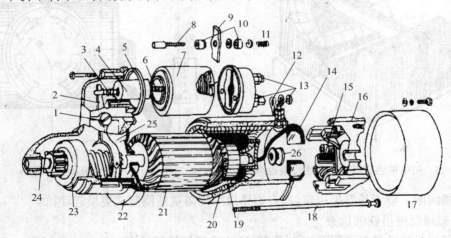

图 3-22 解放 CA1092 型汽车起动机分解图

1—销轴;2—拨叉;3—弹簧螺钉;4—铁芯;5—垫圈;6—弹簧;7—线圈体;8—顶杆;9—接触片;
10—绝缘垫;11—弹簧;12—连接铜片;13—接线柱;14—绝缘电刷;15—搭铁电刷及电刷架;
16—电刷端盖;17—防护罩;18—穿心螺钉;19—定子绕组;20—机壳;21—转子;22—驱动端盖;
23—单向离合器;24—挡圈及长环。

对分解的零部件要进行清洗,清洗时,对所有的绝缘部件,只能用干净布蘸少量汽油擦拭,其它机械零件均可放入汽油、煤油或柴油中洗刷干净并晾干。

3.3.2 磁场绕组的检查与修理

1. 磁场绕组的检查

1) 磁场绕组断路的检查

磁场绕组断路一般多是由于绕组引出线头脱焊、假焊所致,可用万用表或低压试灯检查。

用万用表检查磁场绕组断路的方法是：将万用表选择开关拨到 R×1 挡，两测试针分别接触起动机机壳的接线柱和绝缘电刷上，如测得的电阻为无穷大（即表针不摆动），表明磁场绕组断路。也可用低压试灯检查磁场绕组断路，若试灯不亮，说明磁场绕组断路。

2) 磁场绕组匝间短路的检查

磁场绕组匝间短路的检查，可先通过肉眼进行直观检查，若发现磁场绕组的外部包扎层已烧焦、脆化，一般表明匝间绝缘不良。若外部完好，无法判断时，可把磁场绕组套在铁棒上，放入电枢感应仪中进行检查，如图 3-23 所示，感应仪通电 3min～5min 后，如绕组发热，则表明有匝间短路。

也可用图 3-24 所示的方法进行。当开关接通时（通电时间不超过 5s），用螺丝刀检查每个磁极的电磁吸力是否相同。如某一磁极吸力过小，说明该磁极上的磁场线圈匝间短路。

图 3-23　用电枢感应仪检查磁场绕组短路　　　　图 3-24　检查磁场绕组短路

磁场线圈一般不易发生短路，如有短路故障则需重新绕制或更换起动机。

3) 磁场绕组搭铁的检查

磁场绕组搭铁与否可用万用表或 220V 交流试灯进行检查。

用万用表检查磁场绕组搭铁的方法是：先将绝缘电刷从电刷架中取出并悬空，然后用万用表 R×10k 挡检查，两测试针分别接触起动机电流输入接线柱和机壳，表针不摆动（即电阻为无穷大），说明绝缘良好，否则说明磁场绕组绝缘不良而搭铁。

用 220V 交流试灯检查磁场绕组搭铁故障的方法是：拆下绝缘电刷并使其悬空，把220V 交流试灯的一根触针接在起动机机壳上，另一根触针接起动机电流输入接线柱。如试灯不亮，表明磁场绕组与外壳绝缘良好；如试灯亮，表明磁场绕组绝缘损坏，已与外壳搭铁。

2. 磁场绕组的修理

起动机磁场绕组一般不易损坏，修理中多是更换线间绝缘物和外部的绝缘布带。其方法是：拆下磁场绕组，取出扁铜线匝间的旧绝缘物（注意不要使线圈变形），然后用涤纶带或用 0.25mm 厚的青壳纸裁成与扁铜线宽度相等的纸条，用薄竹片或小刀将线圈拨开，将涤纶带或绝缘纸塞入每层线圈之间。接着用白纱带按半叠包扎法包好,焊好接头,最后再浸漆烘干,即可装用。

注意:起动机的磁场绕组修理后,一定要按原来的连接方法连接,以使相邻的磁极具有不同的极性。

3.3.3 电枢绕组的检查与修理

1. 电枢绕组的检查

1) 电枢绕组断路的检查

检查电枢绕组有无断路故障时,一般常采用以下两种方法。

(1) 利用万用表检查:先将万用表的选择开关拨至 R×1 挡,然后用两个测试针分别接触换向器相邻的铜片,测量每相邻两换向片间是否相通,如万用表指针指示 0,说明电枢绕组无断路故障;若万用表指针在某处不摆动,即电阻值为无穷大,说明此处有断路故障。

(2) 利用电枢感应仪检查:如图 3-25(a)所示,将电枢置于感应仪的 V 形槽中,用接毫安表的两个触针分别放在换向器两相邻换向片上,将电源开关置于工作位置,毫安表指针应指示某一数值。转动电枢,如电枢没有断路,毫安表的读数应保持不变;若在某处毫安表无读数,则表明此处绕组断路。

2) 电枢绕组短路的检查

电枢绕组短路的检查方法如图 3-25(b)所示。将电枢放在电枢感应仪的 V 形槽中,然后将电源开关置于工作位置,拿一根长钢片,平行地接触电枢铁芯,使电枢在 V 形槽内慢慢地转动,转一圈或几圈,在每槽上依次试验,如果在铁芯的某一位置上钢片发生振动,说明绕组有短路之处。由于起动机电枢绕组采用波绕法,所以当钢片在 4 个铁芯槽出现振动时,说明相邻换向器铜片间短路;当钢片在所有槽上振动时,说明同一个槽中上、下两层导线短路。

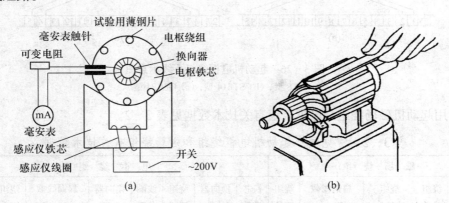

图 3-25 用电枢感应仪检查电枢

3) 电枢绕组搭铁的检查

检查电枢绕组搭铁有两种方法。

(1) 用 220V 交流试灯检查(电枢感应仪上有)。用交流试灯的一根测试针接触电枢轴,另一根测试针接触换向器铜片,依次进行,试灯不应发亮,否则说明电枢绕组有搭铁故障。

（2）利用万用表检查电枢轴与电枢绕组的绝缘电阻。将万用表选择开关拨至 R×10k 挡，用一根测试针接触电枢轴，另一根测试针依次接触换向器铜片，万用表指针不应摆动（即电阻为无穷大），否则说明电枢绕组与电枢轴之间绝缘不良有搭铁之处。

2．电枢绕组的修理

（1）个别线圈折断时，可将折断处用铜焊焊接起来，如长度不够，可用废旧扁铜线拼接（注意焊接时，应用湿棉纱加以冷却，以防温度过高而将导线间的绝缘纸烧坏）。

（2）电枢绕组短路、搭铁时的修复方法主要是更换绝缘纸，其过程如下：

先拆下绑带，并用烙铁烫开换向器的上层铜线焊头，从线槽中撬起所有的上层绕组铜线，然后再烫开换向器上的下层铜线（若仅为上层铜线与下层铜线间的绝缘损坏，在拆开上层铜线后就不必再拆下层铜线）。从线槽中取出绕组铜线时，注意要使拆下的线圈形状不变，切不可将铜线拉直。

清除线槽中已损坏的绝缘纸，然后用 0.3mm～0.4mm 厚的青壳纸裁剪成适当大小（其长度比线槽稍长，宽度要使它放入线槽后高出线槽 10mm～15mm）。将线匣按拆下时的相反次序放入线槽。

几种常见机械装备起动机电枢绕组下线示意图如图 3-26 所示。

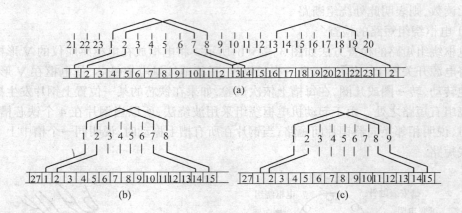

图 3-26　起动机电枢绕组下线示意图
(a) ST8 型；(b) ST614 型；(c) QD124 型。

常用起动机磁场绕组与电枢绕组有关技术数据见表 3-2。

表 3-2　常见国产起动机电枢绕组和磁场绕组有关技术数据

磁 场 绕 组					电 枢 绕 组							
起动机型号	绕组总数	绕组连接法	扁铜线截面积/mm²	绕组匝数	铁芯槽数	换向器片数	绕组形式	线圈节距	换向器节距	扁铜线截面积/mm²	绕组匝数	绕组数
321	4	两串两并	1.25×5.5	7	31	31	波绕	1-9	1-17	1.45×4.4	1	31
318	4	串联	1.81×6.9	5.5	23	23	波绕	1-7	1-13	2.5×4.2	1	23
ST96	4	两串两并	1.81×6.9	6	23	23	波绕	1-12	-	-	-	23
QD50	4	两并	1.8×7.5	7	27	27	波绕	1-7	1-14	2.63×5.5	1	27
308	4	串联	1.81×6.9	5.5	23	23	波绕	1-7	1-13	2.5×4.2	1	23

102

(续)

磁 场 绕 组					电 枢 绕 组							
起动机型号	绕组总数	绕组连接法	扁铜线截面积/mm²	绕组匝数	铁芯槽数	换向器片数	绕组形式	线圈节距	换向器节距	扁铜线截面积/mm²	绕组匝数	绕组数
ST614	4	两并	1.45×9.3	10	27	27	波绕	1-7	1-14	2.63×5.5	1	27
ST811	4	两中两并	1×4.5	9.5	37	37	叠绕	1-10	1-12	1.12×2.65	1	37
QD124	4	两串两并	1.25×6	8.5	27	27	波绕	1-8	1-14	2×4.4	1	27
QD124A	4	两串两并	1.06×6.3	8.5	27	27	波绕	1-8	1-14	1.95×4.4	1	27
CT-08	4	串联	1.8×6.9	5.5	23	23	波绕	1-7	1-13	2.5×4.2	1	23
CT-15	4	串联	1.81×6.9	5.5	23	23	波绕	1-7	1-13	2.5×4.2	1	23
ST8B	4	串联	1.81×6.9	5.5	23	23	波绕	1-7	1-13	2.5×4.2	1	23
2201	4	串联	1.81×6.9	5.5	23	23	波绕	1-7	1-13	2.5×4.2	·1	23
315	4	串联	1.81×6.9	5.5	23	23	波绕	1-7	1-13	2.5×4.2	1	23
2Q2B	4	两串两并	1.7×7.1	7	23	23	波绕	1-7	1-12	2.5×4.2	1	23
ST111	4	两串两并	2.1×11.6	7.5	27	27	波绕	1-8	1-14	3.34×6.4	1	27
ST710	4	两串两并	2.44×16.8	7.5	27	27	波绕	1-8	1-15	4.1×7.4	1	27
340	4	两串两并	1.25×6	9	37	37	波绕	1-10	1-19	2×4.4	1	37
QD26	2	串联	1.4×8.9	8	25	25	波绕	1-7	1-13	3.3×7.5	1	25
	2	并联	1.18×1.26	94								
QD27	4	两串	2.26×8		25	25	波绕	1-7	1-13	2.83×6.9	1	25
QD138A	2	串联	1.4×8.9	10	25	25	波绕	1-7	1-13	3.3×7.5	1	25
372A	4	串联	1.81×6.9	5.5	23	23	波绕	1-7	1-13	2.5×4.2	1	23
QD273	4	串联	2.26×8	7.5	25	25	波绕	1-7	1-13	2.83×6.9	1	25
320	4	串联	1.81×6.9	5.5	23	23	波绕	1-7	1-13	2.5×4.2	1	23

3.3.4 换向器的检查与修理

1. 换向器铜片短路的检查与修理

检查换向器铜片短路时,可在电枢感应仪上进行,如图 3-27 所示。将电枢置于电枢感应仪 V 形槽中,电源开关置于测试工作位置,把电枢感应仪的测试针头跨接在换向器相邻的两个换向片上,调节电压,直到指针达到最高刻度。依次对每个换向片和相邻的换向片进行测试,直到每一个换向片都测试过。如果某一对换向片测出的电压为零,说明其短路,应更换该电枢。

2. 换向器机械故障的检查与修理

(1)换向器表面如有轻微烧伤,可用"00"号砂布打光。

(2)换向器表面有严重烧蚀或圆度误差大于 0.025mm 时,应将换向器车光、车圆。

(3)经多次修整后,换向器换向片铜的径向厚度不得小于 2mm,否则应更换。

(4)换向器的云母片,应低于换向器换向片圆周表面 0.5mm 左右。

(5)换向器换向片接线凸缘上的电枢绕组应夹焊牢固,否则应重焊。

3.3.5 电枢轴的检查与修理

用百分表检查电枢是否弯曲,如图 3-28 所示。若铁芯表面摆差超过 0.15mm 或中间轴颈摆差大于 0.05mm 时,均应进行校正。

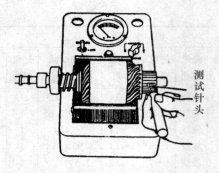
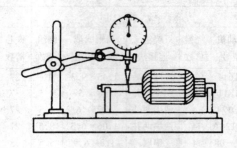

图 3-27　换向器短路测试　　　　　图 3-28　电枢弯曲度的检查

3.3.6　电刷、电刷架和电刷弹簧的检查与修理

1．电刷的检修

（1）电刷高度的检查：电刷高度应不低于新电刷高度的 2/3（国产起动机新电刷高度一般为 14mm），即 7mm～10mm，否则应换新。

（2）电刷接触面积的检查：电刷与换向器表面之间的接触面积应达到 75% 以上，否则应研磨电刷。

研磨电刷的方法是：先在换向器上缠上"00"号砂布（砂布面向外），然后装上起动机后端盖和电刷，用虎钳夹持住后端盖，用手转动电枢进行研磨，研磨时电枢的转动方向应与其规定旋转方向相反。

2．电刷弹簧压力及电刷架的检修

（1）用弹簧秤检查电刷弹簧压力，如图 3-29 所示，应将弹簧秤沿碳刷方向拉电刷弹簧，电刷弹簧与碳刷刚分离的时刻，弹簧秤的读数即为电刷弹簧压力。其值应符合规定要求。如压力不足，可将弹簧向与螺旋方向相反的方向扳动，以增加弹力，若无效时，则应更换。

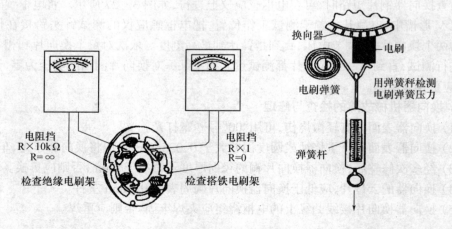

图 3-29　电刷架和电刷弹簧的检查

（2）绝缘电刷架的绝缘情况检查。用 220V 交流试灯检查，试灯应不亮，若试灯点亮，说明绝缘电刷架搭铁，应更换绝缘垫后重新铆合电刷架。

绝缘电刷架绝缘情况,也可用万用表进行检查。如图 3-29 所示,将万用表选择开关拨至 R×10k 挡,两测试针分别接触绝缘电刷架和后端盖,若表针不摆动,说明电刷架绝缘良好;若表针摆动,说明绝缘损坏而搭铁,应更换绝缘板。

(3) 检查搭铁电刷架是否良好。用万用表 R×1 挡测量搭铁电刷架与后端盖之间的电阻,如图 3-29 所示。若电阻为零,说明搭铁良好;否则为搭铁不良,应拆下清除氧化物后,重新铆合牢固。

(4) 电刷在电刷架内应上下移动灵活,无卡塞、歪斜、松旷等现象;电刷架与电刷弹簧不应有变形和松动;弹簧应与端盖平行,其端部应落在电刷架孔的中央而不偏斜。

3.3.7 端盖的检查

(1) 检查轴承有无毛糙、烧伤现象,如有则应更换轴承。

(2) 检查轴承与端盖座孔和电枢轴轴颈之间的配合。轴承与座孔之间不得有松旷、歪斜现象;各轴承的配合间隙应符合表 3-3 的规定,若间隙过大,应更换轴承,并按标准进行修配。

表 3-3 一般起动机轴承的配合间隙

名 称	标准间隙/mm	允许最大间隙/mm	轴承外径与座孔配合/mm
前端盖轴承	0.04~0.09	0.18	-0.08~-0.18
后端盖轴承	0.04~0.09	0.18	-0.08~-0.18
中间支承板轴承	0.085~0.15	0.25	-0.08~-0.18
驱动齿轮轴承	0.03~0.09	0.23	-0.08~-0.18

3.3.8 传动机构的检查与修理

1. 拨叉的检查与修理

拨叉应无变形、断裂、松旷等现象,回位弹簧应无锈蚀且弹力正常,否则应更换。

2. 驱动齿轮的检查与修理

驱动齿轮的齿长不得小于全齿长的 1/3,且不得有缺损、裂痕,否则应予更换;齿轮磨损严重或扭曲变形时,也应予以更换。

3. 单向离合器的检查与修理

1) 滚柱式单向离合器的检查与修理

滚柱式单向离合器最常见的故障是打滑,检查时,可将其夹在虎钳上,如图 3-30 所示,在花键套筒内插入一根花键轴,将扭力扳手与花键轴用套管相连,并逆时针转动扭力扳手,滚柱式单向离合器应能承受 26N·m 以上的扭矩而不打滑,否则应予更换。

2) 摩擦片式单向离合器的检查与修理

摩擦片的工作面应平整、无破裂和严重

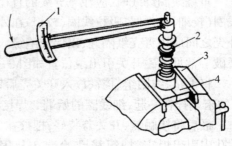

图 3-30 单向离合器扭矩的检查
1—扭力扳手; 2—单向离合器;
3—台虎钳; 4—夹板。

变形；摩擦片平面度误差应不大于 0.10mm；主动摩擦片表面沟槽磨平时应予以修复（可用凿子在摩擦片上凿些花纹），必要时应更换新件。摩擦片式单向离合器扭矩检查方法与滚柱式单向离合器相同，要求承受 120N·m 以上的扭矩而不打滑，但扭矩大于 180N·m 时应能打滑，其传递扭矩的大小可通过增减压环与摩擦片之间的调整垫片进行调整。

3）弹簧式单向离合器的检查与修理

弹簧式单向离合器的扭矩检查方法同上，当传递扭矩不符合要求时，应更换传动弹簧。当传动弹簧有折断、裂纹和弹力减弱时，也应予以更换。

单向离合器缓冲弹簧在压缩向各圈靠拢时，其压力应在 274.6N～294.6N 范围内。

3.3.9 电磁开关的检查与修理

1. 电磁开关的拆卸及机械部分的检查

拆卸电磁开关时，应先从后端抽出活动铁芯和弹簧，用电烙铁烫开电磁开关盒上连接片处的锡焊，使电磁开关线圈接头脱开，然后拧下开关盒上的两个固定螺栓，将开关盒与线圈壳体分开，并将开关轴装配部件从壳体的挡铁上拔出来。

电磁开关机械部分检修的内容与方法是：检查活动铁芯与开关轴及线圈壳体的配合，应保证运动自如、无阻滞；检查开关触头表面与接触盘表面，应光洁、无烧蚀，如有轻微烧蚀，可用细砂纸打光，严重烧蚀或粘结应予以修复或更换；接触盘应平整，边沿翻卷应调平，轴端弹簧应完好，开关盒内两触头高度必须一致。

2. 电磁开关线圈的检查与修理

电磁开关线圈的检查，用万用表 R×1 挡分别测量吸拉线圈和保持线圈的电阻，其电阻值应符合规定值。如万用表指针不摆动即电阻无穷大，说明线圈断路；若电阻值小于规定值，说明线圈有匝间短路。线圈断路或短路时，应予重绕。

重绕电磁开关线圈的方法及工艺步骤如下：

烫去开关盖连接片上的焊锡，取下开关盖。将开关壳夹在虎钳上，用平头扁铲撬开开关壳的铆压边，取出线圈组。拆除损坏的线圈，检查线圈架和绝缘压板是否损坏，如损坏时，应照原样配制。

重绕线圈绕线时，应注意导线的直径、匝数及绕线方向均应与原来的相同。一般保持线圈（较细）在内层，吸拉线圈（较粗）在外层，两线圈的绕向相同，线圈之间以及线圈架与外壳之间应用青壳纸隔开，以保证绝缘。各引出线头上应套上绝缘管，以防导线的绝缘漆磨破。常见电磁开关引出线位置如图 3-31(a) 所示。

将毛毡、线圈组、挡铁放入开关壳后铆好（注意线圈不得沿轴向窜动），再将两线圈 1、4 的末端拧在一起，细线圈的始端 2 焊接在挡铁上，如图 3-31(b) 所示。

最后将接触盘、开关盖装好，把拧在一起的两线圈 1、4 的末端从电磁开关接线柱连接片孔中引出焊牢，把粗线圈始端 3 从固定触点连接片孔中引出焊牢，如图 3-31(c) 所示。

3. 电磁开关的试验

起动机电磁开关的试验内容主要有：电磁开关始吸电压和释放电压的检测、电磁开关

106

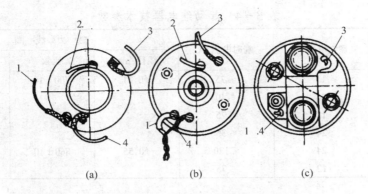

图 3－31　电磁开关中两个引出线的装配

1—粗线圈末端；2—细线圈始端；3—粗线圈始端；4—细线圈末端。

断电能力的检测和点火线圈附加电阻短路开关的检测。

电磁开关始吸电压和释放电压的检测：将检修好的电磁开关装回起动机上，按图3－32所示接线，闭合开关，逐渐调高电压，当万用表（电阻挡 R×1）指针为 0 时，电压表指示值为电磁开关的始吸电压，然后再调低电压，当万用表指示值为∞时，电压表指示值即为电磁开关的释放电压。若无万用表，也可用试灯代替进行检测。闭合开关，逐渐调高电压，试灯亮时，电压表指示值为始吸电压；逐渐调低电压，当试灯由亮到熄灭时，电压表指示值即为释放电压。电磁开关始吸电压应不大于额定电压的 75%，即额定电压为 12V 时，始吸电压应不大于9V；额定电压为 24V 时，始吸电压应不大于18V。释放电压应不大于额定电压的 40%，即额定电压为 12V 时，释放电压应不大于4.8V；额定电压为 24V 时，释放电压应不大于 9.6V。

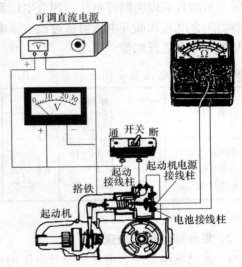

图 3－32　起动机电磁开关始吸电压和释放电压的检测

电磁开关断电能力的检测：起动机驱动齿轮静止并处于啮合位置时，将电磁开关的电源切断，这时电磁开关的主触点应能可靠断开。

点火线圈附加电阻短路开关的检测：在附加电阻短路开关接线柱上接一试灯，闭合开关时，指示灯应点亮。

3.3.10　起动机继电器的检查与试验

1. 起动继电器的检查与试验

（1）用万用表检查线圈电阻，其电阻值应符合表 3－4 的规定。如线圈断路或有严重短路时，应重新绕制。

表 3-4　起动继电器技术参数

型　号	额定电压/V	瞬时电流/A	磁　力　线　圈		
			线径/mm	匝数	电阻/Ω
JQ1	12	≤75	φ0.21	700±10	13±0.6
JQ1A	24	≤40			
JD132	12	≤75			
JD232	24	≤35			
JD26	24	≤120	φ0.55	860±10	6.5±0.5
JD171	12	≤75			

　　(2) 起动继电器闭合电压与断开电压的检测与调整。检测方法如图 3-33 所示,先将可变电阻调到最大值,并逐渐减小电阻,同时观察触点和电压表读数。当触点刚闭合时,电压表所指示的数值即为闭合电压。然后再逐渐增大电阻,当触点刚刚打开时,电压表所指示的数值即为断开电压。闭合电压和断开电压应符合表 3-5 的规定,否则应予以调整。闭合电压和断开电压可通过改变继电器气隙(即动铁与铁芯之间的间隙)、弹簧弹力及触点间隙进行调整。

表 3-5　继电器触点闭合和断开电压

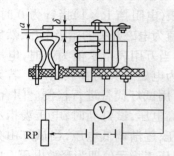

名　　称	标称电压		
	12V	24V	6V
触点闭合电压/V	6~7.6	14~16	3.5~4
触点断开电压/V	3~5.5	4.5~8	1.5~2.5
继电器气隙/mm		0.6~0.8	0.8~1

图 3-33　起动继电器的调整

2. 复合继电器的检查

1) 起动继电器闭合电压与断开电压的测试

测试线路如图 3-34(a)所示。方法同普通起动继电器基本一样,先将滑线式变阻器

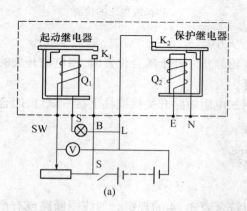
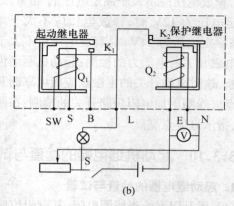

(a)　　　　　　　　　　　　　(b)

图 3-34　复合继电器的性能测试
(a) 起动继电器性能测试;(b) 保护继电器性能测试。

调至最大值,接通开关S,逐渐减小电阻,在试灯亮的瞬间,触点刚闭合时,电压表的读数即为闭合电压。再逐渐增大电阻,当触点刚刚打开时,电压表的读数即为断开电压。

2) 保护继电器动作电压与释放电压的测试

测试线路如图3-34(b)所示。先将滑线式变阻器调至最大值,接通开关S,试灯亮。逐渐减小电阻,在试灯熄灭瞬间,电压表的读数即为动作电压。再逐渐增大电阻,当试灯再次亮时,电压表的读数即为释放电压。国产起动机复合继电器的主要性能如表3-6所列。有关电压不符合要求时应予调整。

表3-6 起动机复合继电器的主要性能

型号	额定电压/V	起动继电器			保护继电器	
		闭合电压/V	断的电压/V	瞬时电流/A	动作电压/V	释放电压/V
JD136	12	5~6.6	≤3	75	4.5~5.5	≤3
JD236	24	10~13.2	≤6	35	9~11	≤3
JD171	12	≤7	≤1.5	75	4.5~5.5	≤2
JD271	24	≤14	≤3	35	9~11	4

3.4 起动机的装复、调整与试验

3.4.1 起动机的装复

1. 起动机的装复要求

(1) 起动机各处配合间隙必须符合规定。电枢轴两端轴颈与轴承的配合间隙必须符合标准,国产起动机的配合间隙一般为0.04mm~0.09mm;中间支承板轴承与轴颈的配合间隙一般为0.085mm~0.15mm;电枢轴轴向间隙一般为0.5mm~0.7mm;电枢轴与磁极间的间隙一般为0.82mm~1.80mm。

(2) 电刷高度应不低于标准尺寸的2/3。电刷弹簧压力应符合原厂规定,电刷与换向器接触面积应不小于75%。

2. 起动机的装复方法及工艺

(1) 先将单向离合器和拨叉与驱动端盖装好,再拧装中间支承板。

(2) 把电枢轴插入驱动端盖内,套上机壳和后端盖,穿入贯穿螺栓并拧紧。

(3) 安装电刷和防护罩。

(4) 最后装配电磁开关等,并接好电线,再对起动机进行调整和试验。

3.4.2 起动机的调整

起动机检修装复后,必须进行认真细致的调整。除此之外,使用中的起动机若发现齿轮啮合不良、有冲撞声、起动困难等现象时,均应做必要的调整。

1. 驱动齿轮与止推垫圈之间间隙的调整

如图3-35所示,先将电磁开关的活动铁芯推至使其开关刚好接通的位置,并保持稳定,测量驱动齿轮与止推垫圈端面之间的间隙值,一般应为 4mm～5mm,如不符合,可适当拧入或旋出拨叉 2 与活动铁芯 4 的连接螺杆 3 进行调整;然后再将活动铁芯顶到极限位置,此时驱动齿轮与止推垫圈之间的间隙应减小到 1.5mm～2.5mm,如不符合,可调整齿轮行程限位螺钉 1,直至合格为止。

电磁操纵强制啮合式起动机,除通过连接螺杆调整驱动齿轮与止推垫圈之间的间隙外,国外有些起动机则是通过转动拨叉与活动铁芯的连接叉形接头进行调整的。

2．起动机开关附加电阻接通时刻的调整

电磁开关的调整,主要是调整点火线圈附加电阻短路接线柱接触片的接通时刻,要求在起动机主触点接通的同时或稍早接通。在一般电磁开关内,短路点火线圈附加电阻都是利用主接线柱触头与接触盘之间的辅助接触片进行调整的。调整时,只需将辅助接触片做适当的弯曲即可。

3．起动继电器的调整

起动继电器的调整内容包括接通电压和断开电压,通常在机械装备出厂时均已调准,一般无需再调。但如果电压值发生变化时,则应对其进行必要的检测后,再进行调整。

4．驱动齿轮端面与驱动端盖凸缘面之间距离的调整

有些机械装备起动机,规定了起动机不工作时,驱动齿轮端面与后端盖凸缘面之间的距离,如图 3－36 所示。如北京 BJ212 型起动机规定此值为 32.5mm～34mm。不符合规定值时,可调整后端盖上的齿轮行程限位螺钉。

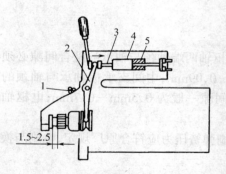

图 3－35　电磁操纵强制啮合式起动机驱动齿轮
与止推垫圈之间间隙的调整
1—齿轮行程限位螺钉;2—拨叉;3—连接螺杆;
4—活动铁芯;5—挡铁。

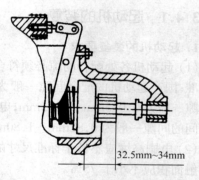

图 3－36　驱动齿轮端面与
后端盖凸缘面之间的距离

3.4.3　起动机的试验

起动机修复后,必须进行试验,其目的在于检验起动机的技术状况。起动机试验后,如不符合要求,应重新检查和修理。

起动机试验一般应在试验台上进行,如图 3－37 所示接线。试验时,必须准备好与被试起动机相匹配的充足电的蓄电池;起动机与蓄电池之间的连接导线电阻要小,其电压降不允许超过 0.2V。起动机试验的内容通常包括空转试验和全制动试验。

110

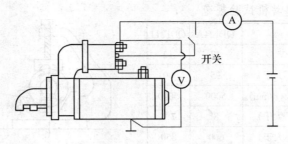

图 3-37　起动机试验电路图

1.起动机的空转试验

空转试验的目的是通过试验测量起动机的空转电流和空转转速,并与标准值比较,从而判断起动机内部是否有电气故障和机械故障。

将起动机放在试验台的夹紧装置上并装卡牢固,接好线。试验时,按下起动按钮,指示灯亮时,电压表指示的电压值、电流表指示的电流值和转速表指示的转速值,即为起动机的空转电压、空转电流和空转转速,将其各项数值与标准值比较,便可判断出起动机有无机械和电气故障,见表 3-7。

表 3-7　起动机故障的判断方法

试验项目	测试情况	结　论
空转试验	电流<标准值 转速>标准值	良好
	电流>标准值 转速<标准值	起动机装配过紧,起动机电枢轴弯曲,轴承与电枢轴不同心、扫膛,电枢绕组或磁场绕组短路、搭铁等故障
	电流<标准值 转速<标准值	电路中接触不良
全制动试验	电流<标准值 扭矩>标准值的 90%	良好
	电流>标准值 扭矩<标准值的 90%	电枢绕组或磁场绕组中有短路、搭铁故障
	驱动齿轮锁止而电枢轴转动	单向离合器打滑

另外,空转试验时,起动机换向片上应无火花,电枢旋转应均匀,无振动,无机械碰擦声等。整个试验时间不得超过 1min,以免起动机过热而损坏。

2.起动机的全制动试验

起动机的全制动试验又称制动扭矩试验,目的是测量起动机在完全制动时所消耗的电流和制动扭矩,并与标准值比较,以判断起动机主电路是否正常、单向离合器是否打滑。

将起动机夹紧在试验台上,在驱动齿轮上装好扭力杠杆和弹簧秤,连接好线路,如图 3-38 所示。试验时,按下起动按钮,观察单向离合器是否打滑,并迅速记录下电流表、电压表和弹簧秤上的读数,将其各项与标准值比较,便可判断出起动机有无故障以及何处故障,如表 3-8 所列。

表 3-8 起动机试验规范

项目		QD124A	QD1211
空载特性	电压/V	12	12
	电流/A(不大于)	95	90
	转速不低于/(r/min)	5000	5000
全制动特性	电压/V(不大于)	8	7.5
	电流/A(不大于)	600	850
	扭矩/N·m(不小于)	24	34

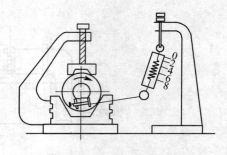

图 3-38 起动机全制动试验

进行起动机试验时应注意以下几点：

（1）蓄电池的电压应与被试起动机的额定电压相同，而且要充足电。

（2）起动机与蓄电池之间的连接导线截面积要足够大，导线长度要短，电路中所有的接线柱应清洁，并连接牢固。

（3）试验时，待电流表的指针稳定时，方可进行读数。

（4）试验时，必须严格控制起动机的接通时间，空转试验时，接通起动机的时间不得超过 1min；全制动试验时，起动机的接通时间不得超过 5s。

（5）每次试验后，应让蓄电池休息 1min～2min，然后才能重复试验。

3.5 起动系的正确使用与故障排除

3.5.1 起动机使用注意事项

（1）发动机必须空载起动。起动时，应踩下离合器踏板，将变速器挂入空挡，严禁挂挡起动来移动机械装备。

（2）起动时要严格控制工作时间。每次接通起动机的时间不得超过 5s，两次之间应间歇 15s 以上，连续 3 次不能起动时，应对发动机排除故障后，再进行起动。

（3）发动机起动后，应立即松开点火开关或起动按钮，切断起动机电源。在使用不具有自动保护功能的起动机时，应在发动机起动后立即松开点火起动开关钥匙或按钮，以减少单向离合器的磨损；发动机正常工作时，严禁接通起动开关，以免驱动小齿轮与发动机飞轮齿圈撞击而损坏。

（4）冬季要先预热发动机。冬季起动前，应先预热发动机并对蓄电池采取保温措施，然后才能起动发动机。

3.5.2 起动系常见故障与排除

1. 起动机不转

1）现象

点火开关旋至起动挡时，起动机不转。

2）原因

（1）蓄电池亏电或内部损坏。

112

（2）线路故障。导线断路，接触不良或连接错误。

（3）点火开关或起动继电器有故障。

（4）起动机控制装置故障：①电磁开关触点烧蚀引起接触不良；②电磁开关线圈断路、搭铁和短路。

（5）起动机内部故障：①电枢轴弯曲或轴承过紧；②换向器脏污或烧坏；③电刷磨损过短，弹簧过软，电刷在架内卡住与换向器不能接触；④电枢绕组或励磁绕组短路、断路或搭铁。

3）检查与排除

（1）检查蓄电池存电是否充足和电源线路有无故障。

方法：开大灯或按喇叭检查电源线路是否有故障。

（2）判断故障在起动机还是在控制线路。

方法：短接电磁开关上的"起动机"与"电池"接线柱，如图 3－39(a)所示。

起动机运转，说明起动机良好，故障在控制线路(包括开关和起动继电器)。可用短接的方法分别检查起动开关、继电器和导线是否正常。

起动机不转，说明故障在起动机。然后短接电磁开关"电源"与"电池"接线柱，如图 3－39(b)所示。若起动机运转正常，则电磁开关有故障；仍不转，则说明起动机内部有故障。

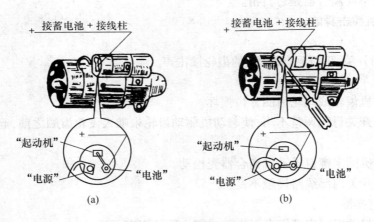

图 3－39 起动机不转的故障检查

2. 起动机转动无力

1）现象

接通起动开关，起动机转动缓慢或不能连续运转。

2）原因

（1）蓄电池和导线故障：蓄电池存电不足；起动机电路接头松动、脏污，接触不良。

（2）起动机故障：①电枢绕组或励磁绕组局部短路，使起动机功率下降；②电枢轴弯曲轴承间隙过大导致转子与定子碰擦；③电刷磨损过多，弹簧过软，使电刷与换向器接触不良；④换向器表面烧蚀、脏污；⑤电磁开关主触点、接触盘烧蚀；电磁开关线圈局部短路；⑥起动机轴承过紧，转动阻力过大。

3）检查与排除

（1）检查蓄电池和连接线路是否正常，要特别注意检查蓄电池极柱、起动和搭铁电缆接头等处是否接触良好。

（2）如蓄电池和线路良好，则表明起动机有故障。

3．起动机空转

1）现象

接通起动开关，起动机只是空转，不能啮入飞轮齿圈带动发动机运转。

2）原因

（1）飞转齿圈磨损过甚或损坏。

（2）单向离合器失效打滑。

（3）电磁开关铁芯行程太短，驱动小齿轮与飞轮齿圈不能啮合，拨叉连接处脱开。

3）检查与排除

起动机空转有两种情况：一种是起动机驱动齿轮不与飞轮齿圈啮合的空转，这是由于起动机的操纵机构或控制机构有故障造成的。另一种是起动机的驱动齿轮已与飞轮齿圈啮合，但由于单向离合器打滑而空转。

（1）检查电磁控制式起动机的接触盘的行程。若行程过小，则会使起动机提前转动，不能与飞轮齿圈啮合，而出现打齿现象。

（2）检查单向离合器是否打滑。

4．起动机撞击异响

1）现象

接通起动开关，可听到"嘎、嘎"的齿轮撞击声。

2）原因

（1）起动机齿轮或飞轮齿圈牙齿损坏。

（2）电磁开关行程调整不当，使起动机驱动齿轮未啮入飞轮齿圈之前，起动机主电路过早接通。

（3）起动机固定螺钉松动或离合器壳松动。

（4）电磁开关内部线路接触不良。

3）检查与排除

（1）检查起动机固定螺钉有无松动或离合器外壳有无松动。

（2）检查啮合的齿轮副是否磨损过量。

（3）检查起动机控制开关主电路是否接通过早。

（4）检查电磁开关保持线圈是否短路、断路或接触不良。

5．起动机失去自动保护功能

1）现象

用起动复合继电器控制的起动系，发动机起动后，驾驶员不松开点火开关钥匙，起动机不能自动停止运转。发动机运转过程中，将起动开关扭至起动挡，则发出齿轮撞击声。

2）原因

（1）充电系统发生故障，发电机中性点无电压。

（2）发电机接线柱 N 至复合继电器接线柱 N 的导线断路或接触不良。

114

（3）复合继电器中保护继电器的触点烧蚀,或磁化线圈断路、短路、搭铁。

（4）复合继电器搭铁不良。

3）检查与排除

（1）检查发电机中性点处是否有电压,电压是否正常。

（2）检查保护继电器的触点是否已烧蚀。

（3）发电机正常工作时,检查保护继电器 N 接线点是否有电压。

3.6 新型起动机介绍

3.6.1 永磁起动机

近年来研制了一种用铁氧体或钕铁硼永磁材料作为磁极的起动机,称为永磁起动机。由于它取消了磁场绕组和磁场铁芯,使得起动机的结构简单,重量及体积都相应减小。北京 BJ2021(切诺基)吉普车装用的 12VDW1.4 型起动机即为永磁式起动机。

永磁式起动机与电磁操纵的强制啮合式起动机没有本质区别,只是在起动机电枢和驱动齿轮之间增加了一对减速齿轮(一般减速比为 3～4),因此可提高起动机电枢的工作转速、降低转矩,从而减小其体积。然后通过减速机构使驱动齿轮的转速降低并使转矩增加。

永磁式起动机与同功率普通起动机相比,具有体积小(约可减小 1/2)、重量轻、驱动转矩大的优点,这不仅提高了起动性能,而且减轻了蓄电池的负担。缺点是机械零件增加,电动机高速运转,结构及生产工艺相对复杂。

永磁式起动机结构原理如图 3－40 所示。起动机中有 6 块永久磁极,用弹性保持片固定于机壳内。传动机构采用滚柱式单向离合器。减速装置采用行星齿轮减速装置,它以电枢轴齿轮为太阳轮,另有 3 个行星齿轮及 1 个固定内齿圈,其啮合关系如图 3－41 所示。

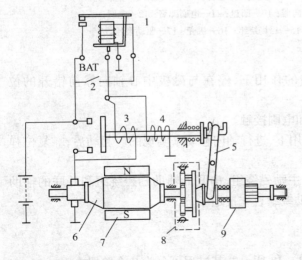

图 3－40 12VDW1.4 型永磁减速式起动机

1—起动继电器；2—点火开关；3—吸拉线圈；
4—保持线圈；5—拨叉；6—电枢；7—永久磁极；
8—行星齿轮减速装置；9—滚柱式单向离合器。

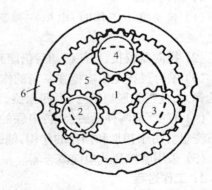

图 3－41 行星齿轮减速装置的啮合关系

1—太阳轮；2、3、4—行星齿轮；
5—行星轮支架(输出轴)；6—内齿圈。

太阳轮压装在电枢轴上与 3 个行星齿轮同时啮合，3 个行星齿轮的轴压装在一个圆盘上，该圆盘与驱动齿轮轴制成一体，驱动齿轮轴一端有螺旋花键与传动套筒内的螺旋花键配合。内齿圈由塑料铸塑而成，3 个行星齿轮在其上滚动，内齿圈的外缘制有定位用的槽，以便嵌放在后端盖上。

该起动机的工作过程与普通起动机工作过程基本相同。不同之处在于电枢轴产生的转矩需经行星齿轮减速装置才能传给起动机的驱动齿轮，带动飞轮齿圈，起动发动机。转矩的传递路径为：电枢轴产生的转矩由电枢轴齿轮（太阳轮）→行星齿轮及支架→驱动齿轮轴→单向离合器→飞轮齿圈。

3.6.2 电枢移动式起动机

电枢移动式起动机广泛应用在大功率柴油发动机上。其结构如图 3-42 所示。

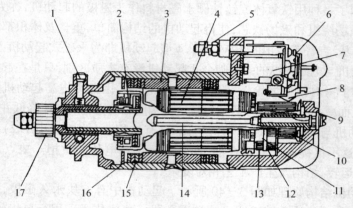

图 3-42 电枢移动式起动机
1—油塞；2—摩擦片式单向离合器；3—磁极；4—电枢；5—接线柱；6—接触桥；
7—电磁开关；8—扣爪；9—换向器；10—圆盘；11—电刷弹簧；12—电刷；
13—电刷架；14—复位弹簧；15—磁场绕组；16—机壳；17—驱动齿轮。

1. 结构特点

（1）起动机不工作时，电枢在弹簧的作用下，停在与磁极中心轴向靠前错开的位置上。

（2）换向器较长，以便移动后仍能和电刷接触。

（3）啮合过程是由电枢在磁场的作用下，进行轴向移动来实现的。起动后，靠复位弹簧的弹力，使齿轮脱离啮合，退回原位。

（4）有主、辅两种励磁绕组：串联的主励磁绕组、串联的辅助励磁绕组和并联的辅助励磁绕组。由于扣爪和挡片的作用，辅助绕组首先接通。

（5）采用摩擦片式单向离合器。

2. 工作过程

电枢移动式起动机工作过程，如图 3-43 所示。其过程可分为 3 个阶段。

起动机不工作时，如图 3-43(a) 所示。

第一阶段，啮入。起动时，按下起动按钮 K，电磁铁 4 产生吸力吸引接触盘 6，但由于扣爪 8 顶住了挡片 7，接触盘仅能上端闭合，如图 3-43(b) 所示。此时辅助励磁绕组接通，并联辅助绕组3和串联励磁绕组2产生的电磁力，克服复位弹簧的拉力，吸引电枢向后移动，使起动机齿轮啮入飞轮齿圈。由于辅助励磁绕组用细铜线绕制，电阻大，流过的电流较小，起动机仅以较低的速度旋转，使齿轮啮入柔和。

第二阶段，起动。当电枢移动使小齿轮与飞轮基本啮合后，固定在换向器端面的圆盘10顶起扣爪8，使挡片7脱扣，于是，接触盘6的下端也闭合，接通主励磁绕组1的电路，起动机便以正常的转矩工作，起动发动机。在起动过程中，摩擦片离合器13压紧并传递扭矩，如图3-43(c)所示。

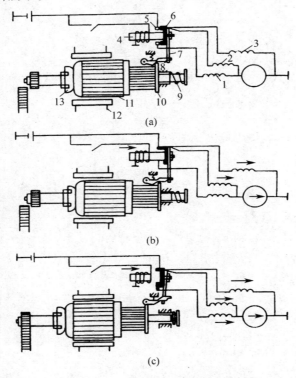

图 3-43 电枢移动式起动机工作原理

(a) 未啮合；(b) 进入啮合；(c) 完全啮合。

1—主磁场绕组；2—串联辅助磁场绕组；3—并联辅助磁场绕组；4—电磁铁；5—静触点；6—接触桥；
7—挡片；8—扣爪；9—复位弹簧；10—圆盘；11—电枢；12—磁极；13—摩擦片离合器。

第三阶段，脱开。发动机起动后，驱动齿轮转速增大，摩擦片离合器被旋松，曲轴转矩便不能传到电枢上，起动机处于空载状态。直到松开起动按钮，电枢又移回原位，驱动齿轮与飞轮齿圈脱开，扣爪也回到锁止位置，起动机才停止运转。

复习思考题

1. 起动机由哪几部分组成？各部分的作用是什么？按照操纵装置可分为哪两大类？
2. 传动机构的作用是什么？单向离合器有哪几种形式？分别适用于哪些场合？

3. 在电磁式操纵机构中,JD171 型组合继电器是如何起保护作用的?

4. 起动电路主要有哪些故障现象? 产生的原因分别是什么?

5. 起动机驱动小齿轮与飞轮齿圈因故不能脱开的保护措施有哪些?

6. 画出起动系统电路原理图。

7. 详述起动机不转故障的排除方法。

8. 起动机装复后调整内容有哪些? 目的是什么?

9. 简述电磁式起动机的起动工作过程。

第4章 点火系统

汽油发动机气缸内的可燃混合气是由电火花点燃的,而电火花则是靠点火系统产生的。为此,汽油发动机上装用了专门的点火系统。

4.1 概　述

4.1.1 点火系统的作用

点火系统的作用是在发动机各种工况和使用条件下,将蓄电池或发电机的低压电(一般为 10V～14V)转变为高压电(15kV～20kV),使火花塞适时、可靠地产生足够强的电火花,点燃气缸内的可燃混合气。

4.1.2 点火系统的类型

发动机点火系统按其组成和产生高压电的方式不同可分为传统点火系统、磁电机点火系统、电子点火系统和计算机控制点火系统 4 种。

1. 传统点火系统

由蓄电池或发电机供给低压电能,通过点火线圈和带有触点机构的断电器将低压电转变为高压电,并在火花塞两电极间产生电火花。传统点火系统结构简单、成本低,但故障率高、高速性能差。

2. 磁电机点火系统

与传统点火系统不同之处是其低压电能由磁电机本身产生和供给的。

3. 电子点火系统

利用半导体器件(如晶体管、晶闸管)作为开关,接通与断开初级电流的点火系统,故又称其为半导体点火系统或晶体管点火系统。电子点火系统具有高速性能好、点火准确、结构简单、质量轻和体积小等优点。

4. 计算机控制点火系统

发动机工作时,通过安装在其上的各种传感器监测出发动机的各种运行参数并输入计算机,计算机将输入的各种信息快速处理后,向点火模块发出指令,驱动点火模块,迅速切断初级电路,使次级产生高压而点火。它不同于普通电子点火系统,该系统完全取消了离心式和真空式点火提前机构,点火正时(即点火提前角)由计算机控制,它可以保证汽油机在任何工况下均能在最佳时刻点火。

机械装备上通常使用传统点火系统、电子点火系统和计算机控制的点火系统,而磁电机点火系统则多用于摩托车和操舟机等小型发动机上。

4.1.3 点火系统的基本要求

为了保证可靠点火,点火系应满足以下基本要求。

（1）能产生足以击穿火花塞间隙的电压。

在火花塞电极间产生火花时需要的电压，称为击穿电压。火花塞间隙击穿电压的高低与电极间的距离、气缸内混合气的压力和温度、电极的类型以及发动机的工作情况等有关。电极间距离愈大，缸内气体压力愈高，温度愈低时，则击穿的电压愈高。实验证明，当火花塞间隙为 0.5mm～1mm，压缩终了缸内气体压力为 0.6MPa～0.9MPa 时，发动机起动时需要的击穿电压约为 7000V～8000V。发动机在满负荷低转速时需要的高电压应达 8000V～10000V 才能跳火。

为了保证可靠点火，实际作用在火花塞两电极间的电压要提高到 10000V～15000V。同时，考虑到留有一定的高压电储备量，保证在各种困难的情况下均能提供足够的击穿电压，但过高的电压又将给绝缘带来困难，成本增高，一般点火系所产生的最高电压大都在 15000V～25000V 范围以内。

（2）电火花应具有足够的能量。

要使可燃混合气可靠地点燃，火花塞产生的电火花必须具有一定的能量。发动机正常工作时，由于压缩终了混合气的温度已接近其自燃温度，所需的电火花能量很小（10mJ～50mJ）。但在起动、怠速、加速、大负荷等工况时，都需要较高的火花能量。尤其在起动时，由于混合气雾化不良，废气稀释严重，电极温度低，所需点火能量最高。另外，为了提高发动机的经济性，减少有毒气体的排放，也需要增加电火花的能量。

为了保证可靠点火，点火系提供的能量通常为 50mJ～80mJ，起动时应大于 100mJ。

（3）适合各种状况下的点火正时。

首先，点火系统应按发动机的工作顺序进行点火，如直列六缸发动机的工作顺序为 1-5-3-6-2-4 或 1-4-2-6-3-5；四缸发动机的工作顺序为 1-3-4-2 或 1-2-4-3；V 形六缸发动机的工作顺序为 1-2-3-4-5-6 等。

其次，必须在最有利的时刻点火。点火时刻是用点火提前角来表示的。在压缩行程中，从点火开始到活塞运行到上止点时曲轴所转过的角度，称为点火提前角。如果点火提前角过大（即点火过早），混合气的燃烧完全在压缩过程中进行，气缸压力急剧上升，在活塞到达上止点之前即达到较大压力，给正在上升的活塞一个很大的阻力，会阻止活塞向上运动。这样不仅使发动机功率下降，油耗增加，还会引起爆燃，加速机件损坏。如果点火提前角过小（即点火过迟），则混合气边燃烧、活塞边下行，即燃烧过程是在容积增大的情况下进行的，不仅导致压力下降、发动机功率下降，还会引起发动机过热，油耗增加。一般把发动机发出最大功率或油耗最小时的点火提前角，称为最佳点火提前角。发动机在不同工况和不同使用条件下，最佳点火提前角是不相同的。

4.2 传统点火系统

4.2.1 传统点火系统的组成及工作原理

1. 传统点火系统的组成

传统点火系统的组成如图 4-1 所示，主要由电源、点火线圈、分电器、点火开关、火花塞、附加电阻和高低压导线等组成。

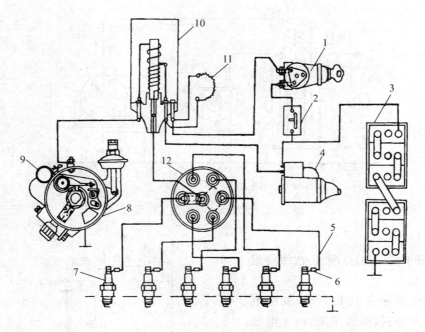

图4-1 传统点火系统的组成

1—点火开关；2—电流表；3—蓄电池；4—起动机；5—高压导线；6—阻尼电阻；

7—火花塞；8—断电器；9—电容器；10—点火线圈；11—附加电阻；12—配电器。

（1）电源：由蓄电池和发电机组成，为点火系提供电能。

（2）点火线圈：将电源提供的低压电转变成能击穿火花塞电极间隙的高压电。

（3）分电器：主要由断电器、配电器、电容器和点火提前机构等组成。断电器的作用是在发动机凸轮轴驱动下，准时接通和切断点火线圈初级电路，使点火线圈及时产生高压电；配电器的作用是按点火顺序将高压电分配到各缸火花塞；电容器的作用是减小断电器触点火花，提高点火线圈次级电压；点火提前机构能根据发动机工作的工况及时调整点火提前角。

（4）点火开关：控制点火系统低压电路的通断，实现发动机的起动和熄火。

（5）火花塞：将高压电引入燃烧室，产生电火花。

2．传统点火系统的工作原理

图4-2所示是传统点火系的工作原理图。接通点火开关，起动发动机，发动机开始工作。断电器的凸轮在发动机配气凸轮轴的驱动下不断旋转，凸轮旋转时交替地使断电器的触点断开和闭合，交替断开和接通了点火线圈初级绕组的电路，使低压直流电经断电器和点火线圈转变为高压电，再经配电器分配到各缸火花塞，在火花塞的电极间产生电火花，点燃可燃混合气，使发动机工作。

点火系统的点火工作过程可分为3个阶段。

（1）断电器的触点闭合，初级绕组的电流增大。

当断电器触点闭合时，接通了点火线圈初级绕组的电路（又称低压电路）。电流的路径是：蓄电池正极→点火开关→附加电阻→点火线圈初级绕组→断电器触点→搭铁→蓄电池负极。如图4-2中实线箭头所示。随着触点闭合时间的增长，初级电流不断

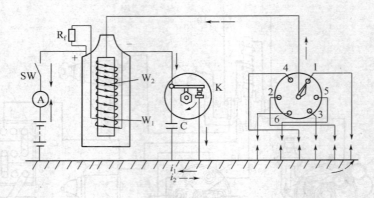

图 4-2 传统点火系统的工作原理

增大。

（2）断电器的触点断开，次级绕组产生高压电。

当断电器触点 K 打开时，初级电路骤然断开，初级电流消失，由于电磁感应原因在点火线圈的次级绕组中产生高压电。

（3）火花塞放电，点燃缸内可燃混合气。

点火线圈次级绕组中产生的高压电按发动机点火次序分配给各缸火花塞，产生电火花，点燃缸内混合气。点火线圈次级绕组电流通过的电路（即次级电路）路径是：点火线圈次级绕组→附加热敏电阻→点火开关→蓄电池→搭铁→火花塞→分缸高压线→配电器某一旁电极→分火头→中央高压线—点火线圈次级绕组。

发动机工作期间，分电器轴每转一周，各缸按点火顺序轮流点火一次。

蓄电池点火系统初、次级电流和次级电压工作波形如图 4-3 所示。

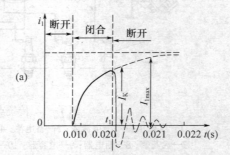

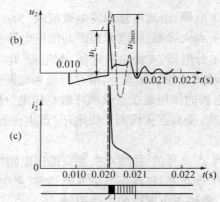

图 4-3 蓄电池点火系统工作过程波形图
(a) 初级电流波形；(b) 次级电压波形；(c) 次级电流波形。
i_1—初级电流；I_K—初级断开电流；I_{1max}—初级电流最大值；
u_2—次级电压；u_L—次级感应电动势；u_{2max}—次级电压最大值；
i_2—次级电流。

4.2.2 传统点火系统主要部件的结构与原理

1. 点火线圈

点火线圈的作用是将蓄电池或发电机供给的低压电转变为高压电。按磁路结构的不同，点火线圈有开磁路式和闭磁路式之分。开磁路式点火线圈的能量转换率较低，只有 60% 左右。闭磁路式点火线圈的能量转换率可高达到 75%，因而被广泛用于电子点火系统中。

1) 点火线圈的结构

(1) 开磁路式点火线圈的结构:传统的开磁路式点火线圈的结构如图 4-4 所示。点火线圈上端装有胶木盖,其中央突出部分为高压接线柱,其它接线柱为低压接线柱。根据低压接线柱数目多少,点火线圈有二接线柱式和三接线柱式之分。二接线柱式点火线圈的低压接线柱上有"＋"和"－"标记。三接线柱式点火线圈与两接线柱式的主要区别是外壳上多了一个附加电阻,增加了接线柱"开关＋"。

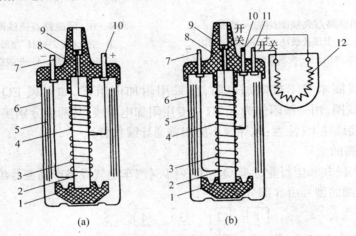

图 4-4　点火线圈

(a) 二接线柱式;(b) 三接线柱式。

1—瓷杯;2—铁芯;3—初级绕组;4—次级绕组;5—钢片;6—外壳;7—"－"接线柱;8—胶木盖;
9—高压接线柱;10—"＋"或"开关"接线柱;11—"开关＋"接线柱;12—附加电阻。

点火线圈铁芯用 0.3mm～0.5mm 厚的硅钢片叠成,铁芯上绕有初级绕组和次级绕组。次级绕组居内,通常用直径为 0.06mm～0.10mm 的漆包线绕 11000 匝～26000 匝;初级绕组居外,通常用 0.5mm～1.0mm 的漆包线绕 220 匝～370 匝。次级绕组的一端连接在盖子上高压插孔中弹簧片上,另一端与初级绕组的一端相连;初级绕组的两端则分别连接在盖子上的低压接线柱上。绕组与外壳之间装有导磁钢套并填满沥青或变压器油,以减少漏磁、加强绝缘性并防止潮气侵入。

(2) 闭磁路点火线圈的结构:闭磁路点火线圈的结构如图 4-5 所示。在"日"字形铁芯上绕有初级绕组和次级绕组,初级绕组居内,次级绕组居外,其磁力线由"日"字形铁芯构成闭合回路。为了减小磁滞现象,铁芯上常设有一个很微小的空气隙 1,如图 4-6 所示。

闭磁路点火线圈具有漏磁少、磁阻小,能量转换率高等优点,因而愈来愈得到广泛的应用。

2) 点火线圈附加电阻

附加电阻是一个热敏电阻,一般用低碳钢丝或镍铬丝、纯镍丝制成。它具有受热时电阻值迅速增大,冷却时电阻值迅速降低的特性。附加电阻的阻值一般为 1.25Ω～1.80Ω,当温度升高到 500℃ 时为 4Ω。因此串联在低压回路中可以自动调节初级回路电阻从而调节初级电流,改善高、低速时的点火性能。起动时,则利用起动机开关将附加电阻短路。

123

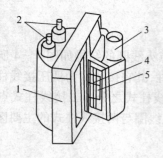

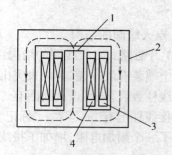

图 4-5　闭磁路点火线圈结构示意圈
1—"O"字形铁芯；2—低压接线柱；3—高压线插孔；
4—初级绕组；5—次级绕组。

图 4-6　闭磁路点火线圈的磁路
1—空气隙；2—"日"字形铁芯；
3—次级绕组；4—初级绕组。

有些点火线圈本身不带附加电阻，而采用附加电阻线，如东风 EQ1090E 汽车用 DQ125 型点火线圈，用一根阻值为 1.7Ω 的专用附加电阻线，其两端分别接在点火开关和点火线圈开关接线柱上（注意：此导线不能用普通导线代替）。

3）点火线圈的型号

根据中华人民共和国行业标准 QT/T73-93《汽车电气设备产品型号编制规则方法》的规定，点火线圈的型号由 5 部分组成：

| 1 | 2 | 3 | 4 | 5 |

(1) 产品代号：用 2 个或 3 个大写汉语拼音字母表示，代号有 DQ、DQG、DQD 三种，分别表示点火线圈、干式点火线圈和电子点火系用点火线圈。

(2) 电压等级代号：用 1 位阿拉伯数字表示：1-12V；2-24V；6-6V。

(3) 用途代号：用 1 位阿拉伯数字表示，其含义见表 4-1。

(4) 设计序号：按产品的先后顺序，用 1 位或 2 位阿拉伯数字表示。

(5) 变型代号：以大写汉语拼音字母 A、B、C……顺序表示（不能用 O 和 I）。

表 4-1　点火线圈用途代号

代号	内　　容	代号	内　　容	代号	内　　容
1	单、双缸发动机	4	六、八缸发动机（带附加电阻）	7	无触点分电器
2	四、六缸发动机	5	六、八缸发动机	8	高能
3	四、六缸发动机（带附加电阻）	6	八缸以上发动机	9	其它（包括三、五、七缸）

例如，DQ125 型点火线圈的含义为：电压等级为 12V 的四、六缸发动机用的、产品序号为 1 的普通点火线圈。

2. 分电器

分电器的功用是接通和切断点火线圈初级绕组中的低压电流，使次级及时产生足够的高压电，并按发动机的点火顺序将高压电送至各缸的火花塞，同时自动调整点火提前角。

分电器壳体一般由铸铁制成，通常安装在发动机左侧，利用凸轮轴中部的斜齿轮经机油泵轴驱动。分电器轴装在机油泵的顶端，用油杯进行润滑。

124

分电器可以分为有触点和无触点两种。用机械式凸轮和一对触点配合工作,来接通和断开初级电路的分电器,称为有触点分电器,亦称传统分电器;用电器装置代替机械式凸轮和触点的分电器称为无触点分电器。此处只介绍有触点式分电器,无触点分电器将在电子点火系统中作详细介绍。

1) 传统(有触点)分电器的结构

分电器由断电器、配电器、电容器和点火提前装置四大部分组成。如图4-7所示。

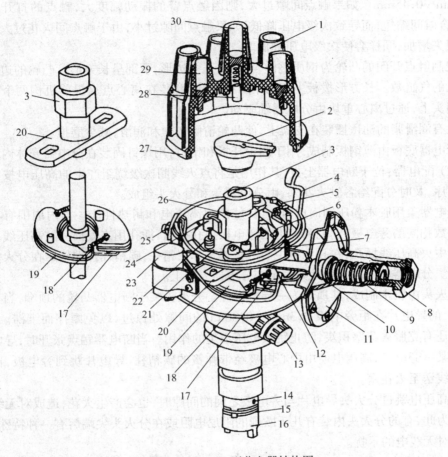

图4-7　FD642型分电器结构图

1—分电器盖;2—分火头;3—断电器凸轮带离心调节器横板;4—分电器盖弹簧夹;
5—断电器活动触点臂弹簧及固定夹;6—活动触点及支架;7—固定触点;8—接头;9—弹簧;
10—真空调节器膜片;11—真空调节器外壳;12—拉杆;13—油杯;14—固定销用联轴节;
15—联轴节钢丝;16—扁尾联轴节;17—离心调节器底板;18—重块弹簧;
19—离心调节器重块;20—横板;21—断电器底板;22—真空调节器拉杆销及弹簧;
23—电容器;24—油毡;25—断电器接线柱;26—分电器轴;27—分电器外壳;
28—碳精柱;29—侧接线插孔;30—中央接线插孔。

(1) 断电器:周期地接通与切断点火线圈初级绕组中的电流。由断电器底板、固定触点、活动触点及触点臂、压簧和凸轮等组成,安装在分电器壳体内部的上方,构造如图4-8所示。

断电器触点(俗称"白金")由坚硬而又耐高温的钨合金制成,固定触点搭铁,由偏心调整螺钉调整其位置,并用紧固螺钉固定于活动底板上。活动触点装在活动触点臂的一端,臂的另一端有孔,绝缘地套在销轴上,使活动触点与壳体绝缘,并经片状弹簧与分电器壳体上的绝缘接线柱相连接。在触点臂的中部固定着夹布胶木顶块,靠片簧压紧在断电器凸轮上。

触点间隙是指凸轮通过胶木顶块使触点打开到最大时的间隙值,其值一般为0.35mm～0.45mm。如果触点间隙过大,则因触点臂的振动幅度大,触点的打开时间增长,闭合时间缩短,而导致次级电压降低;如果触点间隙过小,由于触点间火花过大而导致能量损失增加,同样会使次级电压降低。

控制触点开闭的凸轮为钢质整体,上部呈正多边形,下部呈长方形。凸轮的边数等于发动机的气缸数。长方形拨板上有两个对称长孔,套装在离心点火提前机构两个离心重块的销头上,通过离心重块由分电器轴驱动。

涂有润滑脂的油毡插装在支架上,使凸轮清除灰尘和润滑,减少磨损。

断电器底板由薄钢板制成,用于固定托扳和销钉,用螺钉固装在分电器壳体内。

(2) 配电器:位于断电器上方,其作用是将点火线圈次级绕组产生的高压电按发动机点火顺序,及时分配给各缸火花塞,由分电器盖和分火头组成。

分电器盖用胶木粉压制而成,具有良好的耐高压电和耐热性能。盖内周围有与发动机气缸数相同的旁电极,它们和盖上的旁电极插孔相通,插孔用来安插分缸高压线。盖的中间有中央高压线插孔,在孔中有中心电极弹簧和碳精柱,碳精柱弹性地压在分火头的导电片上。分电器盖用两个弹性夹固定在分电器壳体上。

分火头由胶木制成,其顶部为一导电钢片。分火头装于断电器凸轮的顶端,当其旋转时,其上的导电片在距旁电极 0.3mm～0.8mm 的间隙处掠过,以免摩擦而卡滞。同时,此间隙还有克服火花塞积炭,防止跳火电压不足的作用。当断电器触点张开时,导电片对准盖内某一旁电极,高压电便由中心电极经带弹簧的碳精柱、导电片跳到旁电极,再经分缸高压线送至火花塞。

在高压电跳过分火头导电片与旁电极之间的间隙时,也会产生火花,造成对无线电的干扰。为此,有的分火头内装有几千欧姆的阻尼电阻或在分火头尖端熔有一种特殊陶瓷,以抑制对无线电的干扰。

(3) 电容器:与断电器触点并联,其主要作用是用来减弱触点间火花(初级绕组中产生的自感电动势可高达 300V 左右),保护触点并加速点火线圈的退磁速度,以提高次级电压。

电容器装在分电器壳体上,其结构如图 4-9 所示。它由两条狭长带状金属箔 2 组成,在两金属箔带之间夹以绝缘蜡纸 1,卷成圆筒形,经浸蜡处理后装在金属外壳 3 中。其中一条箔带与金属外壳在内部接触,另一条箔带与引出壳外的导线连接,接到断电器的活动触点臂上。

电容器工作时要承受触点打开时初级绕组产生的 200V～300V 的自感电动势,因此要求其耐压值为 500V。目前国产车辆点火系的电容器普遍采用 DR202 型或 DR203 型,其电容量一般在 $0.15\mu F～0.25\mu F$。

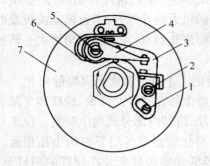

图 4-8 断电器的结构
1—固定触点调节螺钉；2—固定触点固定螺钉；
3—托板；4—活动触点臂；5—活动触点臂销钉；
6—活动触点压簧；7—底板。

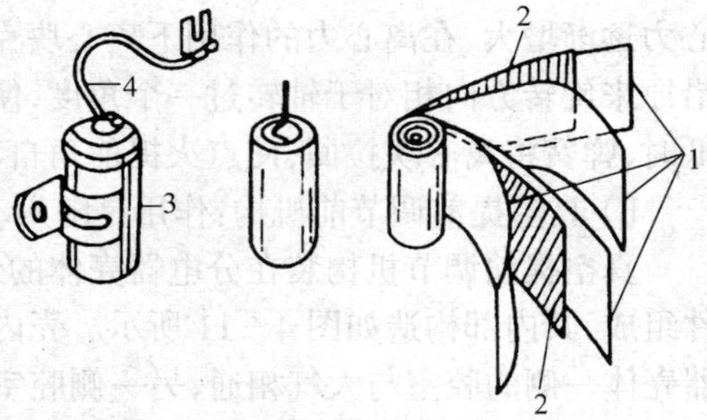

图 4-9 电容器
1—蜡纸；2—铝箔；3—外壳；4—引出线。

（4）点火提前装置：在传统分电器上均设有点火提前装置，包括离心提前调节机构、真空提前调节机构和辛烷值选择器 3 部分。

a）离心提前调节机构：作用是利用离心原理，根据发动机转速的变化而自动改变点火提前角。

离心提前调节机构通常装在断电器固定底板的下部，其结构如图 4-10 所示。在分电器轴上固定有托扳，两个离心块分别套在托板的柱销上，可绕柱销转动。离心块的另一端由弹簧拉向轴心，凸轮与拨板制成一体，凸轮活动地套在轴上，其拨板的长方形孔套在离心块的销钉上，受离心块驱动。当分电器轴转动时，离心块上的销钉即通过拨板带动凸轮转动。轴的上端装有限位螺钉，紧定后仍有一定的轴向间隙，以保证凸轮能和轴作相对转动。螺钉的上面装有浸过润滑油的毛毡，对凸轮与轴之间的接触面进行渗透润滑。

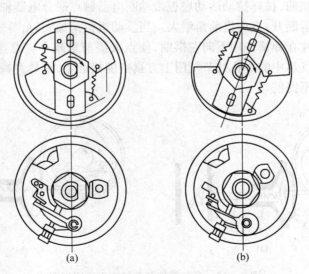

图 4-10 离心提前调节机构的工作原理图
（a）离心提前机构未作用时；（b）离心提前机构工作，凸轮提前顶开触点。

离心提前调节机构的工作情况如图 4-10 所示。当发动机转速升高时，离心块的离心力逐渐增大，在离心力的作用下离心块克服弹簧的拉力向外甩开，销钉推动拨板及凸轮沿原来旋转方向相对于轴转过一个角度，使凸轮提前顶开触点，点火提前角增大。转速降低时，弹簧将离心块拉回，使点火提前角自动减小。

b) 真空提前调节前机构：作用是随发动机负荷的大小自动改变点火提前角。

真空提前调节机构装在分电器壳体的外侧，主要由外壳、膜片、弹簧、拉杆和支架等部件组成，其内部构造如图 4-11 所示。壳内装有膜片，将其内部分成两个腔室。位于分电器壳体一侧的腔室与大气相通，另一侧腔室用管子与化油器节气门下方的小孔相通。膜片中心固装着拉杆，拉杆的一端固装一销钉，断电器活动底板就套装在拉杆的销钉上，因此拉杆运动可带动断电器活动底板转动，转动的最大角度由固定底板的长形槽孔限制。平时，膜片在弹簧的作用下拱向分电器壳体一侧，并通过拉杆，带动断电器活动底板处于原始位置。

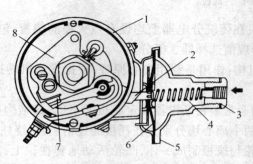

图 4-11　真空提前调节结构

1—外壳；2—拉杆；3—螺母；4—弹簧；5—真空提前机构外壳；6—膜片；7—触点；8—断电器底板。

其工作过程如图 4-12 所示。当发动机负荷小时，节气门开度小，小孔处的真空度较大，吸动膜片向右拱曲，拉杆拉动活动底板带动断电器触点逆分电器轴旋转方向转动一定的角度，使触点提前断开，点火提前角增大。当发动机负荷加大时，节气门开度增大，小孔处真空度减小，膜片在弹簧作用下向左拱曲，使点火提前角减小。怠速时，节气门接近全闭，此时化油器空气道中的小孔处节气门上方真空度接近零，于是弹簧推动膜片使点火提前角减小，可基本不提前。

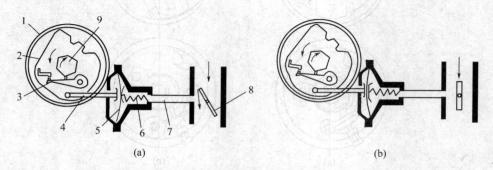

(a)　　　　　　　　　　　　　　　(b)

图 4-12　真空提前调节结构工作原理图

1—分电器壳体；2—活动板；3—触点；4—拉杆；5—膜片；6—弹簧；

7—真空连接管；8—节气门；9—凸轮。

c) 辛烷值选择器:作用是根据不同牌号汽油辛烷值调整点火提前角。它装在分电器下部的壳体上,通过人工转动分电器的壳体,使触点与凸轮作相对移动,从面改变起始点火提前角。辛烷值选择器一般由调节臂、夹紧螺钉及螺母、托架、调节底板、拉杆等组成,其结构如图 4-13 所示。

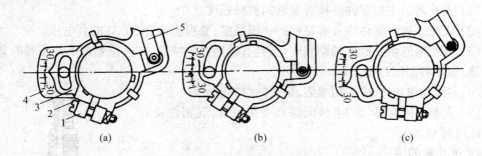

图 4-13　辛烷值选择器结构

(a) 构造;(b) 顺时针转动外壳;(c) 逆时针转动外壳。

1—调节臂;2—夹紧螺钉及螺母;3—托板;4—调节底板;5—拉杆。

当换用不同牌号汽油时,需要改变点火提前角。通常是先将分电器总成的固定螺钉松开,转动外壳,顺分电器轴的旋转方向转动为推迟,逆分电器轴的旋转方向转动为提前。一般每转动一个刻度相当于曲轴转角 2°。

2) 分电器的型号

根据我国行业标准 QC/T73-93《汽车电气设备产品型号编制方法》的规定,分电器的型号组成如下:

| 1 | 2 | 3 | 4 | 5 |

(1) 产品代号:用 2 个或 3 个大写汉语拼音字母表示。分电器的产品代号有 FD、FDW 两种,分别表示有触点分电器和无触点分电器。

(2) 缸数代号:用 1 位阿拉伯数字表示:2-2 缸;4-4 缸;6-6 缸;8-8 缸;9-8 缸以上。

(3) 结构代号:用 1 位阿拉伯数字表示,其含义见表 4-2。

(4) 设计序号:按产品的先后顺序,用 1 位或 2 位阿拉伯数字表示。

(5) 变型代号:以大写汉语拼音字母 A、B、C……顺序表示(不能用 O 和 I)。

表 4-2　分电器结构代号含义

代　号	1	2	3	4	5	6	7
结构形式	无真空调节	拉外壳	拉偏心	拉圆心	无离心	无触点	特殊结构

例如,FD642 型分电器,即为六缸、拉圆心式(即拉断电器底板)、第 2 次设计的分电器。

3. 火花塞

火花塞的作用是将点火线圈产生的高压电引入发动机的燃烧室内,并在其电极间形成火花,点燃可燃混合气。火花塞拧装在发动机气缸盖的火花塞螺孔内,下部电极伸入燃烧室。火花塞受高温、高压负荷以及燃烧产物的强烈腐蚀,工作条件极为恶劣,因此对它的技术性能要求很高。

1) 对火花塞的要求

(1) 火花塞的主要零件必须有足够的机械强度。

(2) 火花塞的绝缘体应具有足够的绝缘强度,要求能承受 30kV 的高电压。

(3) 火花塞能承受温度的剧烈变化,且有适当的热特性,在火花塞的下部不得有局部的过热,也不可温度过低。

(4) 火花塞的电极应采用难熔、耐蚀的材料制成。

(5) 火花塞应有适当的电极间隙和安装位置,气密性良好,以保证可靠地点火。

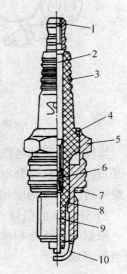

2) 火花塞的结构

火花塞结构如图 4-14 所示,主要由中心电极、侧电极、导电密封剂、瓷质绝缘体、钢壳等组成。

在钢质壳体内部固定有高氧化铝陶瓷绝缘体,在绝缘体中心孔的上部有金属杆,杆的上端有接线螺母,用来接高压导线,下部有中心电极。金属杆与中心电极之间用导电玻璃密封,钢质内垫圈起密封和导热的作用。壳体的上部有便于拆装的六角平面,下部由螺纹拧装在发动机气缸盖内。壳体的下端面固定有弯曲的侧电极,侧电极焊接在钢壳的下端面而搭铁,与中心电极相对。中心电极和侧电极用耐高温、抗氧化、抗化学腐蚀、导电和导热性能良好的镍锰合金钢材料制成。

中心电极和侧电极间具有一定的间隙称作电极间隙。电极间隙对点火装置的工作有着重要的影响,因此,不同形式的点火系统对火花塞的电极间隙均有明确的规定。火花塞的电极间隙一般为 0.7mm ~ 0.9mm;采用电子点火时,一般为 1.0mm ~ 1.2mm。

图 4-14　火花塞的构造
1—接线螺母；2—螺杆；
3—瓷质绝缘体；4—上垫圈；
5—铜壳；6—导电密封剂；
7—密封垫圈；8—下垫圈；
9—中心电极；10—侧电极。

3) 火花塞的型号

根据我国行业标准 ZBT37003-89《火花塞产品型号编制方法》的规定,火花塞产品型号由 3 部分组成,其形式为:

$$\boxed{1}\quad\boxed{2}\quad\boxed{3}$$

(1) 火花塞结构类型:用大写汉语拼音字母表示,各字母含义见表 4-3。在同一产品型号中,需用 2 个拼音字母时,应按其表中所列的先后顺序排列。

(2) 火花塞的热值:用阿拉伯数字表示,热值用数字 1、2、3、4、5、6、7、8、9、10、11 表示。数字小的为热型火花塞,数值大的为冷型火花塞。

(3) 用汉语拼音字母表示火花塞派生产品、结构特征、发火端特性、材料特性及特殊技术要求,见表 4-4。在同一产品型号中,需用 2 个拼音字母时,应按其表中所列的先后顺序排列。

表 4-3　火花塞结构类型

字　母	螺纹规格/mm	安装座形式	旋合螺纹长度/mm	壳体六角对边/mm
A	M10×1	平座	12.7	16
C	M12×1.25	平座	12.7	17.5
D	M12×1.25	平座	19	17.5
E	M14×1.25	平座	12.7	20.8
F	M14×1.25	平座	19	20.8
(G)	M14×1.25	平座	9.5	20.8
(H)	M14×1.25	平座	11	20.8
(z)	M14×1.25	平座	11	19
J	M14×1.25	平座	12.7	16
K	M14×1.25	平座	19	16
L	M14×1.25	矮型平座	9.5	19
(M)	M14×1.25	矮型平座	11	19
N	M14×1.25	矮型平座	7.8	19
P	M14×1.25	锥座	11.2	16
Q	M14×1.25	锥座	17.5	16
R	M18×1.5	平座	12	20.8
S	M18×1.5	平座	19	(22)

表 4-4　火花塞派生产品的特征、特性排列顺序

顺序	字母	特征与特性	顺序	字母	特征与特性
1	P	屏蔽型火花塞	7	H	环状电极火花塞
2	R	电阻型火花塞	8	U	电极缩入型火花塞
3	B	半导体型火花塞	8	V	V型电极火花塞
4	T	绝缘体突出型火花塞	10	C	镍铜复合电极火花塞
5	Y	沿面跳火型火花塞	11	G	贵金属火花塞
6	J	多电极型火花塞	12	F	非标准火花塞

例如,E4T 型火花塞即指螺纹旋入长度为 12.7mm、壳体六角对边为 20.8mm、热值为 4 的 M14×1.25 突出型平座火花塞。

F5RTC 型火花塞即指螺纹旋入长度为 19mm、壳体六角对边为 20.8mm、热值为 5 的 M14×1.25 带电阻及镍铜复合电极的绝缘体突出型平座火花塞。

4）火花塞的热特性与选用

火花塞的热特性,是指其自身固有的热性能(包括吸热、传热、散热)方面的特点。不同结构、不同材料的火花塞,其热特性不同。火花塞热特性可进行定性和定量描述。

定性描述火花塞热特性一般用"冷型"和"热型"。具有较强散热能力的为冷型火花塞;反之,对所吸收的热量难以散发出去的为热型火花塞。

定量描述火花塞热特性用热值,热值表示火花塞在燃烧室内所吸收的热量散出的程

度,是其热特性的相对比较值,旨在把火花塞的冷、热用一组数值来表征,用以确定火花塞热特性的顺序和级别,这组数值是根据《火花塞热值的标定方法》通过一系列特定试验标定的。火花塞的热特性主要决定于火花塞绝缘体裙部的长度,绝缘体裙部长的火花塞,其受热面积大,而传热距离长,散热困难。目前我国是以火花塞裙部长度来标定的,并分别用自然数 1～11 表示。

发动机对火花塞热特性的基本要求是:火花塞工作时既不要出现炽热点火,也不要出现积炭而断火。所以,选用火花塞时,应依据发动机燃烧温度来选择。大功率、高转速、高压缩比的发动机,燃烧温度高,应选用冷型火花塞;反之,小功率、低转速、低压缩比的发动机,燃烧温度低,应选用热型火花塞。

应当指出,火花塞的选用都是由制造厂确定的,火花塞型号规格使用中一般不得随意变换。

火花塞阻尼接线帽是连接火花塞与高压点火线之间的中间体,它可以抑制和衰减点火系统所产生的对无线电设备干扰的电磁波。

4．高压阻尼线总成

高压阻尼线的作用是传输高压电流,此外,还有抑制无线电干扰电磁波的作用。高压阻尼线的类型有 4 种:碳质棒状电阻芯式、石墨浸渍棉纱芯导线式、塑料芯导线式和金属阻丝芯导线式。

1) 碳质棒状电阻芯式

碳质棒状电阻芯式采用石棉等材料制成粉末,真空下加热渗碳后,与酚醛树脂混合,在模具下热压固化成棒状线芯,最后与酚醛塑料外壳装配成阻尼电阻总成。由于制造电阻芯的粉末对人体有害、工艺复杂,且电阻芯的热稳定性和电弧性较差,容易引起故障。因此,此种阻尼线已不再使用。

2) 石墨浸渍棉纱芯导线式

石墨浸渍棉纱芯导线式由棉纱或玻璃纤维线束,内包浸渍石墨和碳黑混合物构成线芯,再外包高压 PVC 塑料装配成阻尼线总成。其优点是制造工艺简单,易于调节(电阻值可由几千欧/米至几十千欧/米),且成本较低,曾一度得到广泛应用。但这种浸渍导电微粒致密度不高,在长期使用后,电阻值不稳,易引起故障,故已不再生产使用。

3) 塑料芯导线式

塑料芯导线式高压阻尼线结构如图 4－15 所示,它采用塑料和橡胶制成 $\phi 2mm$ 的电阻线芯 3,玻璃纤维 2 紧紧地编织在线芯外,最后再外包 47mm～48mm 的高压 PVC 塑料或橡胶等绝缘体 1。其电阻值一般在 $6k\Omega/m$～$25k\Omega/m$。这种高压阻尼线的优点是制造过程易于自动化,成本低,且可制成高阻值线芯。

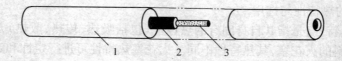

图 4－15　塑料芯导线式高压阻尼线结构

1—高压 PVC 塑料或橡胶；2—玻璃纤维；3—塑料或橡胶制成 $\phi 2mm$ 的电阻线芯。

132

4）金属阻丝式

金属阻丝式阻尼线有两种形式:金属阻丝线芯式,金属阻丝线绕电阻式。

金属阻丝线芯式阻尼线的结构如图 4-16 所示,采用 $\phi0.06mm\sim\phi0.10mm$ 电阻丝 3 有间隙地绕在 $\phi2mm\sim\phi3mm$ 直径的线束上,或绕在含铁淦氧磁粉塑料线芯 4 上,形成阻尼线芯,外包 $\phi7mm\sim\phi8mm$ 高压 PVC 塑料或多层橡胶线体 6,即成阻尼线。外包 $\phi7mm\sim\phi8mm$ 高压 PVC 塑料制成的线体为低阻值阻尼线(一般为 $3.5k\Omega/m\sim5k\Omega/m$),多用于有触点的点火电路中。由多层橡胶制成的线体为高阻值阻尼线(一般 $6k\Omega/m\sim12k\Omega/m$),多用于无触点式电子点火电路中。

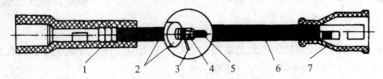

图 4-16　金属阻丝线芯式阻尼线结构

1、7—橡胶护套；2、6—高压 PVC 塑料或多层橡胶；3—电阻丝；4—铁淦氧磁粉塑料线芯；5—绝缘线束。

金属阻丝线绕电阻阻尼线的结构如图 4-17 所示,采用 $\phi0.025mm\sim\phi0.04mm$ 电阻丝有间隙地绕成 $1k\Omega$ 或 $5k\Omega$ 的线绕电阻,由热塑性或热固性塑料注塑成阻尼电阻部件 2 或 5,套上橡胶护套 1 和 4。至火花塞一端的 $5k\Omega$ 的电阻部件还包上金属屏蔽罩 6,另一端为接到分电器或点火线圈的 $1k\Omega$ 的电阻部件,两端用 $\phi7mm$ 多股铜芯电缆高压点火线相连。在点火电路中,自点火线圈输出插口到火花塞共有 4 个阻尼电阻串联,总阻值约 $8k\Omega$。对产生强烈火花的火花塞,不但接上了高阻值电阻,而且还套上金属屏蔽罩与发动机机体接触,使感应产生的电流变成热能消耗。

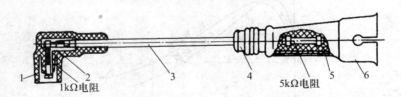

图 4-17　金属阻丝线绕式阻尼线结构

1、4—橡胶护套；2、5—阻尼电阻部件；3—Φ7mm 多股铜芯电缆高压点火线；6—金属屏蔽罩。

4.2.3　传统点火系统的工作特性

1．传统点火系统的工作特性

传统点火系统的工作特性就是指点火线圈所产生的次级电压与发动机转速之间的关系。

断电器触点闭合时,初级电流是按指数规律增长的,如图 4-18 所示,点火线圈所产生的次级电压高低与初级断开电流成正比。当发动机转速增高时,由于断电器触点闭合时间短,初级断开电流小,点火线圈所产生的次级电压低,如图 4-19 所示。转速愈高,触点闭合时间愈短,则次级电压也愈低。可见,传统点火系统次级电压随转速升高而减小的特性,将会使发动机高速工况下点火不可靠。

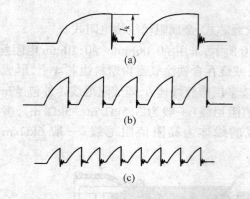

图 4-18　发动机转速对初级电流的影响　　　　图 4-19　传统点火系统的工作特性

（a）$n=600r/min$；（b）$n=1750r/min$；（c）$n=2800r/min$。

当发动机转速很低时,虽然触点闭合时间长,初级断开电流大,但由于触点打开速度慢,触点间会产生强烈的电火花而损失一部分电磁能,且点火线圈内部磁通的变化率很小,因而次级电压也比较低。

2. 影响次级电压的主要因素

1）发动机转速和气缸数

发动机转速升高或气缸数增多时,均会使断电器触点闭合时间缩短,初级断开电流减小,次级电压降低。故传统点火系统不能满足多缸高速发动机可靠点火的要求。图4-20所示为同一点火系统用于 4 缸和 6 缸发动机时,次级电压与曲轴转速的关系。

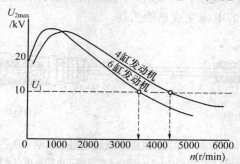

图 4-20　缸数不同时次级电压与转速的关系

2）火花塞积炭

发动机工作时,若化油器调整不当、发动机窜机油或火花塞选择不合适等,在火花塞间隙的绝缘体上会形成积炭而漏电,使次级点火电压降低。积炭相当于给火花塞电极间并联了一个电阻 R_z,如图 4-21 所示,使次级电路构成回路。当积炭严重时,由于泄漏严重,会使次级电压低于火花塞的击穿电压而不点火,迫使发动机停转,积炭所形成的不同泄漏电阻对次级电压的影响如图 4-22 所示。

当火花塞积炭严重而不能点火时,可临时在火花塞与高压导线之间保留 3mm～4mm的附加火花间隙,以提高次级电压,使火花塞正常跳火,称为"吊火"（图 4-23）。这是因为在火花塞的导线中串联一个附加间隙以后,泄漏电流不能产生,而当次级电压达到较高

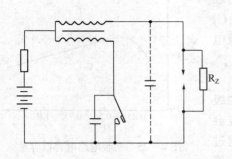

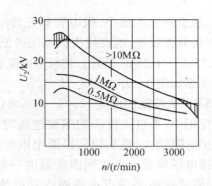

图4-21 火花塞积炭对次级电压的影响 　　　 图4-22 不同泄漏电阻对次级电压的影响

值时，才能同时击穿附加间隙和火花塞间隙，产生火花，点燃可燃混合气（图4-24）。可见，附加火花塞间隙在火花塞积炭时能起改善点火的作用。但这种方法不能长期使用，以免点火线圈负担过高而损坏。此外，因为是在缸外跳火，使用时应注意防火安全。

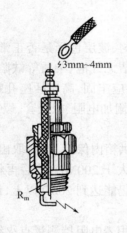

图4-23 火花塞吊火

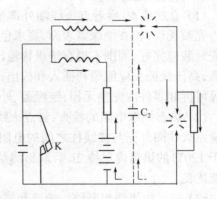

图4-24 带有附加火花间隙的点火电路

3）断电器触点间隙

当断电器触点间隙增大时，触点的闭合角度减小，闭合时间缩短，初级断开电流减小，因而次级电压降低。当断电器触点间隙过小时，虽然触点闭合角度增大，闭合时间增长，初级断开电流增大，但由于触点打开时火花强烈且持续时间长，损耗了大部分电磁能且使磁通变化率减慢，同样也使次级电压降低。因此，使用中应按制造厂的规定正确调整，一般触点间隙为 $0.35mm \sim 0.45mm$。

4）初级电路电容

点火系的电容包括初级电路电容（并联电容器电容）C_1 和高压电路中的分布电容 C_2。分布电容 C_2 由点火系统的结构决定，理论上当 $C_1 = 0$ 时，次级电压最大，但实际上 C_1 不能过小，C_1 过小次级电压反而会降低。因为当 C_1 过小时断电器触点间火花增强，既容易烧蚀触点又消耗了一部分电磁能，使磁通变化率减小，因而次级电压降低。C_1 过大时,触点间火花虽小,但电容器充放电的周期较长,磁场消失减慢,也会使次级电压降低。一般 C_1 在 $0.15\mu F\sim 0.25\mu F$ 为宜。初级电路电容与次级电压的关系如图 4-25 所示。

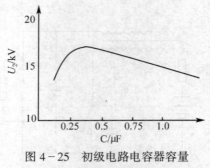

图 4-25　初级电路电容器容量对次级电压的影响

5) 点火线圈的温度

使用中,当点火线圈的温度过高时,由于初级线圈的电阻增大,使初级回路断电电流减小,也会使次级电压降低。点火线圈的温度一般不能超过 80℃,温度过高会使点火线圈内部的绝缘物质熔化,绝缘性能降低。

4.2.4　传统点火系统主要元件的故障及检修

1. 点火线圈的故障与检修

点火线圈的故障主要有初、次级绕组断路、短路和搭铁,绝缘盖破裂漏电,附加电阻烧断或短路等。

1) 点火线圈的检查

(1) 直观检查:察看点火线圈外部油漆涂膜是否均匀、镀层色泽是否正常、型号标志是否完整无误;检查绝缘盖表面,要求色泽均匀,表面光洁无气泡、杂质等缺陷,绝缘盖与外壳封装应完好,周围不得有绝缘物溢出;各接线柱焊接应牢固,高压插座孔螺钉应密封可靠,高压线插头应能顺利插入和拔出;支架、接线插片、附加电阻、橡胶套、螺钉、螺母、垫片等可拆卸零件应完整无损,绝缘盖、外壳不得有裂损等。

(2) 热态绝缘电阻的检查:将点火线圈放入 80℃ 的烘箱内保持 2h 后取出,用电阻表测量点火线圈外壳与接线柱之间的电阻值,要求其值应大于 200MΩ;然后再将点火线圈置于 120℃ 的烘箱内保持 2h 后取出测量,其绝缘电阻值仍能达到 200Ω 以上,说明其绝缘性能优良。

(3) 初、次级绕组断路、短路和搭铁的检查:用万用表电阻挡测量点火线圈初、次级绕组以及附加电阻的电阻值,电阻值应在制造厂规定的范围之内,表明点火线圈良好,否则说明有故障。然后用交流试灯检查初级绕组与外壳是否搭铁,将交流试灯的一只测试头接初级绕组接线柱,另一只测试头接外壳,如试灯亮,表示初级绕组与外壳间搭铁。

2) 点火线圈的试验

点火线圈经上述检查后,还必须进行发火强度试验,才能确实证明其工作性能是否良好。

试验点火线圈发火强度,可在机械装备电气万能试验台或点火系统试验台上进行。若无上述设备,可根据实际情况自制一简单的手动高压点火试验装置,进行简易试验,也可就车进行试验。其各种试验方法简述如下。

(1) 台架试验:按规定装好分电器等所需部件,并接好各装置之间的连接线,将点火线圈的高压线接到试验台的三针放电器上。三针放电器如图 4-26 所示,具有两个主电极 A、C 和一个第三电极 B,其中主电极 A 搭铁,主电极 C 接高压线,第三电极 B 在主电

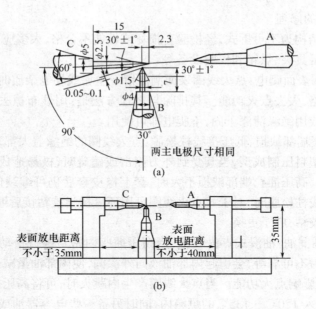

图 4-26　三针放电器

C 的锥形头旁边,不与其它电极连接,在电压升高时,它和主电极 C 之间形成小火花,以促使主电极间隙中气体电离,从而使击穿电压比较稳定。移动电极 A 可以改变主电极 A、C 之间的间隙。试验时,先将三针放电器的间隙调整到 7mm,然后起动电动机,使分电器低速运转,待点火线圈温度升高到工作温度(60℃~70℃)时,再提高分电器的转速至 1500r/min,点火线圈所产生的次级电压若在 30s 内能连续击穿三针放电器的间隙(火花无中断现象),则点火线圈工作性能良好(在三针放电器中,击穿 1mm 的间隙所需的电压为 1500V);若火花微弱并有间断现象,说明点火线圈性能不良。

(2) 手动简易试验:将蓄电池、被试点火线圈、电容器、断电器(即手动开关)等按图 4-27所示接好试验电路,闭合断电器(即手动开关),然后使其迅速断开,此时点火线圈高压线端应产生 9mm 以上的火花,说明点火线圈性能良好;否则为发火性能不良。

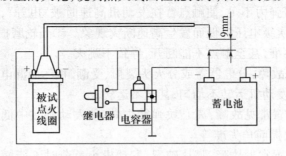

图 4-27　手动高压点火简易电路

(3) 就车试验:是在发动机上用试火法对点火线圈性能进行粗略检查的一种方法。在车上试验时,蓄电池必须充足电,使发动机在 3000r/min 下空转,拔下某缸火花塞上的高压线,使其端头距缸体 5mm~6mm,若火花连续无间断,且各缸均如此,为点火线圈性能良好;否则为性能不良。

3) 点火线圈的修理

点火线圈的结构为不可拆式,经检验若损坏或性能不合格,大多应更换。修理点火线圈必须具备专用工具夹、烘箱和校验设备等。

(1) 点火线圈表面爬电:点火线圈表面潮湿留下尘垢或导电杂质时,使用中就会出现表面爬电形成炭路,失去点火功能。其排除与修理方法是:用砂布擦去炭化表面,打光后再涂上环氧树脂或用绝缘清漆干固,不爬电即可使用。

(2) 高压插座端部缺损、低压接线柱松脱:点火线圈的绝缘盖大都采用酚醛树脂或模压树脂等热固性塑料压制成型,当其受到外力撞击或磕碰时,极易造成接线柱脱落、高压插孔缺损或开裂。高压插孔端部缺损不大时,套上橡皮套后仍可继续使用;缺损严重者,应报废。低压接线柱松脱时,对干式点火线圈可用环氧树脂胶粘接后继续使用,对油浸式点火线圈则不宜胶粘,应予更换。

(3) 点火线圈漏油:油浸式点火线圈,当高压插座内密封螺钉松动、低压接线柱松动或外壳封装处密封不可靠等,会引起内部油液向外渗漏,使内部油量减少,绝缘性能降低,产生内跳火,从而影响点火功能。当点火线圈产生内跳火时,可将高压插孔内密封螺钉拧出,将点火线圈放入 120℃～135℃ 的烘箱内,同时另备一些电容器油或 45 号变压器油也放入烘箱内加热 1h,采用医用注射器作灌油工具,把油吸入注射器后,再将针头插入孔内的接触弹簧片内,直至注满为止,待点火线圈冷却到 40℃～60℃ 时,拧紧中心密封螺钉。灌油后的点火线圈在室温时,其内部油平面应略高于铁芯平面,经测试后即可使用。

2. 分电器的故障与检修

1) 分电器常见故障

(1) 断电器常见故障:①触点表面氧化、烧蚀。当电容器失效或容量选择不当(太小)时,由于触点之间产生强烈的电火花,会使触点表面氧化、烧蚀。触点表面氧化、烧蚀后,由于接触不良,将使初级电流减小,次级电压降低。②触点间隙调整不当。触点间隙过大,则触点闭合时间短,初级断开电流减小,使次级电压降低,发动机可能在高速时缺火,并且触点提前打开,使点火时间提前;触点间隙过小,触点闭合时间虽增加,但由于触点分离不彻底,在触点间产生火花,也会使次级电压降低,并且触点打开过晚,还会使点火时间推迟。③触点臂弹簧弹力不足,使触点臂在发动机高速时被"甩开",触点不能及时闭合,因而初级电流减小,次级电压降低而发生高速断火现象。④凸轮磨损不均或传动轴松旷,致使各缸点火时间不准,甚至触点不能断开,导致不跳火。

(2) 配电器常见故障:分电器盖或分火头裂损、受潮、积污而漏电,引起发动机"缺火"和"错火"现象,致使发动机运转不均匀,甚至不运转。

(3) 离心调节装置常见故障:离心块弹簧失效,使发动机在中低速时,点火提前角过大,拨板销磨损,点火提前角失准等。

(4) 真空调节装置常见故障:膜片破裂,发动机小负荷时不能增大点火提前角,膜片弹簧弹力减小,使点火提前角过大等。

2) 分电器的检修

(1) 触点的检修:触点电压降的检查、触点的检修、触点臂弹簧弹力的检查与调整、触点间隙的检查与调整及触点的更换等。

触点电压降的检查:将直流电压表的正极接于分电器低压接线柱上,负极接其外壳而搭铁。闭合点火开关,摇转发动机曲轴使断电器触点闭合,观察电压表上的读数,若读数小于0.2V,说明触点良好。

触点的检修:触点表面应平整、光洁,接触面积不得少于80%,触点厚度应不小于0.5mm。当触点厚度大于0.5mm,而触点表面有轻微烧蚀时,可用00号细砂布打磨;如烧蚀严重以致表面凹凸不平时,应拆下并在细油石上加少许机油磨平;触点厚度小于0.5mm时,应予更换。

当一触点材料转移到另一触点,形成一边凹陷、一边凸起时,说明电容器损坏。

触点的中心线应重合,不可歪斜,偏移不得超过0.20mm,如图4-28所示。若上下有偏移,可借活动触点臂的上、下垫片加以调整;若左、右有偏移,可用钳子扭动固定触点支架加以校正。

触点臂弹簧弹力的检查与调整:触点闭合时,用弹簧秤的挂钩拉住活动触点的尖端,沿着触点的轴向拉动弹簧秤,当触点刚刚分开时,弹簧秤上的读数即为触点臂弹簧弹力,其值一般应为5N～7N。若弹簧弹力不符合规定,则应通过改变弹簧片固定与固定螺栓的相对位置或弯曲弹簧片予以调整。

触点间隙的检查与调整:打开分电器盖,转动曲轴,使凸轮的凸角顶开触点到最大开口间隙的位置,然后用厚薄规测量间隙(图4-29),其值一般为0.35mm～0.45mm,即用0.35mm的厚薄规插入后感到松旷,而用0.45mm的厚薄规插入时感到稍紧为合适。如不合规定,可旋松触点底板的固定螺钉,再拧转偏心螺钉进行调整。最后拧紧触点底板固定螺钉,并复查触点间隙,如不符合规定,应重新调整。在调整中,应注意到凸轮各个棱角的磨损,如磨损不均,应以磨损最小的来校正。

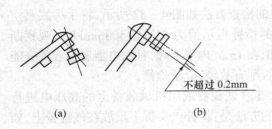

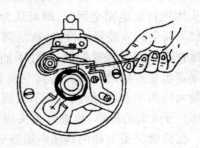

不超过0.2mm

(a)　　　　　(b)

图4-28　触点接触不良的情况　　　图4-29　断电器触点间隙的检查

(a)触点歪斜;(b)触点偏移。

触点的更换:断电器触点经长期使用和修磨之后,其厚度小于0.5mm时,即应换用新断电器组件。

(2)分电器凸轮的检修:磨损情况的检查:分电器凸轮工作面应光洁,各顶端对轴孔轴线的径向跳动应不大于0.03mm。检查方法是:用游标卡尺测量各对角磨损处的直径,然后与标准尺寸对比,一般其磨损量不得超过0.4mm,否则应予更换。如果各个凸角使触点打开的间隙相差0.05mm以上,说明凸轮已磨损不均,也应更换。

凸轮与分电器轴间隙应不大于0.03mm,如超过应修理或更换。

(3)分电器轴及衬套的检修:分电器轴与衬套的配合间隙一般为0.02mm～0.04mm,最大不超过0.07mm。其检修方法是用虎钳夹住分电器壳体,使千分表触针垂直顶在轴的上部,然后沿触针的轴线方向推、拉分电器轴,如图4-30两直箭头所示,测得的最大间隙不应大于上述数值。否则,应更换衬套。更换时,新衬套与座孔应具有0.02mm～0.20mm的过盈;而衬套与轴的配合间隙可用铰削方法来达到。

分电器轴的径向跳动应不大于0.05mm。检查方法是:按图4-30中弯箭头所示的方向转动分电器轴,触针的摆差不应大于0.05mm,否则应校直。

分电器轴轴向间隙的检查:用手上、下推拉分电器轴,如图4-31所示,其上下窜动间隙不应超过0.25mm。如窜动间隙过大,可在分电器壳与驱动齿轮或轴下端的固定环(靠插头驱动的)之间换装加厚垫片,加以调整。

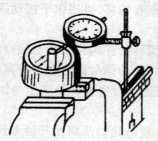
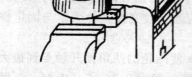

图4-30　分电器轴与衬套配合间隙的检查　　　图4-31　分电器轴轴向间隙的检查

分电器轴下端插头磨损超过0.30mm时,应更换或修理。横销松旷时,应换新横销。

(4)离心调节装置的检修:当离心调节装置的重块销钉或断电器凸轮横板上的长方形孔磨损以及弹簧失效时,会导致离心调节装置动作不灵活而出现发卡的故障。其检查方法是:用手捏住分火头,左、右各扭动一次(注意扭动角不要超过10°),若每次放手后,分火头均能自如地完全回正,即可认为无故障,否则应解体进行检修。

(5)真空调节装置的检修:真空调节装置的检查方法如图4-32所示,将手握式真空吸筒接在真空调节装置管端,握住手柄,使表的指针指示值为53kPa(400mmHg),观察断电器固定盘是否随之转动。若真空表上指示值在1min内不下降,且断电器底板或外壳能保持最大转角不退回,则真空调节装置良好;否则有故障,应予检修。

(6)分火头的检修:检查分火头可利用火花塞试验器或用机械装备上的高压电进行检查。在机械装备上利用高压电检查分火头的方法是:将分火头拆下反放在气缸盖上,如图4-33所示,使金属导电片与缸盖接触而搭铁,然后将点火线圈的高压线端头放在距分火头座孔约7mm～8mm处,接通点火开关,用手拨动断电器触点使它一开一闭。此时,若高压线端头与分火头座孔之间有火花跳过,则表明分火头已漏电搭铁,应予更换。

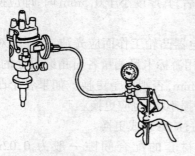
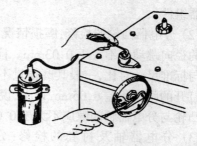

图4-32　真空调节装置的检查　　　　　图4-33　分火头的检查

(7) 分电器盖的检查:用肉眼仔细检查分电器盖,如有裂缝、缺损,应予更换。若分电器盖各导电柱间有条状纹痕,表示导电柱间漏电,也应予更换。

在机械装备上用高压电检查分电器盖是否有裂纹而漏电的方法:首先将火花塞上的高压线全部拔下,并将分电器盖打开而悬空,一手拿着所有的高压分线,使其端头距机体3mm～4mm;然后用另一只手拨动活动触点臂,如图4-34所示,使其一开一闭,若高压线端头与机体间有火花跳过,说明中央高压线插孔与分高压线插孔间漏电。检查分缸高压线是否漏电的方法与上述基本相同,但应拔下分电器盖上的所有高压线,把中央高压线插在任意分高压线的插孔中,并在其两边邻近的分线插孔中各插入一根分高压线,如图4-35所示,使其端头距气缸体约3mm～4mm,然后拨动触点,观察高压线与机体间有无火花跳过。若有火花,说明所检查的分线插孔之间已击穿漏电。其它分线插孔的检查方法与此相同。分电器盖漏电时,应予更换。

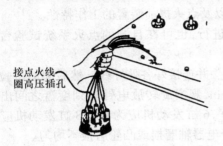
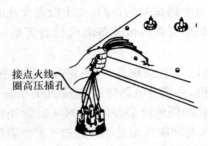

图4-34 分电器盖中央高压线插孔 与分高压线插孔漏电检查　　　图4-35 分电器盖分高压线插孔漏电检查

机械装备在行驶途中分电器盖击穿漏电时,可用胶、蜡烛或从蓄电池上刮下一些沥青熔化后涂在清洁过的裂缝上使其绝缘暂用。

3) 分电器的装配

(1) 将所有检修合格的待装零件清洗干净并吹干。

(2) 将离心调节装置离心托板装于分电器轴上,在离心块轴销上涂润滑油,装入离心块和弹簧,并使离心块活动自如,两弹簧张力应均匀一致(用机油润滑离心块上的销钉和弹簧钩)。

(3) 将止推垫圈套在分电器轴上,在轴及止推垫表面涂上润滑油,然后插入分电器壳体的衬套中。

(4) 用工艺销代替铆钉将传动齿轮(或联轴器)装于分电器轴的尾端,用厚薄规测量分电器壳体轴头端面与传动齿轮(或联轴器)端面之间的间隙,其规定间隙值应为0.08mm～0.25mm。若不符合要求,可选择适当厚度的轴向间隙调整垫片进行调整。拔出工艺销,用铆钉铆住传动齿轮(或联轴器)。

(5) 在分电器轴上端涂上润滑油,将凸轮与离心调节器横板组件套在分电器轴上端,并将离心块销钉插入横板长孔。拧动凸轮,各部动作应灵活,无阻滞现象。在分电器轴端,装入限位片或限位卡环,以防凸轮轴向窜动,然后放入毛毡块,并滴2滴～3滴润滑油。

(6) 装入断电器固定盘,将真空调节器拉杆钩挂在固定盘上,装好卡环或开口销。

（7）将断电器装于固定盘上，在润滑凸轮用的毛毡上滴 1 滴～2 滴机油，在分电器轴润滑脂油杯内加入润滑脂。

（8）检查与调整分电器，检查分电器轴与衬套的配合间隙；检查与调整触点臂弹簧弹力；检查与调整断电器触点间隙。

（9）擦净分火头内外表面，然后将其套在凸轮上方。

（10）检查清洁分电器碳精触点表面，按动碳精棒，其复位弹簧应能使其在孔中自由滑动。

（11）将分电器盖上的缺口对准壳体上的凸起，用钩簧夹将其夹牢于壳体上。

装配好的分电器，应在机械装备电气万能试验台上或其它专用试验器上检查性能，合格者即可装车使用。

4）分电器的试验

分电器试验的目的，在于检查火花的周期性以及点火提前装置的工作特性。

试验可在机械装备电气设备万能试验台上进行，也可在自制的点火系统试验台上进行。

（1）火花周期性试验：将分电器装在试验台上，并连接好各处导线。然后起动试验台电动机，并把分电器转速调到 200r/min～250r/min，观察旋转放电针与刻度盘之间出现的火花间隔角度是否均匀，对 4 缸发动机应为 90°，6 缸发动机应为 60°，8 缸发动机应为 45°，火花间隔角偏差不应超过 ±1°。否则，说明分电器轴磨损或凸轮磨损不均匀。

（2）离心提前机构的试验：先将分电器转速调整到最小转速（150r/min～200r/min），再将刻度盘的零点对准一个火花，然后按技术规范所定的标准逐渐提高转速，并记下刻度盘上火花移动的角度（即点火提前角）。若不符合标准，可扳动弹簧支架，改变弹簧拉力或更换弹簧，予以调整。

（3）真空提前机构的试验：使分电器以最高转速旋转，在离心式调节装置提前角不变的情况下，开动试验台上的真空泵，观察在规定真空度下，点火提前角是否符合技术规范所定的标准。若不符合标准，可通过增减真空式调节装置接头处的垫片，以改变膜片弹簧的张力，予以调整。

3．电容器的故障与检修

电容器的常见故障有绝缘击穿而短路、绝缘不良而漏电以及引出线断路等。

1）电容器的故障检查

检查电容器的方法有以下几种，可根据具体情况选用。

（1）感觉法：打开分电器盖，接通点火开关，转动曲轴使触点闭合，一手摸电容器外壳，另一手拨动触点臂使触点分开。若手有麻木的感觉，说明电容器已击穿而短路。

（2）比较法：打开分电器盖，拔下分电器中央高压线，使其端头距缸体 6mm～8mm，转动曲轴使触点闭合，接通点火开关，拨动触点臂，观察火花强弱。拆除电容器引线重新试火，若高压火花明显减弱，说明电容器良好；若两次跳火强度一样或基本一样，说明电容器失效。

（3）跳火法：将电容器引线从分电器上拆下悬空（或将拆下的电容器放在气缸盖上使其外壳搭铁、引线悬空），拔下分电器高压线，并使其端头距离电容器引线 4mm～6mm，接通点火开关，用手拨动断电器触点，使其一开一闭约 3 次～5 次，此时在高压线端头与电容器之间应有火花跳过。然后再将电容器引线对其外壳自放电,若出现蓝色的强烈火花,说明电容器良好;若无火花,说明电容器击穿。当用手拨动触点时,高压线端头与引线间若无火花跳过,说明电容器内部引线断路。

(4) 交流试灯法:在交流 220V 电源引线中串接一只 15W～25W 的灯泡,用两只测试端头分别触及电容器的外壳和引线。若此时试灯亮,表明电容器短路。若试灯不亮,可将测试端头移去,然后将电容器引线与外壳相碰,若有强烈火花,表明电容器良好;若无火花,表明电容器内部断路。

2) 电容器的检修

经检查发现电容器损坏后,一般均换新而不予修复。但若机械装备在途中行驶,也可将机械装备电喇叭上的电容器拆下代用。

4. 火花塞的故障与检修

1) 火花塞常见故障及原因

火花塞的常见故障有:过热、严重积炭、电极严重烧蚀、绝缘体破裂、漏气和侧电极开裂等。

(1) 过热:火花塞裙部正常温度应当在 450℃～850℃。当火花塞裙部的温度超过900℃时,容易出现炽热点火,使汽油机的工况严重恶化。因此,通常以火花塞裙部的温度来判断火花塞是否过热。

当火花塞裙部呈棕褐色时,表明温度正常;当火花塞裙部呈灰白色时,表明温度过高,火花塞过热;当火花塞裙部出现金属状熔珠时,表明严重过热。

引起火花塞过热的原因可分为两类:火花塞本身的原因,火花塞以外的原因。

火花塞本身的原因有:火花塞的热特性值太小,所用火花塞太热。由于不同型号的汽油机,其点火装置对火花塞型号均有明确的规定,因此火花塞过热,常常是由于未按规定型号更换火花塞所造成的。火花塞安装固定不牢固,影响火花塞经气缸盖向外散热,使火花塞因散热不良而过热。火花塞漏气,当火花塞漏气或火花塞与气缸盖之间因密封不良而漏气时,泄漏的高温气体会加热火花塞使其出现过热。

火花塞以外的原因有:点火提前角过大,进入气缸内的可燃混合气过稀,发动机散热不良(即过热),汽油的辛烷值过低等。

当火花塞过热时,特别是因过热而出现炽热点火时,必须找出原因排除故障。汽油机在炽热点火的工况下继续运转是十分有害的。

(2) 严重积炭:积炭是由于气缸内游离炭在火花塞上沉积所造成的。当火花塞严重积炭时,会引起电流的大量泄漏使火花塞的电火花变得微弱,甚至无火。当火花塞严重油污时,也会出现与严重积炭相同的故障。

引起火花塞严重积炭的主要原因是:进入气缸的可燃混合气过浓、发动机窜机油和火花塞裙部温度过低等。

可燃混合气过浓时,燃料不能充分燃烧,油污和游离炭会大量沉积在火花塞上。

所谓可燃混合气过浓是指可燃混合气中汽油的含量过高,空气的含量过低。可燃混合气过浓通常是由于汽油机供油系统不正常造成的。

火花塞裙部温度过低时,则不能较充分地烧除油污和积炭。火花塞裙部温度过低的主要原因是火花塞的热特性偏冷,热特性值太大。应选用热特性值较小的火花塞。

（3）电极跨连：当火花塞电极上的油污和积炭或其它污损物堆积到一定程度时，即会使两电极短路，这种现象称作电极跨连。电极跨连后，火花塞不能产生电火花。

电极跨连是火花塞受到污损的最严重的表现，清除污损物后，火花塞即可恢复工作能力。

（4）电极严重烧蚀：火花塞的两电极在工作中会逐渐有所烧蚀，在定期保养时应对电极间隙进行调整，使烧蚀后的两电极保持规定的间隙。当两电极严重烧蚀，使电极间隙难以调整合格时，应更换火花塞。

（5）绝缘体破裂：通常是由于机械性碰撞或强烈振动造成的。绝缘体破裂除会影响绝缘体的绝缘性能和密封性能外，还容易使发动机因绝缘体碎片的落入而造成机械事故。

（6）漏气：火花塞漏气通常是由于绝缘体与壳体之间松动或绝缘体与中心电极之间松动引起的。当在外露的绝缘体上出现明显的黑色条纹时，通常表明火花塞严重漏气。火花塞漏气会使火花塞沿漏气部位出现积炭而影响火花塞的正常工作，同时还会使火花塞过热并影响气缸的密封性。

（7）侧电极开裂：侧电极通常焊接在火花塞的壳体上，当侧电极在焊接部位或其它部位有开裂的迹象时，必须更换火花塞。

2）火花塞的清洁

清洁火花塞的主要内容有：清理螺纹积垢、清洗火花塞表面和清除火花塞积炭等。

可用刷丝直径小于 0.15mm 的钢丝刷刷去火花塞螺纹沟槽中的积垢，清理螺纹积垢。用汽油或酒精清洗火花塞瓷芯表面，保证瓷芯与壳体内腔无异物，刷净全部表面。火花塞积炭的清除应用火花塞清洁器采用喷砂的方法清除，如无清洁器时，也可用非金属刮片清除，但严禁用金属片或钢丝刷清除。

3）火花塞电极间隙的检查与调整

火花塞间隙一般为 0.7mm～0.9mm。火花塞电极间隙应采用圆形量规测量，不宜使用普通厚薄规测量，因为当侧电极上制有凹坑时，普通厚薄规不能测量出真实间隙值。

火花塞间隙不当时，应用如图 4-36 所示的特制测量调整工具来弯曲侧电极进行调整。

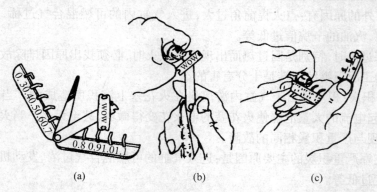

图 4-36　火花塞间隙的测量与调整
（a）测量调整用工具；（b）调整火花塞间隙；（c）测量火花塞间隙。

4）就车判断火花塞跳火好坏

（1）短路法：在发动机低速运转时，用起子将被检查的火花塞短路。若发动机运转不

144

均匀度增加,振动增大,表示被检火花塞工作良好。若发动机转速不变或变化不明显,应检查与火花塞相连的高压线输出是否良好,若输出正常,则表明火花塞有故障不跳火。

(2)吊火法:将火花塞接线柱上的高压线拆下,使其尾端与接线柱相距 4mm～5mm,使高压电同时击穿线尾与接线柱、火花塞电极间隙,若发动机工作立即好转,表明火花塞积炭严重而不跳火。

(3)对比法:将怀疑有故障的火花塞拆下,换装工作正常的火花塞,起动发动机,并观察其运转情况。若换后发动机工作情况好转,说明原火花塞有故障不跳火。

(4)经验法:发动机工作时,用手摸火花塞绝缘部分,若温度明显地低于其它火花塞,说明该火花塞不跳火。也可以从气缸盖上旋下火花塞,观察其裙部,若电极处有湿润的油迹,说明火花塞不跳火。

4.2.5 传统点火系统的使用与维护

1.点火系统的正确使用

(1)点火线圈应置于通风良好、离地面较高、距分电器较近的位置,以利散热,防止水溅入,并缩短高压线长度,减小高压电磁波的辐射面,降低对无线电的干扰。

(2)当发动机停转时,应及时切断点火电源,使点火开关处于"0"或"OFF"位置,以免蓄电池长期向点火线圈放电。

(3)更换或维修点火线圈,切记要装上高压耐油橡胶套,以防止灰尘、杂物进入高压插孔内。

(4)当点火线圈附加电阻烧断时,应立即更换同规格的附加电阻,不要将其短路。

(5)同一台发动机不允许混用不同型号的火花塞,或用其它型号的火花塞代替。

(6)要经常保持火花塞的清洁干净和正常工作,火花塞瓷芯表面应为白色或很淡的棕色。

2.点火正时的调整与检查

为了保证发动机气缸内的可燃混合气在正确的时间被点燃,安装分电器时,必须使它和活塞的相对位置正确,这一工作称为"点火正时"。

1)点火正时的调整

点火正时调整的具体方法,随发动机的型号不同而略有不同,一般步骤如下。

(1)检查断电器触点间隙,应在规定的范围内(0.35mm～0.45mm)。

(2)找出第一缸压缩行程上止点位置。方法是:拆下第一缸火花塞,用大拇指(或用布团或将火花塞倒插入孔内)堵住火花塞孔,摇转曲轴,当感到有较大压力(或布团被冲掉或火花塞跳动)时,再慢慢转动曲轴,使正时记号对准,如图 4-37 所示。

(3)使断电器触点处于刚张开的位置。松开分电器外壳上的固定螺钉,拔出中央高压线,使其端头距缸体 3mm～4mm。接通点火开关,将分电器外壳沿凸轮旋转方向转动,使触点闭合。再反向转动,当中央高压线与缸体之间跳火时,即为所需位置。随后拧紧分电器外壳上的固定螺钉,扣上分电器盖,装回火花塞。

(4)按发动机的点火顺序插好分缸高压线。第一缸的高压线应插在正对分火头的旁电极座孔内,然后顺着分火头的旋转方向,按发动机点火顺序插好其余各缸的高压线。

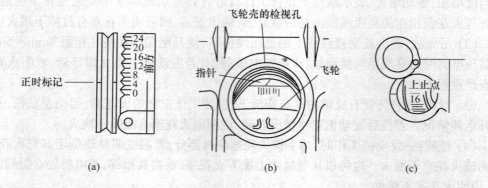

图 4-37 正时记号

(a) 标记在曲轴带轮上；(b) 标记在飞轮壳上；(c) 标记在离合器外壳上。

2) 点火正时的检查

（1）发动机空转检验：起动发动机，使水温上升到 70℃～80℃，并在发动机怠速运转时突然加速，如发动机转速能迅速增加，仅有轻微的爆燃敲击声并立即消失，表明点火时间正确。如爆燃敲击声严重，表示点火过早。如发动机转速不能随节气门打开立刻升高，感到"发闷"，排气管出现"突突"声且冒黑烟，则为点火过迟。

（2）路试检验：起动发动机，待发动机水温上升到 70℃～80℃，在平坦道路上以直接挡行驶，突然将加速板踩到底，直到车速不再增加为止，如果在车速急增时能听到轻微的敲击声且很快消失，表明点火时间正确。如果听到有明显的金属敲击声，表示点火过早；如果加速时感到"发闷"，表示点火过迟。

点火过迟，应逆分电器轴的旋转方向转动分电器壳体。点火过早，应顺分电器轴的旋转方向转动分电器壳体。经反复试验，直至合适为止。

4.2.6 传统点火系统主要故障及判断

1. 发动机不着火

1) 故障现象

发动机不着火或突然停转。

2) 故障原因

（1）蓄电池无电或存电不足，极桩脏污，接头松动。

（2）低压电路断路或短路。

（3）点火开关损坏。

（4）断电器触点严重烧蚀或过脏，触点间隙过大或过小，使触点不能闭合或断开。

（5）点火线圈或电容器损坏。

（6）分火头或分电器盖损坏。

（7）中央高压线脱落、老化或潮湿而漏电。

（8）点火正时不对，高压线插错。

3) 检查方法和步骤

（1）先检查蓄电池供电是否正常。方法是按下喇叭按钮或开大灯，如喇叭不响，大灯不亮,则应检查蓄电池到电流表之间的连接导线是否松脱或导线有无断路之处,蓄电池到搭铁之间有无断路或搭铁不良,以及蓄电池是否无电等。如喇叭响,大灯亮,说明蓄电池存电正常,并且从蓄电池到电流表之间的电路也良好。

(2) 判断故障在低压电路还是在高压电路。方法是拔出分电器中央高压线,使其端头距气缸体 6mm～8mm,接通点火开关,摇转曲轴,观察高压线端头跳火情况。

如火花强烈,说明低压电路和点火线圈良好,故障在配电器、火花塞、高压导线等高压电路部分。判断高压电路故障的方法是装回中央高压线,再从火花塞上拆下高压线头,使其端部距缸体 3mm～4mm 进行试火,如跳火很强,说明配电器和高压线正常,故障在火花塞或点火正时不准;如无火花,说明故障发生在配电器或高压线(绝缘损坏或潮湿漏电)。

如无火花,说明故障在低压电路或点火线圈。低压电路的故障判断方法是开闭断电器触点,观察电流表的指针摆动情况及读数,若电流表的指针指示 3A～5A 并间歇摆动,则低压电路良好,说明故障在点火线圈,或电容器损坏或中央高压线脱落漏电;若电流表指针指示零不摆动,表明低压电路有断路;若表针指示 10A 以上不动,则为电流表至点火线圈之间的电路中有搭铁;若表针指示 3A～5A 不动,表明点火线圈"−"接线柱到断电器触点臂间有搭铁(活动触点臂搭铁或低压接线柱搭铁)或电容器短路。

2. 发动机运转不均匀,排气管中发出"突突"声并冒黑烟

1) 故障现象

发动机工作时运转不均匀,排气管排出黑烟,并发出有节凑的"突突"声,甚至放炮或化油器回火。

2) 故障原因

(1) 高压分线脱落、受潮漏电或错乱。

(2) 火花塞潮湿、积炭过多或绝缘体击穿漏电。

(3) 分电器的旁插孔漏电,座孔锈污而导电不良。

(4) 分电器触点间隙调整不当或凸轮磨损不均,分电器轴松旷。

(5) 高压火花过弱。

3) 检查方法和步骤

(1) 找出缺火的气缸:用一旋具将火花塞接线柱逐个搭铁短路,根据听觉判断,如将某缸的火花塞搭铁短路后,发动机的振动加大,而且从排气管处也能听到更加明显的异常声响,则说明此缸工作正常;若发动机并没有任何反应,则说明此缸缺火。

另外,根据火花塞的温度也可以判断,不着火气缸的火花塞温度常低于正常工作着的火花塞。

(2) 找出缺火的原因:将缺火气缸的火花塞高压线拆下,使线端离火花塞接柱 3mm～4mm(即"吊火"),发动机工作时,如有连续的火花,说明故障在火花塞。如有了这个附加间隙后,火花塞开始正常工作,表明火花塞原来有积炭,加了间隙后,使火花塞上的电压提高,积炭被烧去而变得清洁了;如有了附加间隙,工作无变化,则应拆下火花塞进行检查。

如无连续的火花,表明高压线或分电器盖有故障。这时应将高压线一端装回火花塞,而从分电器盖旁插孔中拔出它的另一端,把线端放在座孔上 2mm～3mm 处,如果发动机工作时间隙中有连续的火花,表示高压线的绝缘有损坏;如无火花,则分电器盖漏电。

如几个气缸同时不着火,应从分电器盖中央插座孔中拔下高压线,使线端离座孔2mm~3mm,进行跳火试验。如有火,表示高压电供应正常,而分电器盖绝缘不良,或几个火花塞有故障;如有断续跳火现象,表明断电器、电容器或点火线圈有故障,可按不能起动的故障检查。

3．发动机动力不足

1）故障现象

突然加大油门时,发动机转速不能随之迅速提高,反而感到"发闷"无力,甚至产生发动机过热、排气管放炮或化油器回火、起动困难等故障。

2）故障原因

（1）点火时间过迟。

（2）断电器触点间隙过小或烧蚀。

（3）个别缸火花塞有故障。

（4）电容器开路或漏电。

（5）分电器盖或分火头漏电。

（6）点火线圈内部短路等。

3）检查方法和步骤

（1）检查分电器外壳固定螺栓是否松动:用手转动分电器外壳,如能转动,则应检查是否由于分电器外壳固定螺栓松动,从而引起点火时间过迟。

（2）检查点火时间是否过迟:用手逆着分火头旋转方向转动分电器外壳,如发动机工作情况好转,说明点火时间过迟。

（3）检查触点表面及触点间隙:触点表面如烧蚀不平应予打磨。用厚薄规检查触点间隙是否过小,如间隙过小,则应进行调整。

（4）上述检查后,如发动机仍运转无力,则应按图4－38法进行检查和排除。

4．发动机起动时反转,加速时爆震

1）故障现象

发动机在突然加速时,发出"嘎、嘎"的类似金属敲击声,摇转曲轴时有反转现象,怠速维持不住或发抖。

2）故障原因

点火时间过早或触点间隙过大。

3）检查方法和步骤

（1）检查点火时间是否过早:首先检查分电器外壳固定螺栓是否松动,如外壳松动不能紧固,也可引起点火时间过早,应紧固外壳。顺着分火头旋转方向转动外壳,发动机工作情况好转,则为点火时间过早。

（2）检查触点间隙是否过大:用厚薄规检查分电器触点间隙,若间隙过大,应予调整。

5．发动机高速运转不良

1）故障现象

发动机怠速或低速运转时正常,但高速运转时不平稳,排气管放炮。

148

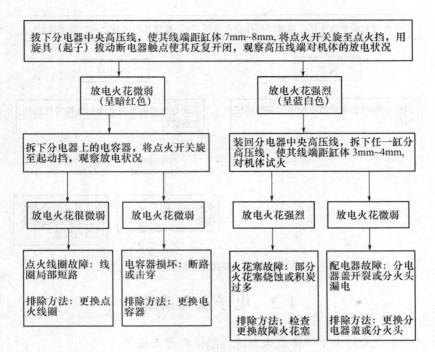

图 4-38　故障检查与排除

2）故障原因

触点间隙过大或触点臂弹簧弹力不足,活动触点臂绝缘套管装配过紧,火花塞间隙过大或点火线圈、电容器工作不良等。

3）检查方法和步骤

从火花塞上拆下高压线,使其端头距离气缸体 7mm～8mm,起动发动机,并逐渐提高其转速,观察跳火情况。

（1）如有断火现象,应进一步检查分电器。打开分电器盖,慢慢摇转曲轴,检查触点间隙是否过大。若间隙正常,将触点闭合,用手拨动触点试火,如高压火花很强,并不断火,说明活动触点臂的弹簧片过软或其绝缘胶木与轴装配过紧。

（2）如火花弱,跳火距离短,应检查触点是否烧蚀或接触不良,触点头的铆接是否松动以及点火线圈和电容器的工作是否良好。

6.点火开关旋至起动挡时,发动机能起动,旋回点火挡时,发动机即熄火

1）故障现象

点火开关旋至起动挡,发动机能顺利起动,但点火开关松开回至点火挡时,发动机立即熄火。

2）故障主要原因

（1）点火线圈附加电阻或附加电阻线断路或松脱。

（2）点火开关损坏。

（3）点火开关至点火线圈的点火引线损坏。

3）检查方法和步骤

见图 4-39。

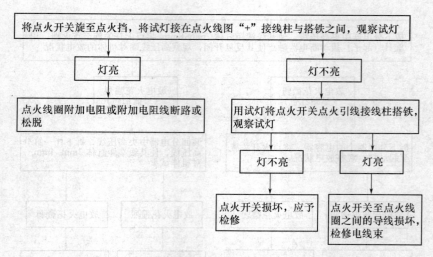

图4-39 故障检查与排除

4.3 电子点火系统

电子点火系统又称为半导体点火系统或晶体管点火系统。

4.3.1 电子点火系统的优点与类型

1. 传统点火系统缺点

(1) 断电器触点容易烧蚀。

(2) 次级电压及火花能量受限。

(3) 高速易断火。

(4) 对火花塞积炭敏感。

传统点火系统由于存在以上缺点,已明显不能适用现代机械装备发动机向高转速、高压缩比的发展需求,也不能满足近年来为了减少空气污染,改善混合气的燃烧情况,提高点火电压及点火能量的需求。

2. 电子点火系统的优点

(1) 以晶体管取代断电器触点,可增大初级电流断开值,有效地提高点火电压。

(2) 晶体管开关速度高,高压形成迅速,同时由于无触点烧蚀,电磁能量能得到充分利用,火花能量增大,点火可靠。

(3) 减小了火花塞积炭的影响,点火可靠性增强。

(4) 点火时间精确,混合气燃烧完全,在稀混合气下也能保证正常点火,发动机的经济性和动力性好。

(5) 能适用现代高转速、高压缩比发动机的发展需求,有利于发动机向高速发展。

(6) 对无线电干扰小,结构简单,重量轻,体积小,使用维护方便。

3. 电子点火系统类型

1) 按储存能量的方式分

(1) 电感蓄能式点火系统:点火系统产生高压前,从电源获取的能量是电感线圈以磁场能的形式储存的。

(2) 电容蓄能式点火系统:点火系统产生高压前,从电源获取的能量是以电场形式储存在专门的储能电容中的。

目前主要采用电感储能式点火系统。

2) 按有无触点分

(1) 有触点式电子点火系统:用装在分电器内的触点的开、闭作为功率三极管或晶闸管的触发信号,来控制点火线圈初级电流的通断。

(2) 无触点电子点火系统:用信号发生器的触发信号控制电子点火控制器(点火组件或点火模块),点火控制器把信号发生器产生的信号进行处理,再去控制点火器内功率三极管来完成初级电路的通断。

3) 按点火信号产生的方式分

(1) 磁感应式电子点火系统:利用电磁感应原理,改变磁路磁阻,使通过感应线圈的磁通量发生变化,在感应线圈内产生交变电动势,以此作为点火信号。

(2) 霍尔效应式电子点火系统:利用霍尔效应原理,改变通过霍尔元件磁感应强度,产生脉动的霍尔电压,以此作为点火信号。

(3) 光电式电子点火系统:随遮光转子的转动,发光二极管照射到光敏二极管上的光线发生变化,光敏二极管便产生点火脉冲信号。

以上 3 种点火系均属于电感蓄能式电子点火系。由于光电式电子点火系受外界环境影响较大,点火信号电压很不稳定,现已很少采用。

4.3.2 有触点电子点火系统

这是最早出现的电子点火系统,其基本组成是在传统点火系统的初级电路中增加了一个电子控制装置,用传统的断电器来控制电子控制装置中晶体管的导通与截止,以控制点火线圈初级电流的通断。其结构如图 4-40 所示。

当触点闭合时,三极管 V_1 的基极与发射极短路,故 V_1 截止。这时电源通过 R_2、V_3 向大功率三极管 V_2 提供基极电流使 V_2 导通,于是电源电流便经点火线圈初级绕组 W_1、附加电阻 R_f、V_2 的集电极、发射极至搭铁构成回路,点火线圈初级电路接通。

当触点打开时,电源通过 R_3 向 V_1 提供基极电流,使 V_1 导通。V_1 导通时,则 V_2 截止,点火线圈初级绕组的电流迅速中断,磁场迅速消失,于是在次级绕组 W_2 中产生点火的高压。

与传统蓄电池点火系统相比,这种点火系统的优点是触点寿命长(因流过触点的电流很小,约 1A),次级电压高(因 V_2 的开关速度快)。但由于仍存在触点表面烧蚀、凸轮及顶

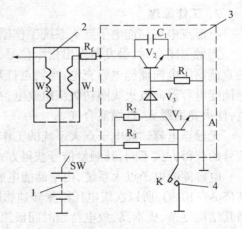

图 4-40 国产 BD-71 型有触点
电子点火装置

1—蓄电池;2—点火线圈;
3—电子控制装置;4—断电器触点。

块的磨损以及高速时触点臂的颤动现象,限制了断电器的工作速率。因此,很快就被无触点的电子点火系统所取代。

4.3.3 电容储能式电子点火系统

电容储能式电子点火系统不同于传统点火系统和电感储能式电子点火系统,它用于产生电火花的能量不是以磁场的形式储存在点火线圈中,而是以电场的形式储存在专门的储能电容中,当需要点火时,储能电容向点火线圈初级绕组放电,在次级绕组中感应出高压电动势,使火花塞跳火。

1. 基本组成

电容储能式电子点火系统一般由直流升压器、储能电容、开关元件(可控硅)、可控硅触发器以及点火线圈、分电器等组成,其原理电路如图4-41所示。

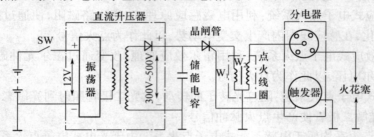

图4-41 电容储能式电子点火系统原理电路图

直流升压器一般包括振荡器、变压器和整流器三部分,其作用是将12V的低压直流电转变为交流电并升压,再经整流器整流为300V~500V的直流电,向储能电容充电。

储能电容用来储存产生电火花的能量,其电容量一般为 $0.5\mu F\sim2\mu F$。

可控硅起开关作用,它由触发器在规定的点火时间触发,以实现点火。触发器可分为有触点式和无触点式两种。

2. 工作原理

有触点电容储能电子点火系统工作原理如下:

当触点闭合时,触发器发出指令信号,使可控硅关断,直流升压器输出300V~500V的直流高压电向储能电容充电;当触点打开时,触发器也发出指令信号,使可控硅导通,于是储能电容器向点火线圈初级绕组放电,在次级绕组中同时感应出20kV~30kV的高压电,使火花塞跳火,点燃混合气。

无触点电容储能电子点火系统的工作原理与上述基本相同,其主要区别仅在于触发信号的获得方式不同,其触发信号获得方式有磁脉冲式、霍尔式、光电式等。

电容储能电子点火系统,由于储能电容充、放电时间很短,且可控硅开关动作速率极高($5\mu s\sim10\mu s$),所以次级电压不受转速影响,因而高速点火性能好,且能量利用率高。但因其结构复杂、成本高、放电持续时间极短等,故使用较少,仅用于高速汽油机上。

4.3.4 电感储能式电子点火系统

电感储能式电子点火系统在结构组成方面与传统点火系统相比,增加了点火信号发生器和电子点火器,去掉了断电器。

1. 磁感应式电子点火系统

磁感应式电子点火系统是目前应用比较广泛的一种电子点火系统,主要由磁感应分电器、电子点火控制器(点火模块)、高能点火线圈和火花塞等组成。各种车型使用的磁感应分电器和电子点火控制器不同,下面着重介绍几种典型车型使用的磁感应电子点火系统。

1) 解放 CA1091(CA1092)型汽车磁感应电子点火系统

解放 CA1091(CA1092)型汽车磁感应式电子点火系统由 WFD663 磁感应式分电器、6TS2107 型电子点火控制器、JDQ172 型高能点火线圈和火花塞等组成,如图 4-42 所示。

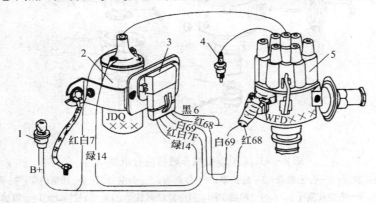

图 4-42 CA$_{1092}^{1091}$型汽车磁感应式电子点火系组成

1—点火开关;2—高能点火线圈;3—电子点火控制器;4—火花塞;5—磁感应分电器。

(1) 磁感应分电器:主要由磁感应点火信号发生器、离心提前装置、真空提前装置和配电器四部分组成,其结构如图 4-43 所示。

磁感应点火信号发生器装于分电器内,其组成和安装如图 4-44 所示,底板 7 和传感线圈 3 固定在分电器壳内,定子 4、塑性永磁片 5 和导磁片 6 三者用铆钉铆合后套在底板的轴套上,并受真空调节装置拉杆的约束。定子和信号转子上均有与发动机气缸数相同的 6 个爪,且 6 个爪之间的角度误差很小。当转子爪与定子爪对齐时,两爪之间留有约 0.3mm~0.5mm 的间隙;塑性永磁片充磁后,一个表面为 N 极,另一个表面为 S 极。信号发生器的磁路为:塑性永磁片的 N(S)极→定子→定子爪与转子爪之间的空气隙→转子→传感线圈铁芯→导磁片→塑性永磁片的 S(N)极。

当转子轴带动信号转子转动时,磁路的空气间隙即不断变化,使穿过传感线圈的磁通量也发生变化,从而在传感线圈内产生交变的感应电动势。图 4-45 所示为转子爪与定子爪处于不同相对位置时,穿过传感线圈的磁通 ϕ 及其产生的感应电动势随转子转角变化的规律。从图 4-45(c)中可以看出,在 A 位置,转子爪处于相邻两个定子爪之间,此时空气间隙最大,磁阻最大,穿过传感线圈铁芯的磁通最小,感应电动势为零;在 B 位置,转子爪开始与定子爪接近,此时,磁通量增加的速率最大,感应电动势达到最大值;在 C 位置,转子爪与定子爪对齐,磁路的空气间隙最小,穿过传感线圈铁芯的磁通最大,但磁通的变化率为零,使感应电动势减小到零;在 D 位置,转子爪刚离开定子爪,此时,磁通量减小的速率最大,使线圈的感应电动势反向达到最大值;E 位置的情况与 A 位置相同。转子每转一周,产生 6 个交变信号,其幅值与转速成正比。

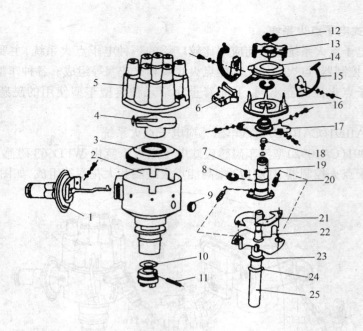

图4-43 CA$^{1091}_{1092}$型汽车磁感应分电器结构

1—真空提前装置；2—分电器壳；3—防护罩；4—分火头；5—分电器盖；6—插座护套；7—圆柱销；
8、12—挡圈；9—调整孔塞子；10、24—耐磨垫圈；11—弹性圆柱销；13—信号转子；14—传感器线圈；
15—固定夹；16—定子组件；17—底板式；18—油毡；19转子轴；20—拉簧；21—离心飞块；
22—托板；23—尼龙垫；25—分电器轴。

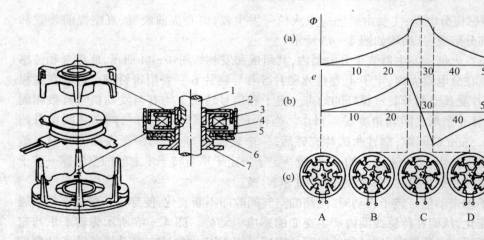

图4-44 磁脉冲信号发生器组成及安装
1—转子轴；2—信号转子；3—传感线圈；4—定子；
5—塑性永磁片；6—导磁片；7—底板。

图4-45 传感线圈内磁通及感应电动势的变化
(a) 传感线圈内磁通的变化；
(b) 传感线圈内感应电动势的变化；
(c) 转子爪与定子爪相对位置角变化。

　　信号发生器的输出波形与转子旋转方向、永磁片的充磁方向、传感线圈的绕向等有关。图4-46所示为转子正、反转时传感器输出的波形。信号发生器输出的脉冲电压信号，被送至电子点火控制器，以控制与点火线圈初级绕组相串联的大功率达林顿三极管的导通和截止，使次级产生点火高压。为保证发动机点火有精确的角度位置关系，一般都选

154

择脉冲电压信号陡峭段(ab 段)中的某点来触发点火。

　　磁脉冲信号发生器的基本工作原理是:利用电磁感应原理,将运动速度转换成传感线圈的感应电动势输出,并采取了使信号转子爪、定子爪和发动机气缸数相等的办法,来产生磁脉冲信号。它工作时不需要电源,而是将分电器轴输入的机械能转变成脉冲的电能,同时利用不损失的永久磁铁的磁能来传递能量。其优点是输出功率大、性能稳定、制造容易等,因而被广泛采用。

　　离心调节装置的组成如图 4-47 所示,分电器轴 9 和托板 8 压装在一起,信号转子 1和凸轮 4 固定在转子轴 2 上,转子轴套装在分电器轴 9 的上端,且能绕分电器轴转动。两个离心飞块 7 分别松套在柱销 6 上,两根拉簧 5 分别挂在挂销 3 和挂杆上。

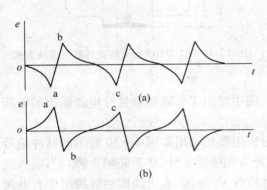

图 4-46　传感器输出波形
(a) 转子反转；(b) 转子正转。

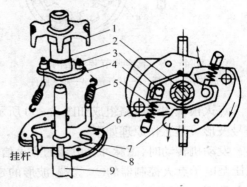

图 4-47　离心调节装置的结构和工作原理
1—信号转子；2—转子轴；3—挂销；4—凸轮；
5—拉簧；6—柱销；7—离心飞块；
8—托板；9—分电器轴。

　　当分电器轴随发动机转动时,通过柱销 6、离心飞块 7 和凸轮 4 驱动转子轴 2 旋转。飞块旋转时将产生离心力,转速越高,飞块的离心力越大。当飞块的离心力大于拉簧的拉力时,飞块便绕着柱销 6 向外甩开,其圆弧面顶着凸轮 4,使本来随分电器轴同步旋转的转子轴 2 相对于分电器轴朝前转过一个角度,从而使信号转子爪提前与定子爪对齐,电信号在时间上提前出现,并通过电子点火控制器实现提前点火。

　　两根弹簧的刚度不同,一根刚度小,另一根刚度大。当调节装置停止时,刚度小的拉簧预先被拉紧;当分电器轴旋转时,刚度小的拉簧先起作用;转速达到一定值时,刚度大的拉簧也同时参加工作;当转速再进一步上升到飞块与托板上的挡杆相碰时,离心提前装置便不再起作用。

　　真空调节装置的结构如图 4-48 所示,当发动机在部分负荷下工作时,膜片 1 在真空吸力作用下向左移动,拉杆通过拉杆销拉动定子组件逆着分电器轴的旋转方向转动一定角度,使信号转子爪与定子爪提前对齐,电信号在时间上提前出现,通过电子点火控制器实现提前点火。

　　该分电器的配电器部分与传统触点式分电器相同,不再赘述。

　　WFD663 型磁脉冲分电器的性能参数见表 4-5。

　　(2) 电子点火控制器:也称点火模块,解放 CA1091(CA1092)采用美国摩托罗拉公司生产的 6TS2107 型电子点火模块,其外形尺寸和连接方式如图 4-49 所示。它用厚膜混合集成电路工艺制成,其接线如下:②、③端接收来自磁脉冲分电器传感线圈的信号;⑤接电源正极;⑥接点火线圈"-"接柱;①搭铁。

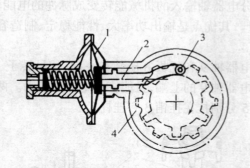

图 4-48 真空调节装置结构
1—膜片;2—拉杆;3—拉杆销;4—定子组件。

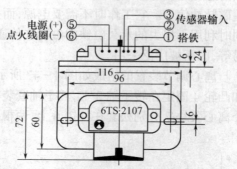

图 4-49 6TS2107 点火模块外形及接线方式

点火模块内部电路组成如图 4-50 所示,图中给出了要求磁脉冲分电器输出的电压信号波形。其工作原理如下:

发动机转动时,磁脉冲分电器的点火信号发生器便输出如图 4-50 所示的脉冲信号电压至电子点火控制器的②、③端,波形的走势为先缓慢上升,然后陡峭下降。当输入波形上升到一定值时,与点火线圈相串联的达林顿管 V_1 导通,点火线圈初级绕组中有电流流过,其电流流向为:蓄电池正极→点火开关→B^+点火线圈初级绕组 W_1→电子点火控制器 6 端→V_1 集电极、发射极等搭铁。当输入信号电压陡峭下降到 -100mV 左右时,达林顿管 V_1 截止,切断初级绕组 W_1 中的电流,于是次级绕组中便产生点火高压经配电器等给需要点火的气缸点火。分电器轴每转一周,信号发生器产生 6 次交变信号,初级电路接通、切断 6 次,点火线圈次级绕组感应出 6 次点火高压,通过配电器使各缸轮流点火 1 次。

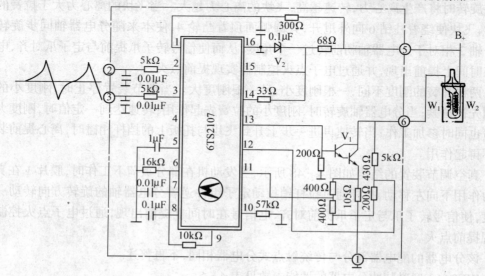

图 4-50 6TS2107 点火模块电路图

156

表 4 - 5　CA1091/1092汽车主要点火装置性能参数

名　称			性 能 参 数				
脉冲分电器	磁脉冲传感器	工作温度/℃	$-40\sim85$				
		质量/kg	1.15				
		旋转方向	顺时针				
		空气传感 间隙/mm	$0.3\sim0.5$				
		电阻/Ω	$600\sim800$				
		线圈 电感/H	0.8				
		输出信号周期/(°)	60 ± 0.5				
		输出信号幅值/100kΩ	$200/7.5\pm2(r\cdot min^{-1})/V$				
		正、负峰间距离	$15°\pm2°$				
	离心调节装置特性	转速/(r/min)	200	600	1000	1400	1500
		提前角/(°)	0	7 ± 0.75	10 ± 0.75	13 ± 0.75	13 ± 0.75
	真空调节装置特性	真空度/kPa	10	14	20	34	40
		提前角/(°)	0.5	2.5 ± 0.75	6 ± 0.75	10 ± 0.75	10 ± 0.75
高能点火线圈		初级绕组电阻/Ω	$0.7\sim0.8$				
		初级绕组电感/mH	$7\sim7.5$				
		次级绕组电阻/kΩ	$3\sim4$				
		次级绕组电感/H	$14\sim16$				
	与6ST2107配合工作时	次级电压	50pF 负载时≥25kV				
			50pF//1MΩ 负载时≥19kV				
			上升率>600V/μs				
		火花能量/mJ	≥70				
电子点火控制器		工作温度/℃	$\sim30\sim125$				
		电源电压/V	$6\sim24(10V\sim16V$ 保证性能)				
		负载瞬变电压	峰值80V,时间常数 250ms				
		发电机励磁衰减瞬变电压	峰值 $-90V$,时间常数 25ms				
		瞬变电压	峰值$\pm150V$,时间常数 3μs				

　　该电子点火控制器除具有上述基本功能外,还具有如下辅助功能:恒流控制功能,在发动机转速和电源电压变化(10V～16V)时,电子点火控制器可将点火线圈初级绕组的电流值限制在 $5.5A\pm0.5A$,以防电流过大烧坏点火线圈和电子点火控制器,并可使点火能量恒定,以实现恒能点火;失速慢断电功能,如果由于某种原因而使发动机停转,且点火开关仍然接通时,电子点火控制器可在0.5s之内缓慢切断点火线圈初级电流,以避免点火线圈和电子点火组件长期通电而烧坏,同时又可防止误点火;低速推迟输入信号功能,可使发动机起动时推迟点火,以实现发动机顺利起动,改善起动性能;过电压保护功能,当电源电压超过30V时,能自动切断点火系统初级电路,使发动机停止工作,以保护电子点火控制器等。

　　电子点火控制器的性能参数见表4-5。

(3)点火线圈:该车采用JDQ172型开磁路无附加电阻的高能点火线圈,其静态参数见表4-5。

2)东风EQ1090型汽车磁感应电子点火系统

东风EQ1090型汽车磁感应电子点火系统主要由JFD667型无触点磁脉冲分电器、JKF667型电子点火组件、JDQ667型点火线圈和火花塞等组成,其线路连接如图4-51所示。

JFD667型无触点磁脉冲分电器仍保留了传统的配电器、离心式和真空式调节装置,但与传统分电器的根本区别是用磁脉冲式点火信号发生器取代了断电器。

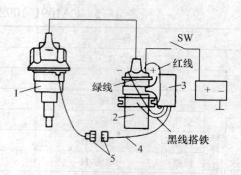

图4-51 EQ1090型汽车电子点火系组成
1—分电器;2—点火线圈;3—电子点火组件;
4—屏蔽信号线;5—插接器。

磁脉冲信号发生器由信号转子1、定子2、永久磁环3、传感线圈4以及导磁碗5等组成,如图4-52所示,信号转子装于分电器轴上,信号转子和定子上各具有与发动机气缸数相等的凸齿,当信号转子随分电器轴转动时,其上的凸齿与定子凸齿之间的空气间隙便发生周期性的变化,使穿过传感线圈的磁通也发生周期性的变化,于是在传感线圈内部便产生交变的信号电压,该信号电压输入电子点火组件后,即可控制点火线圈初级电路的通断。电子点火基本电路如图4-53所示,当接通点火开关S时,蓄电池经R_4向V_1提供基极电流使V_1导通,V_1的集电极(B点)电位降低,接近0V,此时V_2、V_3截止,这样即使点火开关接通,只要分电器轴不转动,点火线圈初级绕组内就无电流流过,可防止因点火开关接通而使点火线圈过热及蓄电池放电的现象发生。

当传感线圈内输出的是负信号电压时,电流经$V_5 \rightarrow R_2 \rightarrow V_6 \rightarrow R_1$加在A点的反向偏压使$V_1$截止,此时,$V_2$、$V_3$导通,于是点火线圈初级绕组中有电流流过。当传感线圈输出为正信号电压时,电流经$R_1 \rightarrow V_4 \rightarrow R_4 \rightarrow V_1$的基极、发射极,使$V_1$导通,$V_2$、$V_3$迅速截止,切断点火线圈的初级电流,于是次级感应出高压,再由配电器分配到各缸火花塞,使火花塞跳火,点燃混合气。

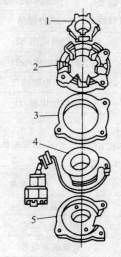

图4-52 JFD667型分电器磁脉冲信号发生器
1—信号转子;2—定子;
3—永久磁环;4—传感线圈;
5—导磁碗。

2. 霍尔效应式电子点火系统

霍尔效应式电子点火系统是利用霍尔效应原理,改变通过霍尔元件磁感应强度,产生脉动的霍尔电压作为点火信号。它主要由内装霍尔信号发生器的分电器、点火控制器、点火线圈、火花塞等组成。

图4-54为霍尔效应示意图。霍尔触发器也称霍尔元件,是一个带有集成电路的半导体基片。当外加电压作用在触发器两端时,便有电流I通过半导体基片。如果在垂直

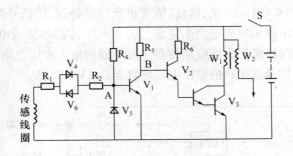

图 4-53　电子点火基本电路

于电流 I 的方向上同时外加磁场 B 的作用,则在垂直于电流 I 和外加磁场 B 的方向上,半导体基片两端产生电压 U_H,这一现象称为霍尔效应,该电压称为霍尔电压。霍尔电压与通过霍尔元件的电流和磁感应强度成正比,与基片的厚度成反比。利用这一效应制成了霍尔式信号发生器。

如图 4-55 所示,霍尔式信号发生器主要由霍尔触发器、带窗口的信号转子和永久磁铁组成。信号转子与分电器同步转动。

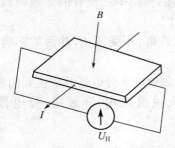

图 4-54　霍尔效应示意图

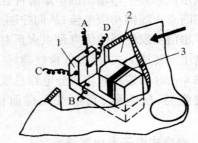

图 4-55　霍尔式信号发生器结构原理图
1—霍尔触发器;2—信号转子;3—永久磁铁。

霍尔式信号发生器工作原理如图 4-56 所示。当位于图 4-56(a)所示状态时,信号转子的叶片处在霍尔触发器和永久磁铁之间,永久磁铁的磁场被信号转子的叶片旁路而迅速减弱,磁感应强度 B 随之迅速下降,导致霍尔电压趋近于零。当位于图 4-56(b)所示状态时,信号转子的窗口和霍尔触发器正对,永久磁铁的磁感应强度 B 最大,使霍尔电压瞬时达到最大值。

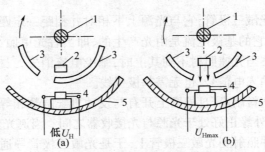

图 4-56　霍尔式信号发生器工作原理如图
(a)磁感应线被转子叶片旁路;(b)磁感应线通过转子缺口。
1—分电器轴;2—永久磁铁;3—信号转子叶片;4—霍尔触发器;5—分电器外壳。

由于霍尔电压为毫伏(mV)级,因此,需要进行信号处理,把信号放大并转换为矩形脉冲(方波),这一任务由霍尔集成电路来完成。图 4 – 57 为霍尔集成电路的工作原理方框图。当霍尔电压为零时,霍尔集成电路使霍尔发生器的输出电压急剧上升至数伏;而当产生霍尔电压时,霍尔信号发生器的输出电压则降至 0.4V ~ 0.5V。

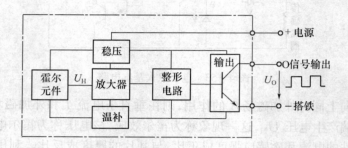

图 4 – 57　霍尔集成电路的工作原理方框图
U_H—霍尔电压;U_0—输出电压。

霍尔信号发生器输出的矩形脉冲控制点火控制器的大功率三极管的导通与截止,接通和切断点火线圈初级电流,从而控制点火系统的工作。

霍尔信号发生器的优点是点火正时、精度高、耐久性好,不受灰尘、油污的影响,并且霍尔电压与转速无关,所以低速性能好。

图 4 – 58 为霍尔效应式分电器总成的结构图。霍尔效应式分电器总成主要由霍尔式信号发生器、配电器、真空点火提前机构、离心点火提前机构、屏蔽罩、分电器盖等组成。

3.光电式电子点火系统

光电式电子点火系统是利用光电效应原理,借光束进行触发产生点火信号,再通过电子点火控制器控制发动机点火的,主要由光电式分电器、电子点火控制器、点火线圈、火花塞等组成。

光电式分电器内装有光电式信号发生器,其结构如图 4 – 59 所示,它主要由遮光盘、光源和光敏三极管等组成。

光源是一只发光二极管,固定在光源架上方,当其中有电流通过时则发出光束并用半球形透镜聚集。

光接收器为一只光敏三极管,它与光源上下相对并相距一定距离。光敏三极管的工作不同于普通三极管,它的基极电流是由光产生的,即当有光束照在其上时,基极就有电流流过,三极管就导通;当光速照射不到其上时,基极电流消失,三极管即截止。可见,光敏三极管的基极不必输入电信号,也无需基极引线。

遮光盘用金属或塑料制成,盘外圆上开有与发动机气缸数相等的缺口。遮光盘安装在分电器轴上方,盘的外缘正好处于光源与光接收器之间。当遮光盘随分电器轴转动时,缺口处便有光束通过并照射到光敏三极管上,于是光敏三极管导通,输出电信号;当遮光盘实体部分处于光源与光敏三极管之间时,挡住了光束,光敏三极管截止,无电信号输出。显然,分电器轴每转一周,光电式信号发生器便产生与发动机气缸数相同的电信号。

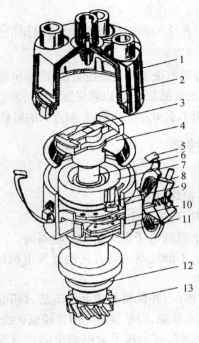

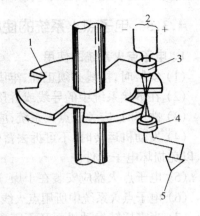

图 4-58 霍尔式分电器

1—屏蔽罩；2—分电器盖；3—分火头；4—防尘罩；5—弹簧夹；
6—分电器轴；7—触发叶轮；8—真空提前机构；9—霍尔元件；
10—离心提前机构；11—分电器客体；12—橡胶密封圈；
13—驱动齿轮。

图 4-59 光电式信号发生器

1—遮光盘；2—电源；3—光源；
4—光接收器；5—输出信号。

电子点火控制器的作用是接收光电式信号发生器产生的电信号，并将其放大，以控制大功率三极管接通和切断点火线圈初级电路。

光电式电子点火系统的工作原理如下：

如图 4-60 所示，接通点火开关，发光二极管 V_1 便发出光束。发动机工作时，遮光盘随分电器轴转动，当遮光盘上的缺口通过光源时，光束通过缺口照射到光敏三极管 V_2 上，使其导通，V_3 也随之导通。V_3 导通后，给 V_4 提供基极电流，使 V_4 导通，V_4 导通时，V_5 由于发射极被短路而截止，V_5 截止时，V_6 由于 R_8、R_6 的分压获得偏流而导通，于是接通了点火线圈的初级电路。当遮光盘的实体部分遮住光束时，V_3、V_4 截止，V_5 导通、V_6 截止，切断了点火线圈初级电路，于是在次级绕组中便产生高压而点火。

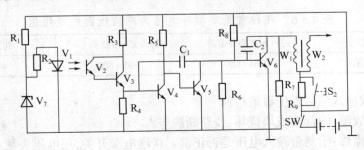

图 4-60 光电式电子点火系统工作原理图

稳压管 V_7 的作用是稳定发光二极管 V_1 的工作电压。

R_7 的作用是当 V_6 截止时,吸收初级绕组中产生的瞬时自感电动势,以保护 V_6。

C_1 起正反馈作用,用以加速 V_4、V_5 的翻转速度。

光电式电子点火系统的优点是光电触发信号只取决于遮光盘位置(即曲轴位置)而与发动机转速无关,故在发动机转速很低时,仍能发出正常触发信号,以确保发动机可靠点火;其次是结构简单、成本低。但当灰尘覆盖在光源外表面时,会减小光通量,影响点火的可靠性。

4.3.5 电子点火系统的使用与部件检修

1. 电子点火系统的使用

(1) 安装时,接线必须正确、牢固,否则极易损坏电子点火器。

(2) 在拆接系统中的导线或拆接检测仪器时,应先关闭点火系统。

(3) 洗车时,应关闭点火系统,应尽量避免水溅到电子点火器和分电器内。

(4) 发动机运转时,不可拆去蓄电池连接线,不能用刮火的方法检查发电机的发电情况,以免损坏电子元件。

(5) 电子点火器应安装在干燥、通风良好的部位,并保持其表面的清洁,以利散热。

(6) 电子点火系统中所用点火线圈为高能点火线圈,应尽量避免用普通点火线圈代用。

(7) 当需摇转发动机而又不需要发动机起动时,应先拔下分电器上的中央高压线并将其搭铁,决不允许点火线圈在开路状态下工作。

(8) 点火信号线与高压线应分开放置,以免干扰电子点火器工作。

(9) 高压导线必须连接可靠,否则高压电极易击穿分电器盖及点火线圈绝缘层。

2. 电子点火系统的部件检修

1) 磁感应式信号发生器的检修

(1) 常见故障:信号传感线圈短路、断路;转子轴磨损偏摆或定子移动,使转子与定子间相对位置发生变化。

(2) 故障检修:①检查、调整信号转子齿与线圈铁芯之间的间隙值。可用厚薄规进行测量,该间隙的标准值大约为 0.2mm~0.4mm。如不符合,可用与触点式分电器调整间隙类似的方法来进行调整。②测量传感线圈的电阻值。用万用表电阻挡测量与分电器相连的两根导线之间的电阻值。在测量时,可用旋具轻敲分电器壳,以检查其内部有否松旷和接触不良的故障。如电阻值为无穷大,说明感应线圈有断路,一般断路点多在导线接头处,过大过小都需更换信号发生器总成。几种常见车型分电器内感应线圈的电阻值如表4-6所列。

表4-6 几种常见车型分电器内感应线圈的电阻值

车型或分电器型号	JFD667 型分电器	解放 CA1092 汽车	北京切诺基
感应线圈电阻/Ω	500~600	600~800	400~800

2) 霍尔效应式信号发生器的检修

(1) 常见故障:内部集成块烧坏、线路断脱等。

(2) 故障检修:①测量输入电压是否正常。接通电源开关,用电压表测与分电器相连接的插接器"＋"与"－"接线柱(红黑线端与棕白线端)之间的电压。电压表读数应接近电源电压,否则说明电子点火器没有给点火信号发生器提供正常的工作电压。②检查输出信号电压。将分电器外壳搭铁,信号发生器接上电源后转动分电器轴,测其信号输出线(绿白线与棕白线)间电压。车型不同,所采用霍尔式信号发生器的输出电压波动范围不一样,幅值会有所变化。信号发生器输出的信号电压在转子叶片插入缝隙时是高电平,转子叶片离开时是低电平。

3) 电子点火器的检修

(1) 常见故障:

①功率三极管不能导通,点火线圈初级回路不导通而不点火。

②功率三极管不能截止,点火线圈初级回路不断开而不点火。

③功率三极管不能工作在开关状态,即不能饱和导通或不能完全截止,造成火花减弱或不能点火。

(2) 故障检修:

① 用干电池电压模拟点火信号进行检查。如图 4－61 所示,用一节 1.5V 的干电池,正接和反接于点火控制器的两根信号输入端,用万用表电压挡检查点火线圈“－”接线柱与搭铁之间的电压。在正接和反接两次测试中,测试值应一次为 1V～2V,一次为 12V,否则说明点火控制器有故障。也可以用试灯代替万用表,通过观察试灯亮灭来进行判断。两次测接,试灯应一次亮,一次灭,否则说明点火控制器有故障。

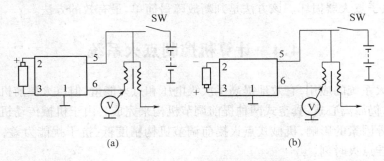

图 4－61　检查电子点火控制器接线图

(a) 达林顿三极管导通;(b) 达林顿三极管截止。

② 高压试火法。在确认点火信号发生器和点火线圈等均良好的情况下,可采用跳火法判断点火控制器是否有故障。方法是:将分电器中央高压线拔出,高压线端部距离缸体5mm～10mm,接通点火开关,使信号发生器产生点火脉冲,此时看高压线端是否跳火。如果火花强则说明点火控制器良好;不点火,则故障在点火系的高压配电部分。

不同类型的点火信号发生器产生点火脉冲的方法不一样。磁脉冲式信号发生器可用一只旋具头快速地碰刮定子爪,以改变通过感应线圈的磁通而产生点火脉冲,如图 4－62所示;霍尔式信号发生器则可采用小旋具或钢锯条在霍尔元件的气隙中插入后迅速拔出,使通过霍尔元件的磁通发生变化,产生点火脉冲信号。另外也可采用旁路法,甩开霍尔信号发生器对电子点火器做跳火试验。如图 4－63 所示,将跨接线一端接在信号线插头上,另一端反复搭铁(时间不超过 1s),间歇产生脉冲信号。

③ 加热法。电子点火器内细小的电子元件对高温极为敏感,检查时,可模拟发动机运转时其舱内的温度情况,用灯泡或电烙铁加热电子点火器,这样可使电子点火器内部元

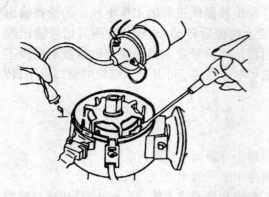

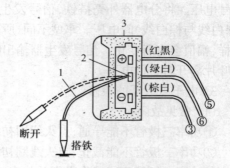

图 4-62　磁脉冲电子点火器跳火试验　　　　　图 4-63　用跨接线代替霍尔信号
发生器跳火试验
1—跨接线；2—信号线插头；
3—点火信号发生器插接器。

件或线路的故障现象暴露出来，便于发现故障。检查间断性出现的故障时，可采用此种方法。

④ 替换法。即采用相同规格的新电子点火器替换怀疑有故障的点火器，如故障排除，则证明电子点火器损坏。该方法是判断故障最简单、最有效的方法。

4.4　计算机控制点火系统

电子点火系统的应用，有效地提高了次级电压和点火能量，但点火提前机构与传统点火系统一样，仍靠离心式、真空式两种提前调节机构来完成。由于机械传动机构的滞后和自身局限性等因素的影响，机械式点火提前调节机构精度低、抗干扰能力差，不能保证发动机处于最佳点火时刻。

由于计算机具有响应速度快、运算和控制精度高、抗干扰能力强等优点，通过计算机控制点火提前角要比机械式的离心提前机构和真空提前机构的精度高得多。并且计算机控制点火系统还可以考虑多种因素对点火提前角的影响，可以使发动机在各种工况和使用条件下的点火提前角最优。20 世纪 70 年代后期，随着计算机技术的发展，计算机控制点火系统随之出现。

计算机控制点火系统按有无分电器可分为有分电器计算机控制点火系统和无分电器计算机控制点火系统两类。

4.4.1　计算机控制点火系统的特点

计算机点火控制包括点火提前角的控制、通电时间控制和爆震控制 3 个方面。其主要特点如下。

（1）在任何工况均可自动获得最理想的点火提前角，使发动机动力性、经济性等方面都达到最佳。

（2）在整个点火工作范围内，均可对点火线圈的通电时间进行控制，使点火能量保持

164

恒定不变,提高了点火可靠性。同时在整个工作范围内,该系统可很容易实现向稀薄混合气燃烧提供所需的恒定点火能量。

(3) 采用闭环控制技术后,使点火提前角控制在刚好不发生爆燃的状态,获得较高的燃烧效率,有利于发动机各项性能的提高。

4.4.2 有分电器计算机控制点火系统

1. 有分电器计算机控制点火系统的组成

有分电器计算机控制点火系统一般由电源、点火开关、传感器、计算机控制单元(ECU)、点火控制器、分电器、高低压导线和火花塞等组成,如图4-64所示。

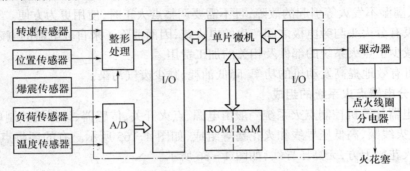

图4-64 计算机控制点火系统方框图

计算机控制单元(ECU)是点火系统的中枢。发动机工作时,它不断地采集各传感器的信息,按预先设定的程序计算出最佳点火提前角和初级电路导通角,并向点火控制器发出点火指令。

传感器主要用于检测、反馈发动机各种工况信息,为计算机控制单元提供曲轴转速、曲轴位置、发动机负荷、空气温度及进气量、节气门开度、混合气燃烧情况等各种发动机运行工况和使用条件的信息,为计算机控制单元提供点火提前角和初级电路导通角的控制依据。

点火控制器是计算机控制单元的执行机构。它将根据电子控制单元输出的点火信号控制初级电路通断。

在各组成部件中,电源、分电器和火花塞的作用与前面所介绍的作用基本相同。

2. 有分电器计算机控制点火系统的工作原理

发动机工作时,计算机控制单元不断地采集发动机转速、曲轴位置、发动机负荷、冷却水温度、进气温度及进气量等信号,并根据存储器中存储的有关程序和数据,确定出该工况的最佳点火提前角和初级回路的最佳导通角,并以此向点火控制模块发出点火指令。

点火控制器模块根据计算机控制单元的指令,控制点火线圈初级回路的导通与截止。当电路导通时,有电流从点火线圈中的初级绕组通过,当初级绕组电流被切断时,次级绕组感应产生高压电,再经分电器送至各缸火花塞,产生电火花点燃可燃混合气。

在带爆震传感器的控制系统中,计算机控制单元还可以根据爆震传感器的输入信号来判断发动机的爆燃程度,并将点火提前角控制在轻微爆燃的范围内,使发动机获得较高燃烧效率。

4.4.3 无分电器点火系统

无分电器点火系统，又称为直接点火系统，是一种最新型的点火装置。它在有分电器计算机控制点火系统的基础上，取消了分电器总成。自从 20 世纪 80 年代中期诞生以来，在工业发达国家生产的机械装备上得到了愈来愈广泛的应用。

1. 无分电器点火系统的优点

（1）没有分电器，即取消了机械式配电机构而采用电子配电方式，缩短甚至取消了从点火线圈到火花塞之间的高压线，因而大大降低了电压降和漏电损失。

（2）不用分电器，也就没有分火头和分电器盖，因而避免了裂盖、炭精棒磨损腐蚀、分火头漏电、潮湿不发火等引起的故障，且不需要调整点火正时，使用更为方便。

（3）没有分火头与旁电极之间产生的电火花，因而消除了来自分电器的电磁波干扰。

（4）减少了点火系统的部件及相关的加工费用。

（5）可有效地提高发动机的功率、降低油耗、减少废气污染。

2. 无分电器点火系统的组成

无分电器计算机控制点火系统一般由电源、点火开关、传感器、计算机控制单元、点火控制器、点火线圈、高低压导线和火花塞等组成，如图 4-65 所示。有的还将点火线圈直接安装在火花塞上方，无高压导线，如图 4-66 所示。

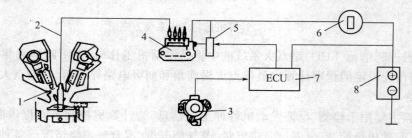

图 4-65　无分电器计算机控制点火系统组成（一）
1—火花塞；2—高压线；3—传感器；4—点火线圈；5—点火控制器；
6—点火开关；7—计算机控制单元；8—蓄电池。

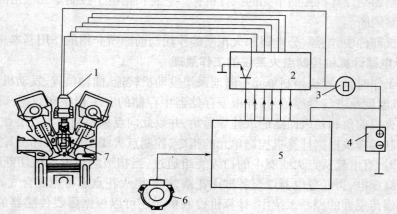

图 4-66　无分电器计算机控制点火系统组成（二）
1—点火线圈；2—点火控制器；3—点火开关；4—蓄电池；5—计算机控制单元；6—传感器；7—火花塞。

3．无分电器点火系统的种类

无分电器点火系统按其采用的电子配电方式的不同，可分为点火线圈分配式和二极管分配式两大类，其中点火线圈分配式又可分为同时点火方式和单独点火方式两种。

点火线圈分配式是将来自点火线圈的高压电直接分配给火花塞，如图4-67(b)、(c)所示。二极管分配式是利用二极管的单向导电性，将次级绕组产生的高压电分配给需要点火的火花塞，如图4-67(a)所示。

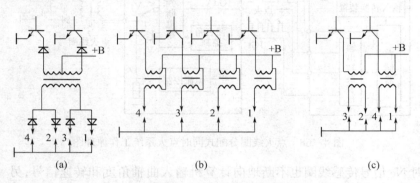

图4-67 无分电器点火系统的种类

(a)二极管分配式(同时点火方式)；(b)单独点火方式；(c)同时点火方式。

4．无分电器点火系统的工作原理

1) 单独点火方式点火系统

如图4-67(b)所示，单独点火方式是指用一个火花塞配一个点火线圈，单独直接地对每个缸进行点火。其点火线圈数应等于发动机气缸数，且每个点火线圈均由其触发器控制。点火线圈直接安装在火花塞上，其外形就像火花塞的高压线帽，且没有高压线。

发动机工作时，计算机控制单元根据发动机的各种工况，输出点火信号给点火控制器，点火控制器直接控制需要点火缸初级电路的通断而实施点火。

为防止初级电路接通时，次级绕组产生的感应电动势在气缸内误点火，点火线圈输出端与火花塞接线柱之间一般留有3mm～4mm的间隙，该间隙由安装托架来保证。

2) 同时点火方式点火系统

同时点火方式就是用一个点火线圈对到达压缩和排气上止点的两个气缸同时进行点火的高压电配电方式。如对四冲程4缸机1、4缸同时实施点火时，若1缸为压缩上止点，1缸点火后，可燃混合气会被引燃而作功；而4缸则为排气上止点，点火后不产生功率，电火花浪费在废气中。但由于4缸排气上止点时缸内压力比1缸压缩上止点的压力低很多（仅稍高于1个大气压），故火花塞电阻值很小，只需消耗很小的放电能量就能使高压电流通过，故此时对其火花塞并无太大损伤。尽管点空火时对火花塞损耗不大，但总会不同程度地存在一定损耗，因此，为了延长火花塞的使用寿命，在同时点火的无分电器点火系统的火花塞上，均焊有铂合金，其使用寿命可高达10万km以上。

同时点火方式，由于点火线圈远离火花塞，所以点火线圈与火花塞之间仍然需要高压线。

(1)点火线圈同时点火方式：如图4-68所示，发动机工作时，一方面曲轴位置角传感器中的G_1、G_2信号传感线圈不断地检测并将6缸和1缸压缩接近上止点的信号输入计

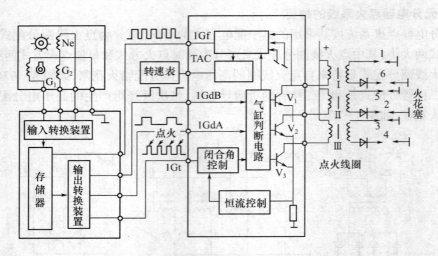

图 4-68　点火线圈分配式同时点火系统工作原理图

算机,同时 Ne 信号传感线圈也不断地向计算机输入曲轴角度和转速信号;另一方面,装在发动机上的各种传感器也连续不断地检测并输入各种工况下的各种信号(如进气量、进气管真空度、冷却水温度、节气门开度、缸内燃烧状况等)。计算机将来自各方面及各种传感器的信息综合处理后,很快确定出该工况下发动机的最佳点火提前角和需要点火的气缸,经转换后输给电子点火控制器,电子点火控制器利用此信号驱动其末级大功率三极管 V_1、V_2、V_3 轮流通断,以便在 3 个点火线圈中依次产生高压电而点火。

电子点火控制器内还设有恒流控制和闭合角控制电路,以实现高压、恒能点火。

此外,电子点火控制器工作时会产生安全信号,并将其一方面通过转速控制电路输给转速表;另一方面该安全信号同时也反馈给计算机,作为计算机自诊断系统信号之一。

点火线圈次级绕组输出端的一侧所接的高压二极管,其作用是防止高速时初级电路接通时在次级绕组中产生的感应电动势在气缸内误点火。

(2) 二极管分配式同时点火方式:如图 4-69 所示,与二极管配电方式相配的点火线圈内有两个初级绕组 2 和 5,1 个次级绕组 3,次级绕组有两个输出端并经 4 个高压二极管分别同 4 个缸的火花塞相连。1、4 缸对应的二极管方向相反;2、3 缸对应的二极管方向

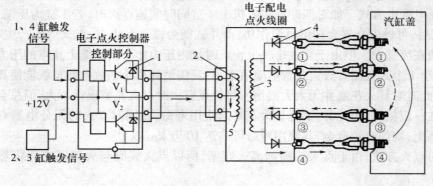

图 4-69　二极管分配式同时点火系统工作原理图
1—稳压管;2、5—初级绕组;3—次级绕组;4—高压二极管。

168

相反。

　　发动机工作时,当1、4缸发出触发信号,计算机便向电子点火控制器中的1、4缸触发控制电路发出点火触发信号,使V_1截止,初级绕组2中电流切断,在次级绕组3中便感应出下"+"、上"－"的高压电,高压电经4、1缸火花塞构成回路,给压缩终了的1缸(或4缸)点火,此时4缸(或1缸)点空火。曲轴转过180°,即排气凸轮轴转过90°后,2、3缸发出触发信号,计算机又向电子点火控制器中的2、3缸触发控制电路发出点火触发信号,使V_2截止,初级绕组5中电流切断,次组绕组3中产生上"+"、下"－"的高压电,并经2、3缸火花塞构成回路,此时3缸(或2缸)点火,2缸(或3缸)点空火。依此类推,发动机曲轴转2周,排气凸轮轴转1周,发动机则按1－3－4－2的点火次序给各缸轮流点火1次。

　　电子点火控制器中的稳压管(两个)1,用于吸收初级绕组中产生的自感电动势,以保护V_1、V_2。

复习思考题

1. 点火系统分为哪几种形式? 对点火系统有什么要求?
2. 传统式点火系统由哪些部件组成? 各起什么作用?
3. 简述传统式点火系统的工作过程。
4. 附加电阻有什么作用? 它是如何调节电流的?
5. 影响点火线圈次级电压高低的因素有哪些? 分别是如何影响的?
6. 传统点火系统中的分电器由哪几部分组成? 各部分的作用是什么?
7. 点火提前机构有哪几种? 各起什么作用? 简述其工作原理。
8. 画出点火系统电路原理图。
9. 点火系统有哪些主要故障? 产生的原因是什么? 如何排除?
10. 如何检查和排除发动机不能起动时的点火系故障(不着火故障)?
11. 如何进行传统点火系统点火正时的调整?
12. 有哪些简易方法来判断点火线圈、火花塞、电容器、分火头、分电器盖的好坏?
13. 电子点火系统有哪几类? 各有什么特点?
14. 计算机点火系统有哪几类? 各有什么特点?

第5章 照明与信号系统

机械装备照明装置和光信号装置总称为机械装备灯具,其作用是保证机械装备的正常运行和在夜间或雾中的行车安全。

由于机械装备灯具在车上的安装位置不同、性能要求不同,所以其种类繁多。机械装备灯具按用途可分为:外部照明、内部照明、外部光信号、内部光信号四大类。

5.1 照 明 系 统

5.1.1 照明装置的种类和用途

1. 外部照明装置

常见的外部照明装置包括前照灯、雾灯、牌照灯、防空灯等。外部灯具光色一般采用白色、橙黄色和红色。

1) 前照灯

前照灯又称前大灯,安装在机械装备头部两侧,用来照明车前道路。有两灯制、四灯制之分。四灯制前照灯并排安装时,装于外侧的一对应为近、远光双光束灯;装于内侧的一对应为远光单光束灯。远光灯一般为45W~60W,近光灯一般为20W~55W。

2) 雾灯

雾灯又称防雾灯,安装在机械装备头部或尾部,在雾天、雪天、暴雨或尘埃弥漫等情况下,用来改善车前道路的照明情况。前雾灯功率为45W~55W,光色为橙黄色。后雾灯功率为21W或6W,光色为红色,以警示尾随车辆保持安全车距。

3) 牌照灯

装于机械装备尾部牌照上方或左右两侧,用来照明后牌照,功率一般为5W~10W,以确保行人在车后20m处能看清牌照上的文字及数字。

4) 防空灯

战时,当机械装备在敌人空袭、炮火威胁的区域内进行夜间作业或行驶时,将前照灯加装遮光罩后的照明灯。

2. 内部照明装置

常见内部照明装置有顶灯、阅读灯、行李厢灯、踏步灯、仪表照明灯、工作灯等。

1) 顶灯

顶灯除用作车内照明外,还可兼起监视车门是否可靠关闭的作用。在监视车门状态下,只要还有车门未可靠关紧,顶灯就发亮。其功率一般为5W~15W。

2) 阅读灯

装于乘员席前部或顶部,聚光时乘员看书不会给驾驶员产生眩目现象,照明范围较小,有的还有光轴方向调节机构。

3）行李厢灯

装于行李厢内,当开启行李厢盖时,灯自动发亮,照亮行李厢内空间。其功率为5W。

4）踏步灯

装在机械装备乘员门内的台阶上,夜间开启乘员门时,照亮踏板。

5）仪表照明灯

装在仪表板反面,用来照明仪表指针及刻度板,功率为2W。仪表照明灯一般与示位灯、牌照灯并联。

6）工作灯

工作灯是机械装备维修时可以移动使用的一种随车低压照明工具,电源来自发电机或蓄电池。功率一般为21W,常带有挂钩或夹钳。

5.1.2 前照灯

前照灯的用途主要是夜间行驶时,照亮车前的道路及物体,同时还可以用远、近光的变换信号超越前方车辆等。

1. 前照灯的照明要求

为确保夜间行车的安全,对机械装备前照灯照明的基本要求如下。

(1) 照明距离。前照灯必须保证夜间车前有明亮而均匀的光照,使驾驶员能看清车前路面50m～100m范围内的任何障碍物,现代高速机械装备照明距离应达到200m～250m范围。

对于低速履带机械装备,前大灯照射距离不得小于50m;对于轮式或高速履带机械装备,前大灯照射距离不得小于100m。这个数据是根据机械装备在较高行驶速度(80km/h)下所需的制动距离(低速履带机械装备为8m～10m、轮式或高速履带机械装备50m)和驾驶员从发现障碍到采取措施的反应距离(一般25m～35m)来确定的。

(2) 防眩目。前照灯应具有防止眩目的装置,确保夜间行车时不使对方驾驶员因眩目而造成交通事故。

2. 前照灯的结构

前照灯的光学系统包括反射镜、配光镜和灯泡3部分,如图5-1所示。

1）反射镜

反射镜的作用是最大限度地将灯泡发出的光聚合成强光束并导向前方。反射镜一般用0.6mm～0.8mm的薄钢板冲压而成或由玻璃、塑料制成,如图5-2(a)所示,表面形状呈旋转抛物面,内表面镀银、铬或铝后抛光而成。由于镀铝的反射镜反射系数可以达到94%以上,而且成本低、机械强度好,所以一般采用真空镀铝较多。现代机械装备多采用注塑成型反射镜(成型后真空镀铝)。置于焦点的光源发出的光线经反射后,绝大部分可变成平行光束向前,如图5-2(b)所示。

2）配光镜

配光镜又称散光玻璃或散光镜,它的作用是将反射镜反射出的平行光束进行扩散分配,使车前路面和路缘照明均匀而明亮。它由透明玻璃压制而成,是棱镜和透镜的组合体,表面具有多块特殊棱镜和透镜的复合波纹。配光镜的几何形状及散光效果如图5-3所示。

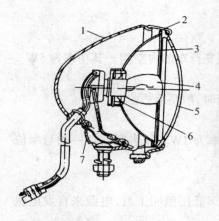

图5-1 前照灯的结构
1—灯壳；2—灯圈；3—反射镜；4—灯泡；
5—配光镜；6—灯泡座；7—灯壳座。

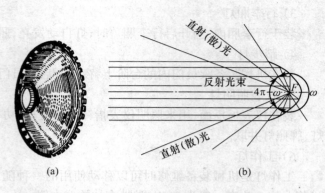

图5-2 反射镜及作用

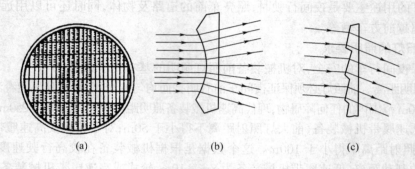

图5-3 配光镜的结构与作用

3) 灯泡

灯泡是前照灯的光源。灯泡的选型及质量的优劣对照明效果影响很大，目前前照灯灯泡一般有充气灯泡和卤素灯泡两种。前照灯灯泡的形状有长形、锥形和圆形等。

充气灯泡如图5-4(a)所示，灯丝由钨丝制成，钨的特点是熔点高、发光强，但钨丝受热后会蒸发，不仅使灯泡寿命降低，还会造成灯泡的黑化，发光效果变差。因此，在制造灯泡的过程中从玻璃泡中抽出空气，然后充入86%氩和14%氮气的混合性惰性气体。这样气体受热膨胀时压力增大，减少钨丝的蒸发，延长使用寿命，减少黑化程度，增强发光效率。灯丝一般制成紧密的螺旋状以减少尺寸。

虽然充气灯泡可提高发光效率，但不能从根本上消除灯泡的黑化，因此近年来越来越多地采用卤钨灯泡，如图5-4(b)所示。卤钨灯泡中充入卤族元素（氯、溴、碘等），在钨蒸发时与之生成卤化钨。卤化钨具有挥发性，当扩散到高温的钨丝附近时，重新分解并回到钨丝上，这样不断循环，可减少黑化，增加发光

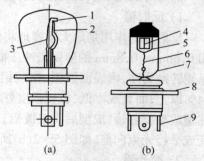

图5-4 前照灯灯泡结构
1—配光屏；2、4—近光灯丝；
3、6—远光灯丝；5—配光屏；
7—泡壳；8—定焦屏；9—插片。

172

强度,延长灯泡的使用寿命。

卤素灯泡的充气压力较高,工作时的温度也很高。

3．前照灯的防眩目装置

眩目,是指人的眼睛突然受到强光刺激时,因视神经受刺激失去对眼睛的控制能力而本能地闭合眼睛,或只能看清亮处而看不见暗处物体的生理现象。如果机械装备夜间会车时,对方驾驶员因前照灯光束照射而产生眩目,将失去对机械装备的正确操纵,易造成交通事故,所以应采取有效措施防止眩目。防止眩目的方法有下列几种。

1）采用远、近光束变换

如图5－5所示,前照灯灯泡采用双丝灯泡,双丝灯泡中有两根灯丝,功率大的灯丝发光强,置于反射镜的焦点上,近光灯丝发光弱,置于焦点上方。夜间会车时,在距离对面来车150m以外关闭远光灯,改用近光灯,减弱光照强度和光照方向,使大部分光照在车前下方,且无直射对方驾驶员的眩光。

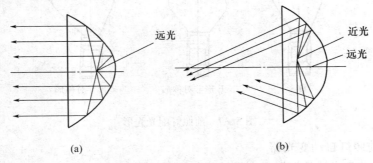

图5－5 远、近光灯光束

2）近光灯丝加装配光屏

如图5－6所示,在近光灯丝下方有一配光屏(遮光屏)。近光接通时,配光屏可使上部光线经反射后照亮车前30m的路段,而下部光线被遮光屏(板)遮住无法反射,使用远光时则不起作用,其防眩作用较好,故现代机械装备几乎都采用此种方法。若将配光屏偏转一定角度并与特定配光镜配合,则可实现不对称配光方法,效果更佳。但需注意安装时要保证配光屏的正确位置,否则难于达到理想效果。

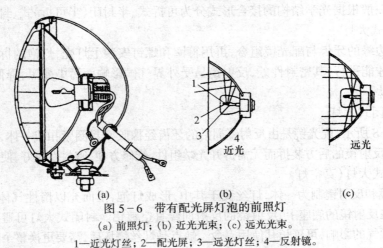

图5－6 带有配光屏灯泡的前照灯
(a) 前照灯；(b) 近光光束；(c) 远光光束。

1—近光灯丝；2—配光屏；3—远光灯丝；4—反射镜。

3）采用不对称光形

以上两种防眩目装置在机械装备会车时，由于近光仅能照亮车前 30m 以内的路面，因而要求车速受到限制。为了做到既能防止眩目，又能以较高车速会车的目的，高速机械装备通常采用将遮光罩单边倾斜 15°形成不对称光形，如图 5－7 所示。E 形不对称光形是将近光灯右侧亮区倾斜升高 15°，从而将行进方向光束照射距离延长。Z 形不对称光形是将行进方向亮区平行升高，所形成的不对称光形更为优越。

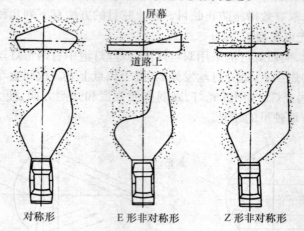

图 5－7　前照灯配光光形

4）采用前照灯自动变光器

前照灯自动变光器是根据对方机械装备灯光的亮度自动变远光为近光或变近光为远光的自动控制装置。它的优点是实现了自动控制，不需要驾驶员操纵，体积小，性能稳定可靠，且灵敏度高。

在夜间两车相对行驶，当相距 150mm～200m 时，对方的灯光照射到自动变光器上，就立即自动变远光为近光，从而有效地避免了远光给对方驾驶员带来的眩目，待两车相会后，变光器又自动变近光为远光。

4．前照灯的类型

前照灯一般根据光学结构的接合形式分为可拆式、半封闭（半可拆）式、封闭式 3 种。

1）可拆式大灯

反射镜边缘的牙齿与配光镜组合，再用箍圈和螺钉安装上灯壳，灯泡的拆装需将全部组件拆开后才能进行，其密封性差，反射镜易受外界气候影响而污染变黑，降低照明效果，现已基本淘汰。

2）半封闭式大灯

如图 5－8 所示，配光镜是由反射镜周沿的牙齿经橡胶密封圈紧扣成一体，再装于灯壳内，灯泡可从反射镜的后方装拆而无需拆开光学组件，维修方便，密封性较好，使用较普遍。

3）封闭式大灯（真空灯）

其配光镜和反射镜制为一体，灯丝装于其中，形成灯泡，里面充以惰性气体，如图 5－9 所示。灯丝在反射镜的底座上，反射镜的反射面经真空镀铝。封闭式大灯可避免反射镜被污染以及受大气的影响，可延长其使用寿命。缺点是灯丝烧坏后，需要更换整个总成。

174

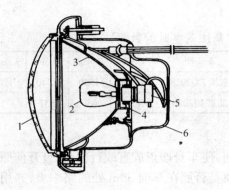

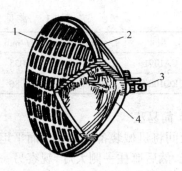

图 5-8　半封闭式大灯

1—配光镜；2—灯泡；3—反射镜；

4—插座；5—接线器；6—灯壳。

图 5-9　封闭式大灯

1—配光镜；2—反射镜；3—接头；4—灯丝。

5．前照灯光束的检查和调整

为了保证车前有明亮而均匀的照明，并且不使迎面来车的驾驶员眩目，应对前照灯定期检查调整。为保证调整准确，调整前机械装备应空载(除备用轮胎、必备工具外，其它货物及物品应全部卸下)，轮胎气压符合标准，前照灯配光镜表面清洁无污，电源工作正常，灯泡安装正确。

1) 屏幕法

(1) 将机械装备停放在距屏幕(或利用墙壁)L mm 处水平的路面或作业场上，并使机械装备的中心轴线与屏幕垂直。

(2) 在屏幕上画出一条机械装备中心线 $V-V$ 和两条灯的中心线 $B-B$，灯距为 W，如图 5-10 所示。再画出一条比前大灯中心离地 H 高度线 $A-A$ 低 h 的水平线 $C-C$。

(3) 遮住一侧大灯，接通远光，调整另一侧大灯上、下及左、右调节螺钉，使该侧光束对准 $B-B$ 与 $C-C$ 的交点(同侧光照中心)。然后，再调整另一侧。

对于不对称光形大灯，远光调好后，还应打开近光，屏幕上应有明显的暗截止线，其高度应符合要求。一般前照灯上边缘距地面高度不大于 1350mm 的机械装备，在距灯 10m 远的屏幕上明、暗截止线水平部分，应比前大灯基准中心($A-A$ 与 $B-B$ 的交点)低 $H/3$ 左右。

如图 5-11 所示为 EQ1090 型汽车装用 ND170-Ⅲ型前照灯用屏幕法检查调整图。

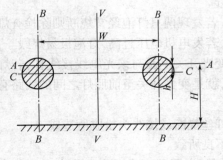

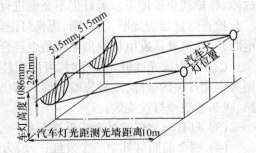

图 5-10　前照灯的调整

图 5-11　EQ1090 型汽车非
对称式前照灯检查调整图

175

常见车型采用屏幕法调整时的数据见表 5-1。

表 5-1　常见车型采用屏幕法调整时的数据

车　型	L/mm	W/mm	H/mm	h/mm	车　型	L/mm	W/mm	H/mm	h/mm
解放 CA1091	25000	1320	1035	250	东风 EQ2028	10000	1330	1040	120
东风 EQ1090	10000	1030	1086	262	北京 BJ2020	7500	680	837	75

2）简易法

夜间将机械装备停放在直而平坦的公路中间,使车身摆正成直线行驶状,打开前照灯的近光,然后遮住一侧大灯,观察另一侧大灯光束是否照在车前 30m 处的路中央,并用同样的方法检查另一侧大灯。如有偏差,应予以调整。

5.1.3　前照灯的保养和故障排除

1. 前照灯的保养

如果发现反射镜上稍有尘污时,可用压缩空气吹干净。若吹不干净时,则应根据镀层的不同,采用下列不同的方法清除。

反射镜为镀铬的,可用柔软棉纱蘸少量酒精,由反射镜的中心向外围成螺旋形轻轻地仔细擦拭。

反射镜为镀银或镀铝的,可用棉花蘸清水轻轻地清洗(不要擦拭),而后用高压空气吹干。

有的反射镜其表面已由制造厂预先涂上一层很薄的透明保护膜,清扫时千万不要破坏它。如反射镜经常脏污,则必须更换橡胶密封垫圈。

2. 前照灯的故障排除

机械装备前照灯的故障主要有:灯光不亮,灯光发红,大多数原因是由于灯泡损坏、灯丝烧断、电路断路、开关损坏或控制失灵等引起的,而且一切故障均通过灯光反映出来。

(1) 两个前照灯都不亮。

故障原因:接线松脱、变光开关损坏、灯丝烧断。

检查步骤:

首先检查车灯总开关接线柱的线头、变光开关的接线柱以及搭铁线头是否松脱、断路。若有上述故障,可将导线接好。若导线连接良好,可进行下列工作。

用旋具将变光开关的电源接线柱分别和远、近光接线柱短接,若灯亮则是变光开关有故障,检修或更换即可。若灯仍不亮则进行下一步。

检查灯丝是否烧断,若烧断,更换灯泡即可。若发现两只灯泡经常烧断则除检查灯丝电路外,还要确认发电机输出电压是否符合标准,若发电机电压过高,灯泡极易烧毁。

(2) 两侧远光或近光不亮时,可用旋具短接变光开关电源与该光电线接线柱,若灯亮则为变光开关的故障,应检修或更换。若仍不亮,就是变光开关至前照灯之间的线路有断路、线头松脱或灯丝烧毁。

(3) 只有一个灯的远光或近光不亮,一般为灯丝烧断或接线头松脱所造成。

(4) 两个前照灯其中一个发红,一般为搭铁不良所致。

(5) 接通远光或近光时熔断器马上烧断或跳起,说明远光或近光电路中有短路或搭铁故障。

176

（6）两只灯泡经常烧坏时，大多为发电机调节电压过高所致。

（7）两侧灯都暗淡时，可能是发电机调节电压偏低，蓄电池亏电所致。

5.1.4　灯光保护继电器

在东风 EQ1090 系列汽车灯系电路中，采用了灯光保护继电器，如图 5-12 所示。其作用是当前照灯、前小灯、尾灯线路有短路，熔断器自动切断电路时，能自动接通侧灯电路，不致造成汽车灯光全部熄灭而影响安全行驶。

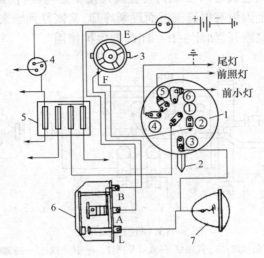

图 5-12　EQ1090 灯光保护继电器

1—灯总开关；2—开关手柄；3—电流熔断器；4—点火开关；
5—熔断器盒；6—灯光保护继电器；7—前侧灯。

灯光保护继电器由铁芯、线圈、常开触点及外壳组成，继电器接线柱 B 接电流熔断器接线柱 F，接线柱 A 接电流熔断器接线柱 E，接线柱 L 接侧灯。在正常情况下，灯光保护继电器接线柱 A 和接线柱 B 处于同电位，继电器线圈无电流通过，继电器触点处于断开状态，侧灯不亮。

当灯总开关拨到 1 挡（小灯、尾灯）、2 挡（大灯，尾灯）或 3 挡（大灯，尾灯和侧灯）中的任一挡时，若某挡所连接的线路中任一处搭铁，则电流熔断器因通过大电流断开，于是上述大、小、尾灯 3 种车灯将自行熄灭。此时由于电流熔断器的断开，使继电器接线柱 A 电位高，接线柱 B 电位低，电流通过继电器线圈构成回路。其电路是：蓄电池（或发电机）"+"→电流表→电流熔断器接线柱 E→继电器接线柱 A→继电器线圈→继电器接线柱 B →电流熔断器接线柱 F→灯总开关→搭铁灯→搭铁→蓄电池或发电机"-"。继电器线圈因通电而使触点闭合，接通了侧灯的电路。其电路是：蓄电池（或发电机）"+"→电流表→电流熔断器接线柱 E→继电器接线柱 A→继电器支架→继电器接线柱 L→侧灯→搭铁→蓄电池或发电机"-"，侧灯便自动点亮。

5.1.5　车灯开关

1. 车灯总开关

车灯总开关是用以控制除特种信号灯以外的全车照明灯的电源接通和切断以及变换，

一般安装在驾驶室方向盘的前方。常用的车灯总开关有推拉式和旋钮式机械开关两种。

1）推拉式灯总开关

如图5-13所示为两挡推拉式开关，主要由开关部分和保险器部分组成。开关部分有两个挡位，当向外拉至第1挡时，电源与小灯、尾灯、仪表灯的电路接通；当向外拉至第2挡时，电源与大灯、尾灯、仪表灯的电路接通；制动信号灯经保险器由接柱5接出，它不受总开关控制。保险器部分是多次作用式复金属片感温保险器。在正常情况下，触点处于闭合状态；当通过电流过载时（＞20A），复金属片便受热弯曲，使触点分开切断电路；当触点断开后，复金属片上因没有电流流过而逐渐冷却，又恢复到原来状态，使触点闭合；如故障仍未排除，则触点又断开，如此一开一闭起到保护作用。

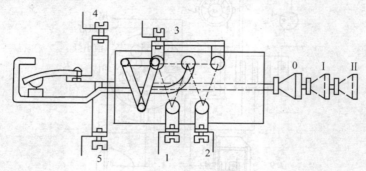

图5-13　两挡拉式开关

1—接小灯；2—接前照灯；3—接尾灯、仪表灯及顶灯；4—接火线；5—接制动信号灯开关。

2）旋钮式灯总开关

如图5-14所示为旋钮式灯总开关，该开关有6个接线柱、3个挡位。第1挡：小灯、尾灯。第2挡：大灯、尾灯。第3挡：大灯、尾灯和侧灯。

2．前照灯变光开关

前照灯变光开关是用来及时变换远光和近光，以适应夜间行车的需要。现代机械装备一般采用脚踏变光开关。

1）脚踏变光开关

脚踏变光开关一般都装在驾驶室离合器的旁边，驾驶员用脚踏控制，其结构如图5-15所示。踩下踏钮时，推杆将棘轮和与之连在一起的转动接触片转过60°，电源线便接到相应的接线柱上，实现机械装备的远光或近光照明。

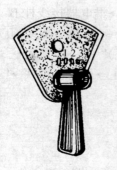

图5-14　旋钮式车灯总开关

线　　路 　接　通 开关	电 源 1	小 灯 6	大 灯 5	侧 灯 3	尾 灯 4
3					
2					
1					
0					

▨ 电源接通　　□ 电源不通

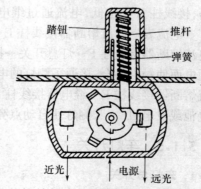

图5-15　脚踏变光开关

178

2) 光电管开关

光电管式变光开关的控制线路如图 5 - 16 所示,利用光电管的光电效应原理,当机械装备夜间两车相遇时,由对面来车灯光的照射使光电管控制继电器动作,自动地将远光变为近光;两车相会后,光电管继电器又自动地将近光变换为远光。

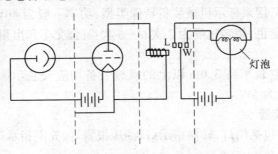

图 5 - 16　光电管式变光开关控制线路

5.2　信　号　系　统

信号装置可分为灯光信号装置和声响信号装置两类。

5.2.1　灯光信号装置的种类和用途

1. 外部光信号装置

外部光信号装置包括倒车灯、制动灯、转向信号灯、示位灯、驻车灯、警告灯、示廓灯、后雾灯等。外部光信号灯具光色一般采用白色、橙黄色和红色;执行特殊任务的车辆,如消防车、警车、救护车、抢修车等,则采用具有优先通过权的红色、黄色或蓝色闪光警示灯。

1) 倒车灯

安装在机械装备的尾部,当变速器挂倒挡时,自动发亮,照明车后侧,同时警示后方车辆、行人注意安全。功率一般为 20W～25W,光色为白色。

2) 制动灯

俗称"刹车灯",安装在机械装备尾部。在踩下制动踏板时,发出较强红光,以示制动。功率为 20W～25W,光色为红色,灯罩显示面积较后示位灯大。

3) 转向灯

主转向灯一般安装在机械装备头、尾部的左右两侧,用来指示行驶趋向。有的机械装备车侧中间也装有侧转向灯。主转向灯功率一般为 20W～25W,侧转向灯为 5W,光色为琥珀色。转向时,灯光呈闪烁状,在紧急遇险状态需其它车辆注意避让时,全部转向灯可通过危险报警灯开关接通同时闪烁。

4) 示位灯

又称"示宽灯"、"位置灯",安装在机械装备前面、后面和侧面,夜间行驶接通前照灯时,示位灯发亮,以标志机械装备的形位等,功率一般为 5W～20W。前示位灯俗称"小灯",光色为白色或黄色;后示位灯俗称"尾灯",光色为红色;侧示位灯光色为琥珀色。

5）驻车灯

装于车头和车尾两侧,要求从车前和车尾150m远处能确认灯光信号。车前处光色为白色,车尾处为红色。夜间驻车时,将驻车灯接通标志机械装备形位。

6）警告灯

一般装于车顶部,用来标示机械装备特殊类型,功率一般为40W～45W。消防车、警车用红色,救护车为蓝色,旋转速度为2次/s～6次/s;公交车和出租车为白、黄色。

7）示廓灯

俗称"角标灯",空载车高3.0m以上的机械装备均应安装示廓灯,标示机械装备轮廓。示廓灯功率一般为5W。

2．内部光信号装置

内部光信号装置包括门灯、转向指示灯、油压报警灯、充电指示灯等。

1）门灯

装于车门内侧底部,开启车门时,门灯发亮,以告示后来行人、车辆注意避让。功率为5W,光色为红色。

2）报警及指示灯

常见的有机油压力报警灯、水温过高报警灯、充电指示灯、转向指示灯、远光指示灯等。报警灯一般为红色、黄色,指示灯一般为绿色或蓝色。

5.2.2 转向灯闪光继电器

闪光继电器简称闪光器,串联在转向信号灯和转向指示灯与电源之间的电路中。其作用是使转向灯和指示灯发出明暗交替的醒目的闪烁信号,指示机械装备的行驶方向。有些机械装备在行驶过程中遇到危险或紧急情况时,可将信号系统、转向灯同时发出闪光信号和蜂鸣器响声,以作为危险报警的信号。

转向灯闪光器的闪光频率为50次/min～110次/min,一般控制在60次/min～90次/min。闪光器的种类很多,大致可分为电热丝式、电容式、翼片式和晶体管式等。

1．闪光继电器的结构和工作原理

1）电热丝式闪光器

如图5-17所示为电热丝式闪光器。在胶木底板上固定着工字形的铁芯1,其上绕有线圈,线圈的一端与固定触点3相连,另一端与接线柱8相连。镍铬丝5有较大的热膨胀系数,一端与活动触点4相连,另一端固定在调节片14的玻璃球上。不工作时,活动触点4在镍铬丝5的拉紧下与固定触点3断开。其工作原理如下:当转向开关9接通瞬间,电流由蓄电池正极→接线柱7→活动触点臂→镍铬丝5→附加电阻6→接线柱8→转向灯开关9→转向信号灯(10或13)和仪表板上的转向指示灯(11或12)→搭铁→蓄电池负极构成回路,此时由于附加电阻和镍铬丝串入电路,电流较小,故转向信号灯几乎不亮。经过一段时间之后,镍铬丝5因受热而膨胀伸长,活动触点臂在铁芯1的电磁力作用下,克服弹簧片的弹力,使触点闭合,触点闭合后,电流由蓄电池正极→接线柱7→活动触点臂→触点4、3→线圈2→接线柱8→转向灯开关9→转向信号灯(10或13)和仪表板上的转向指示灯(11或12)→搭铁→蓄电池负极,此时附加电阻6、镍铬丝5均被短路,线圈2中有电流流过,使触点4、3闭合更加紧密,线路中的电阻小、电流大,故转向灯发出较亮的光。与此同时,镍铬丝被短路渐渐冷却而收缩,触点4、3又被打开,附加电阻又重新串入电路,灯光又变暗。如此反复变化,触点时闭时开,从而使转向灯一明一暗地闪耀,标示机械装备的行驶方向。

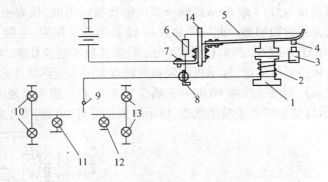

图5-17　电热丝式闪光器

1—铁芯;2—线圈;3—固定触点;4—活动触点;5—镍铬丝;6—附加电阻;7、8—接线柱;9—转向开关;
10—左(前后)转向灯;11—左转向指示灯;12—右转向指示灯;13—右(前后)转向灯;14—调节片。

若某个转向灯失灵、灯丝烧断,则流过线圈2的电流约减少1/2,铁芯1不能使触点4、3闭合,于是仪表板指示灯就一直处于暗状态,以示转向信号灯发生故障,故指示灯具有监控功能。

2)翼片式

翼片式闪光器的特点是结构简单、体积小。它是利用热胀片的热胀冷缩特性,并辅以弹簧片的作用,使触点时合时开使转向灯发出闪烁信号。根据热膨胀片受热情况不同,可分为直热翼片式和旁热翼片式两种。

(1)直热翼片式。直热式翼片闪光器的结构和工作原理如图5-18所示,主要由翼片、热胀条、动静触点及支架等组成。翼片为弹性钢片,依靠热胀条绷成弓形;热胀条由膨胀系数较大的合金钢带制成;热胀条在冷态时,触点4、5闭合。接通转向开关6,蓄电池即向转向灯供电,电流由蓄电池正极→接线柱B→支架1→翼片2→热胀条3→动触点4→静触点5→支架8→接线柱L→转向灯开关6→转向信号灯和指示灯7、9→搭铁→蓄电池负极构成回路,转向灯9立即发亮。这时热胀条3因通过电流而发热伸长,翼片突然绷直,动触点和静触点打开,切断电流,于是转向信号灯9熄灭。当通过转向信号灯的电流被切断后,热胀条开始冷却收缩,又使翼片突然变成弓形,动触点4和静触点5再次闭合,接通电路,转向信号灯再次发光。如此反复使转向信号灯一亮一暗地闪烁,以标示机械装备的行驶方向。

(2)旁热翼片式。旁热翼片式与直热翼片式闪光器不同点在于热胀条上绕有电热丝,其结构和工作原理如图5-19所示。当机械装备转向时,接通转向灯开关9,蓄电池即向转向灯供电,电流由蓄电池正极→接线柱B→电阻丝13→线圈10→接线柱L→转向灯开关9→转向信号灯(7或8)→搭铁→蓄电池负极构成回路,此时由于电阻丝13串入电路,电流小,因而转向信号灯(7或8)发光较暗。这时热膨胀片12因发热膨胀而伸长,主触点副1在弹簧片11弹力的作用下闭合,其电路为:蓄电池正极→接线柱B→弹簧片11→主触点副1→线圈10→接线柱L→转向灯开关9→转向信号灯(7或8)→搭铁→蓄电池负极。于是,电热丝13、热胀片12被短路,流过线圈10的电流增加,副触点臂3在铁芯2电磁力的作用下,克服弹簧片弹力使触点副4闭合而接通了仪表板指示灯的电路,其电路为:蓄电池正极→接线柱B→铁芯2→副触点臂3→副触点副4→接线柱P→仪表指示灯(5或6)→转向信号灯(7或8)→搭铁→蓄电池负极。因此,仪表板指示灯(5或6)、转向灯(7或8)发光正常而明亮。此后因热胀片12被冷却而缩短,主触点副1,副触点副4打开,仪表板指示灯(5或6)、转向信号灯(7或8)重又处于暗淡状态,如此反复变化,使转向信号灯、仪表板指示灯闪烁,标示机械装备的转弯方向。旁热翼片式闪光器若某个转向灯失灵(灯丝烧损),则流过线圈10的电流减少1/2,铁芯2将不能使副触点副闭合,于是仪表板上的指示灯便始终处于暗淡状态,以示转向信号灯(电路)发生故障。

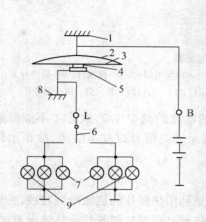

图5-18　直热式翼片闪光器
1、8—支架;2—翼片;3—热胀条;
4—动触点;5—静触点;6—转向灯开关;
7—转向指示灯;9—转向信号灯。

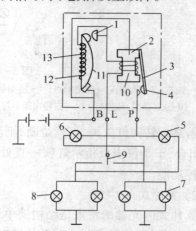

图5-19　旁热翼片式闪光器
1—主触点副;2—铁芯;3—副触点臂;
4—副触点副;5—静触点;6—仪表板指示;
7、8—转向信号灯;9—转向灯开关;10—线圈;
11—弹簧片;12—热胀片;13—电阻丝。

3) 电容式闪光器

电容式闪光器结构如图5-20所示,主要由一个双线圈的继电器和一个容量较大的电容器组成,其特点是利用电容器的充放电延时特性,使继电器两个线圈的电磁力的合力产生周期性的变化(时而相加,时而相减)来控制触点的开闭而发出闪光信号。当机械装备转弯时(如向左转),接通转向开关8,左转向信号灯9即被串入电路中,电流从蓄电池正极→电源开关11→接线柱B→串联线圈3→常闭触点1→接线柱L→转向开关8→左转向信号灯和指示灯9→搭铁→蓄电池负极形成回路。此时并联线圈4、电容器7及电阻5被触点1短路,而电流通过线圈3产生的电磁吸引力大于弹簧片2的作用力,触点1迅速被打开,转向信号灯处于暗的状态(转向信号灯和指示灯尚未来得及亮)。

触点1打开后,蓄电池向电容器7充电,其充电电流由蓄电池正极→电源开关11→接线柱B→串联线圈3→并联线圈4→电容器7→接线柱L→转向灯开关8→左转向信号灯和指示灯9—搭铁→蓄电池负极形成回路。由于线圈4电阻较大,充电电流很小,不足以使转向信号灯亮,则转向信号灯仍处于暗的状态。同时充电电流通过串联线圈3和并联线圈4产生的磁吸力方向相同,使触点继续打开,随着电容器的充电,电容器两端的电压逐渐升高,其充电电流逐渐减小,串联线圈 3 和并联线圈 4 的电磁吸力减小,使触点 1 重又闭合。

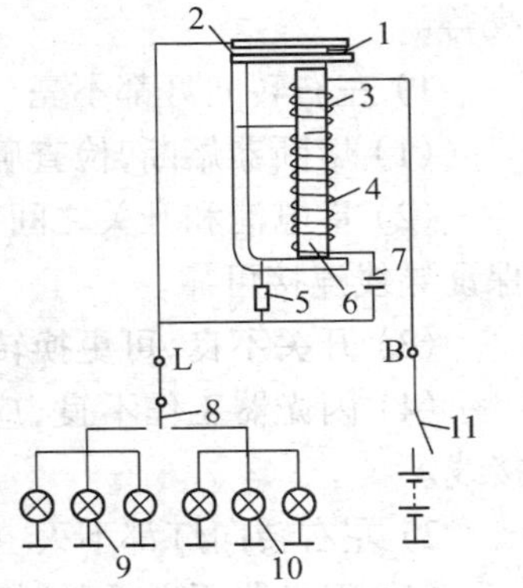

触点 1 闭合后,转向信号灯和指示灯处于亮的状态,此时电流由蓄电池经接线柱 B→串联线圈 3→常闭触点 1→接线柱 L→转向灯开关 8→左转向信号灯和指示灯 9→蓄电池负极。与时同时,电容器通过线圈 4 和触点 1 放电,其放电电流通过线圈 4 时产生的磁场方向与线圈 3 磁场方向相反,所产生的电磁吸力减小,故触点仍保持闭合,左转向信号灯和指示灯 9 继续发亮。随着电容器放电,电容器两端电压逐渐下降,其放电电流减小,则线圈 4 的电磁作用减弱,串联线圈 3 的电磁作用增强,触点 1 重又打开,灯变暗,如此反复,继电器的触点不断开闭,使转向信号灯发出明暗交替的闪光信号。灭弧电阻 5 与触点 1 并联,用来减小触点火花。

注意: 在使用电容式闪光器时应按规定的电压和灯泡的总功率要求使用,保证接线正确,否则不闪光且易损坏闪光器。

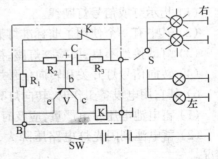

图 5-20 电容式闪光器
1—触点;2—弹簧片;3—串联线圈;
4—并联线圈;5—灭弧电阻;6—铁芯;
7—电解电容器;8—转向灯开关;
9—左转向信号灯指示灯;10—右转向信号灯与指示灯;11—电源开关。

4) 晶体管闪光器

晶体管闪光器结构和种类很多,但大体上可分为两种:全晶体管式(无触点)闪光器和带继电器的有触点晶体管式闪光器。由于后者使用元件少,成本较低,结构简单,工作可靠,故使用较多。

带继电器的有触点晶体管式闪光器如图 5-21 所示,它由一个三极管的开关电路和一个继电器组成,当机械装备右转向时,接通电源开关 SW 和转向开关 S,电流由蓄电池正极→电源开关 SW →接线柱 B→电阻 R_1→继电器 K 的常闭触点→接线柱→转向灯开关 S→右转向信号灯→搭铁→蓄电池负极,则右转向信号灯亮,当电流通过 R_1 时,在 R_1 上产生电压降,晶体三极管 V 因正向偏置而导通,集电极电流通过继电器 K 的线圈,使继电器触点立即断开,右转向灯熄灭。

图 5-21 带继电器的有触点晶体管闪光器

晶体三极管 V 导通时,V 的基极电流向电容器 C 充电,充电电路是:蓄电池正极→电源开关 SW→接线柱 B→V 的发射极 e、基极 b→电容器 C→电阻 R_3→接线柱→转向灯开关 S→右转向信号灯→搭铁→蓄电池负极。随充电时间延长,充电电流将减小,则通过继电器线圈的电流减小,当电流减小到不足以保持衔铁闭合而释放时,触点重又闭合,转向灯再次发亮。这时电容器通过 R_2、触点 K、R_3 放电。当 C 放电结束时重复上述过程,右转向信号灯将不断地明暗闪烁。

2. 转向灯故障的检查与维修

转向灯常见故障有:左右转向灯都不亮、闪烁频率不当、左右转向灯一侧或一只不亮等。

1）左右转向灯都不亮

（1）熔断器熔断,检查确认熔断器熔断后应找出熔断原因,而后更换即可。

（2）蓄电池和开关之间有断线、接触不良,应检查各接线柱接线情况,检查导线情况,保证导线连接可靠。

（3）开关不良,可更换转向开关。

（4）闪光器工作不良,应进行调整或更换。更换时应注意闪光器额定电压、功率和接线。

2）左右转向灯都不灭

（1）闪光器不良,可检修或更换闪光器。

（2）危险警报开关有故障。

3）闪烁频率较标准值低

（1）灯泡功率不符合规定,应按标准更换灯泡。

（2）电源电压过低,可将蓄电池充足电,适当调高发电机输出电压。

（3）闪光器有故障,可调整或更换闪光器。

4）闪烁频率较标准值高

（1）灯泡功率不符合规定,应按标准更换灯泡。

（2）转向灯接地不良,应检查灯座搭铁情况并使其接地良好。

（3）闪光器不良,应进行调整或更换闪光器

（4）转向灯灯丝烧断,应更换灯泡。

5）左右转向灯闪光频率不一样或其中有一只不工作

（1）指示灯或信号灯断线。

（2）其中有一个使用了非标准灯泡,应更换成标准灯泡。

（3）灯的接地不良,要检查灯座,接牢搭铁线。

（4）转向信号灯开关和转向信号灯之间有断线,接触不良,可检修线路及搭铁。

6）其它用电设备工作时,转向灯亮灭速度特别慢或不工作

（1）蓄电池电压亏电严重,应及时给蓄电池补充电。

（2）蓄电池到闪光灯电路压降大,即导线截面小,接触不良,可更换导线,检修接触情况。

7）转向灯有时工作,有时不工作

（1）接线不可靠或搭铁不良、松脱。

（2）闪光器不良。

8）闪光器的检查

在转向信号电路有故障而不能正常工作时怀疑为闪光器故障,则可进行下列检查。

（1）将闪光器接线柱 B 和接线柱 L 短接,如转向灯亮,则说明是闪光器有故障。

（2）打开闪光器的盖,观察线圈和附加电阻是否烧坏,若良好则可进行下列检查。

（3）检查触点闭合情况,按下触点,转向灯亮则是触点间隙过大所致,应予调小。

（4）按下触点不亮,可用旋具短接触点,若灯亮则是触点氧化严重,可进行打磨。

注意:以上检查闪光器的方法,仅限于电热丝式、翼片式和电容式,对于晶体管式则不

能用短接的方法试验,否则将会损坏闪光器。

5.2.3　制动信号装置

制动信号装置主要由制动信号灯和制动灯开关组成。

制动信号灯大多与尾灯合为一体,用双灯丝灯泡或两个单灯丝灯泡制成,功率小的为尾灯,功率大的为制动信号灯。

制动灯开关的作用是在机械装备制动停车或减速时,利用制动系压力使触点闭合,接通制动信号灯电路。现代机械装备的制动灯开关有液压式、气压式、顶杆式3种。

1.液压式制动灯开关

液压制动灯开关装在制动总泵的前端,其结构如图5-22所示。当踩下制动踏板时,制动系中制动液压力增大,膜片拱曲,接触桥4接通接线柱7、9,制动灯亮;当松开制动踏板时,制动液压力降低,接触桥在弹簧5的作用下回位,制动灯熄灭。

2.气压式制动灯开关

气压式制动灯开关装在制动系的输气管上,其结构如图5-23所示。当踩下制动踏板时,压缩空气进入开关,膜片向上拱曲,动触头将两接线柱接通,制动灯亮。

当松开制动灯踏板时,动触头膜片在弹簧张力作用下回位,制动灯熄灭。

3.顶杆式制动灯开关

顶杆式制动灯开关位于制动踏板臂上或手制动操纵杆支架上,分别由制动踏板或手制动操纵杆操纵,其结构如图5-24所示。当踩下制动踏板或拉紧手制动操纵杆时,制动开关处于接通状态,制动灯亮;当松开制动踏板或手制动操纵杆时,开关处于断开位置,制动灯熄灭。

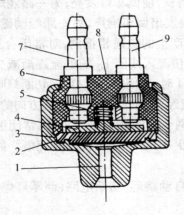

图5-22　液压式制动信号灯开关
1—管接头;2—膜片;3—壳体;4—接触桥;
5—弹簧;7、9—接线柱;6、8—胶木底座。

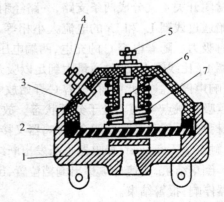

图5-23　气压式制动信号灯开关
1—壳体;2—橡胶塞;3—胶木盖;4、5—接线柱;
6—钢质触点;7—弹簧。

5.2.4　倒车信号装置

倒车信号装置主要由倒车灯、倒车灯开关和倒车蜂鸣器组成。倒车时,倒车灯闪烁,倒车蜂鸣器鸣叫,以提醒车后车辆和行人。

1. 开关

倒车灯开关是在机械装备倒车时接通倒车灯电路以及报警器电路。它安装在变速器盖上的倒挡位置,其结构如图 5-25 所示。当机械装备倒车时,驾驶员将变速杆拨在倒挡位置,叉轴上的凹槽对准钢球,钢球向下移动约 1.8mm,膜片和动触点在弹簧张力作用下,向下移动触点闭合,倒车灯亮,报警器响。

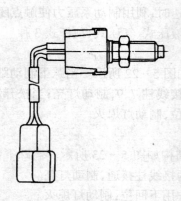

图 5-24 顶杆式制动灯开关

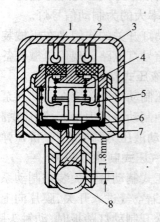

图 5-25 倒车灯开关

1、2—导线;3—保护罩;4—弹簧;
5—触点;6—膜片;7—壳体;8—钢球。

2. 倒车蜂鸣器电路

图 5-26 所示为倒车警报器电路。倒车时,使倒车灯开关闭合,电路接通。电流由蓄电池到倒车开关 2,之后分为两路:一路经倒车灯 3 搭铁,使倒车灯发亮;另一路经蜂鸣器的常闭开关 4 又分成两条支路,一路经喇叭 5 搭铁而发出倒车响声,另一路经励磁线圈。开始通过线圈 L_1 和 L_2 的电流大小相等,方向相反,产生的磁通相抵消,对常闭合开关 4 没有吸力。随着电容 C 的充电,两端电压逐渐增高,使流入线圈 L_2 的电流逐渐减少。当线圈 L_1 比线圈 L_2 的磁通量大到足以吸开常闭触点 4 时,常闭触点 4 打开,切断蜂鸣器电流,响声停止。与此同时,电容 C 开始放电,放电电流经 L_1 和 L_2 并产生相同方向的磁通,继续吸引触点 4,使之处于分开状态。放电终了时,两个线圈磁力全部消失,常闭触点在自身弹力作用下又重新闭合,蜂鸣器又接通,喇叭发出响声,电容 C 又开始充电。如此反复,触点 4 不断开闭,蜂鸣器不断发出断续的响声。

倒车结束,变速杆被移出倒挡位置,倒车开关 2 自动跳起,切断电路,倒车灯熄灭,蜂鸣器停响,报警结束。

解放 CA1091 采用晶体管倒车蜂鸣器,其电路如图 5-27 所示。发声部分是一只功率较小的电喇叭,控制电路是一个由无稳态电路与反相器组成的开关电路,倒车开关附设在变速器上。

当变速器处于倒挡状态时,倒车开关即闭合。倒车开关闭合后,由晶体管 BG_1 和 BG_2 组成的无稳态电路自行翻转,使开关管 BG_3 按无稳态电路振荡,时通时断。

当 BG_3 导通时,电流从电源"+"极经 BG_3、蜂鸣器触点(常闭式)、线圈流回电源"-"极。线圈通电后产生磁场,铁芯被磁化,吸动衔铁,带动膜片变形,产生声音。

186

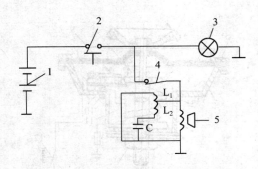

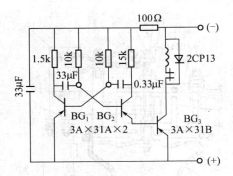

图 5－26　倒车警报器电路

图 5－27　倒车蜂鸣器电路

1—蓄电池；2—倒车开关；3—倒车灯；4—触点开关；

5—喇叭；L_1、L_2—励磁线圈；C－电容。

当 BG_3 截止时，线圈断电，磁场消失，铁芯退磁，衔铁与膜片回位，产生第二次声音。如此周而复始，产生蜂鸣声。

由于倒车灯与蜂鸣器并联，当蜂鸣器 BG_3 导通、线圈通电时，倒车灯处于被"短路"状态，灯光变暗；当蜂鸣器截止、线圈断电时，倒车灯承受全部电源电压，电流变大，灯光变强，车灯与蜂鸣器交替通电，产生灯光闪烁和断续的声响信号。

5.2.5　电喇叭及喇叭继电器

喇叭是机械装备的信号装置，有电喇叭和气喇叭之分。

电喇叭按外形分有盆形、螺旋形、长筒形；按声频分有高音和低音；按音质分有单音、双音和三音；按有无触点分有有触点式和无触点式；按接线方式分有单线制和双线制。

盆形和螺旋形电喇叭声音和谐清脆、音色优美，音响传播较近；长筒形电喇叭音响传播较远。

1．电喇叭的结构和工作原理

1）电喇叭的结构

如图 5－28 所示，喇叭主要由振动机构和电路断续机构两部分组成。振动机构由振动膜片、底板、山字形铁芯、电磁线圈、衔铁、中心杆和共鸣板等组成。电路断续机构由串联在电磁线圈上的一对触点组成。触点的开闭由安装在中心杆一端的调整螺母控制，触点开、闭时由于线圈的自感电动势会在触点间产生火花，易烧蚀触点，为保护触点，在触点间通常并联一个电容或灭弧电阻。触点间并联的电容器（容量约为 $0.14\mu F\sim0.17\mu F$）或灭弧电阻（阻值约为 $12.5\Omega\sim13.5\Omega$），能减小触点间火花，延长触点使用寿命。

（1）筒形及螺旋形电喇叭的结构及原理电路如图 5－28 所示。对于筒形电喇叭而言，其扬声筒为长筒形，螺旋形电喇叭则为螺旋管状的扬声筒，其它结构完全相同。

（2）盆形电喇叭的结构及原理电路如图 5－29 所示，其结构特点是无扬声筒，体积小，结构紧凑。

187

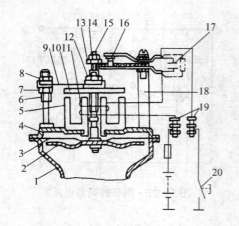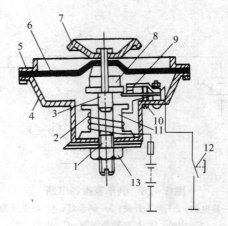

图 5-28　筒形螺旋形电喇叭

1—扬声筒；2—共鸣盘；3—膜片；

4—底板；5—电磁铁芯；6—螺柱；

7—音调调整螺母；8、12、14—锁紧螺母；

9—弹簧片；10—动盘；11—线圈；

13—音量调整螺母；15—中心杆；16—触点；

17—灭弧电容或电阻；18—触点支架；

19—接线柱；20—喇叭按钮。

图 5-29　盆形电喇叭

1—下螺杆铁芯；2—线圈；3—上铁芯；

4—外壳；5—前盖；6—膜片；7—共鸣盘；

8—动铁；9—触点；10—音量调整螺丝钉；

11—电磁铁芯；12—按钮；13—锁紧螺母。

2) 电喇叭的工作原理

如图 5-28 所示，按下喇叭按钮即接通电路，电流由蓄电池正极经熔断器流入线圈后，通过触点和喇叭按钮搭铁，回到蓄电池负极。电磁铁芯产生电磁力吸引动盘使膜片向下拱曲，与此同时，中心杆顶端的音量调整螺母将触点打开，切断电路，铁芯电磁力消失，在弹簧片作用下，动盘向上移动使膜片也向上拱曲，触点又闭合，电磁力又吸引动盘使膜片向下拱曲，如此反复，膜片不断上下拱曲而产生振动，发出声波由扬声筒导出。由于共鸣盘的共振发出"陪音"，故声音更为悦耳。

盆形电喇叭的工作原理与上述基本相同，但它是利用上铁芯被电磁铁芯吸下时，与下螺杆铁芯发生碰撞产生一个较低的基本振频，促使共鸣盘同时产生一个比基本振频强而分布又较集中的谐频，在此基音和谐音的配合下，得到音量适中、和谐悦耳的喇叭声。

2. 电喇叭的检查与调整

1) 电喇叭的检查

（1）喇叭筒及盖如有凹陷或变形时，应予修整。

（2）检查喇叭内的接头是否牢固，如有断脱，则用烙铁焊牢。

（3）检查触点接触状况，触点应光洁平整，上、下触点应相互重合，其中心线的偏移不应超过 0.25mm，接触面积不应少于 80%，否则应予修整。

（4）检查喇叭耗电量大小，将喇叭接到蓄电池上，并在其电路中串接一只电流表，如图 5-30 所示，检查喇叭在蓄电池正常供电情况下的发音和耗电情况。发音应清脆宏亮、无沙哑杂音，耗电量应不大于规定值。如喇叭耗电量过大或声音不正常时，应予调整。

2) 电喇叭的调整

不同形式的电喇叭其结构不完全相同,因此调整方法也不完全一致,但其原理是基本相同的,电喇叭的调整一般有下列两处,如图5-31所示。

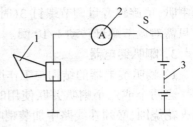

图5-30 检查喇叭耗电量
1—喇叭;2—电流表;3—畜电池。

(1) 铁芯间隙(即衔铁与铁芯间的气隙)的调整:电喇叭音调的高低与铁芯间隙有关,铁芯间隙小时,膜片的振动频率高则音调高;间隙大时则膜片的振动频率低,音调低。铁芯间隙值(一般为0.7mm～1.5mm)视喇叭的高、低及规格型号而定,如DL34G为0.7mm～0.9mm,DL34D为0.9mm～1.05mm。

筒形、螺旋形电喇叭铁芯间隙的调整部位和调整方法如图5-31所示。对图5-31(a)所示的电喇叭,应先松开锁紧螺母3,然后转动衔铁4,即可改变衔铁与铁芯间气隙δ,对图5-31(b)所示的电喇叭,松开上、下调节螺母5、6,即可使铁芯上升或下降,即改变铁芯间隙;对图5-31(c)所示的电喇叭,可先松开锁紧螺母3,转动衔铁加以调整,然后松开调节螺母5、6,使弹簧片与衔铁平行后紧固。调整时,应使衔铁与铁芯间的气隙均匀,否则会产生杂音。

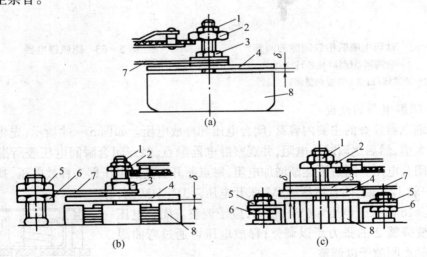

图5-31 筒形、螺旋形电喇叭衔铁间隙的调整
1、3—锁紧螺母;2、5、6—调节螺母;4—衔铁;7—弹簧片;8—铁芯;δ—铁芯间隙。

盆形电喇叭衔铁间隙的调整如图5-32所示,调整时应先松开锁紧螺母2,然后旋转音量调整螺栓(铁芯)1进行调整。

(2) 触点压力的调整:电喇叭声音的大小与通过喇叭线圈的电流大小有关。当触点压力增大时,流入喇叭线圈的电流增大,使喇叭产生的音量增大,反之音量减小。

触点压力是否正常,可通过检查喇叭工作时的耗电量与额定电流是否相符来判断。如相符则说明触点压力正常;如耗电量大于或小于额定电流,则说明触点压力过大或过小,应予调整。对于图5-31所示的筒形、螺旋形电喇叭,应先松开锁紧螺母1,然后转动调节螺母2(逆时针转动时,触点压力增大,音量增大)进行调整;对图5-32所示的盆形

189

电喇叭,可旋转音量调节螺钉3(时针转动时,音量增大)进行调整。调整时不可过急,每次只需对调节螺母转动1/10圈。

3.喇叭继电器

1)喇叭继电器的结构与工作原理

当两个或三个喇叭并联使用时,其工作电流常达10A～20A。为避免喇叭按钮被电弧火花烧蚀,必须在线路中加装喇叭继电器,如图5-33所示。当按下喇叭按钮,接通喇叭继电器电路时,只有较小的电流通过喇叭继电器线圈,产生电磁力,使触点闭合,大电流便经触点通往喇叭线圈,发出音响。当喇叭按钮松开时,继电器线圈中的电流中断,触点打开,喇叭即停止发音。

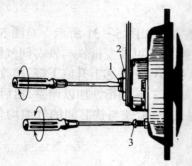

图5-32 盆形电喇叭衔铁间隙的调整
1—音调调整螺栓(铁芯);
2—锁紧螺母;3—音量调整螺钉。

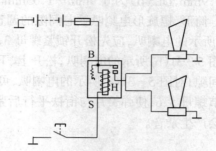

图5-33 喇叭继电器

2)喇叭继电器的检查

喇叭继电器检查的主要内容有:闭合电压和释放电压。如图5-34所示,先将可变电阻调到最大值,然后逐渐减小电阻,并观察继电器触点,触点闭合瞬间电压表所指示的电压值即为闭合电压。随后再逐渐增加电阻,触点断开瞬间的电压即为释放电压,其值应符合规定(一般12V制,闭合电压≤8V,张开电压≥3V;24V制,闭合电压≥16V,张开电压≤6V),否则,应予调整。闭合电压可通过改变弹簧2的张力予以调整;释放电压可通过弯曲限位钩改变触点间隙予以调整。

进行上述检查时,触点应能一次闭合和一次断开,不允许有跳动和接触不良现象。

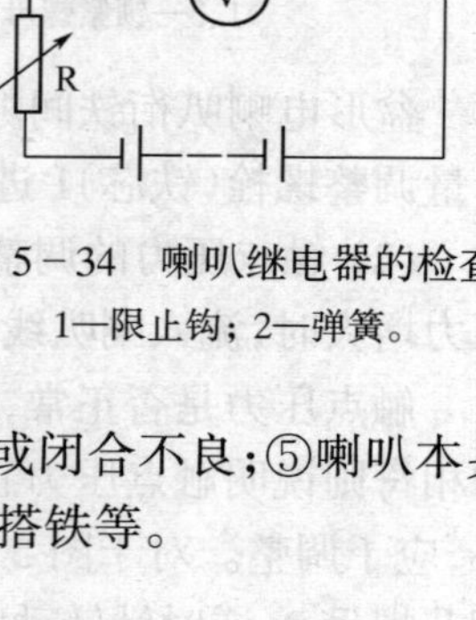

图5-34 喇叭继电器的检查
1—限止钩;2—弹簧。

4.电喇叭的常见故障与排除

电喇叭的常见故障有喇叭不响、喇叭声音沙哑、喇叭触点经常烧坏、喇叭耗电量过大等。

1)喇叭不响

原因:①蓄电池充电不足而亏电;②电路中熔丝烧断;③线路连接松脱或搭铁不良;④喇叭继电器故障,如触点不闭合或闭合不良;⑤喇叭本身故障,如线圈烧断、喇叭触点不能闭合或闭合不良,喇叭内部某处搭铁等。

故障诊断方法如图5-35所示。

190

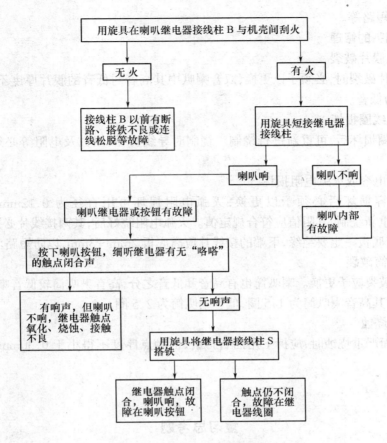

图 5-35 喇叭不响故障诊断方法

2）喇叭声音沙哑

原因：①蓄电池充电不足；②喇叭固定螺钉松动；③喇叭触点或继电器触点接触不良；④喇叭衔铁气隙调整不当；⑤振动膜、喇叭筒等破裂；⑥喇叭内部弹簧片折断等。

诊断方法：①发动机未起动前，喇叭声音沙哑，但当发动机以中速以上速度运转时，喇叭声音恢复正常，则为蓄电池亏电；若声音仍沙哑，则可能是喇叭或继电器等有问题。②用旋具将喇叭继电器的接线柱 B 与 H 短接，若喇叭声音正常，则故障在继电器，应检查继电器触点是否烧蚀或有污物而接触不良；若喇叭声音仍沙哑，则故障在喇叭内部，应拆下仔细检查。

3）喇叭触点经常烧坏

原因：①灭弧电阻或电容器损坏；②灭弧电阻阻值过大或电容器容量过小；③喇叭触点压力调整过大或工作电流过大。

4）喇叭耗电量过大

按下喇叭按钮，只发出"嗒"的一声或不响，夜间行车按喇叭时，灯光瞬间变暗，放松按钮后，灯光复明；继电器触点经常烧粘在一起，导致喇叭长鸣。

原因：①音量调整螺母或螺钉松动，致使喇叭触点不能分开而一直耗电，且振动膜也不反复振动；②喇叭衔铁气隙太小，导致触点不断开；③触点间绝缘垫损坏漏电；④电容器或灭弧电阻短路等。

5．电喇叭的修理

1）喇叭膜片破裂

喇叭膜片破裂时，必须予以更换，双音喇叭中其高音与低音的膜片厚度不同，厚的为高音，薄的为低音。

2）喇叭线圈损坏

喇叭线圈损坏后，可重新进行绕制。绕制时导线直径、匝数及电阻等必须与原线圈一致。

3）灭弧电容或灭弧电阻损坏

灭弧电容损坏后必须予以更换，灭弧电阻损坏可用直径为 0.12mm 的镍铬丝（Ni80Cr20）重新绕制，其阻值应符合规定值。灭弧电阻绕好后，其两接线片必须铆接后再焊锡，电阻与底板一定要绝缘，下端的接线片应离底板 2mm～3mm，以防短路。

4）喇叭筒破裂

喇叭筒破裂应予更换。喇叭筒也有高音和低音之分，高音喇叭筒较低音喇叭筒短，如螺旋形喇叭，其高音喇叭筒为 1.5 圈，低音喇叭筒为 2.5 圈。

5）触点烧蚀

触点表面严重烧蚀时，应拆下用油石打磨，但触点厚度不得小于 0.30mm，否则应予更换。

复习思考题

1．机械装备对前照灯的要求是什么？

2．前照灯主要由哪几部分组成？各部分的作用是什么？

3．如何进行前照灯光束的调整？

4．画出照明信号系统电路原理图。

5．照明信号系统中有哪些主要故障？原因是什么？如何排除？

6．闪光继电器有几种？电热式闪光继电器是如何工作的？如何调整其闪光频率？

7．转向信号灯某一侧的灯泡损坏后，换用功率较大或功率较小的灯泡后，闪光频率有什么变化？

8．电磁振动式喇叭由哪几部分组成？各部分的作用是什么？

9．如何调整螺旋形和盆形电喇叭的音量和音调？

10．如何调整喇叭继电器的吸合电压和释放电压？

11．喇叭电路有哪些主要故障？原因是什么？如何排除？

第6章 仪表与报警系统

6.1 仪 表 系 统

机械装备仪表是用以监测机械装备各系统工作状况的装置,按其结构原理可分为机械仪表和电子仪表两大类。目前机械装备装用的仪表主要有电流表、电压表、燃油表、水温表、变矩器油温表、发动机机油压力表、变矩器油压表、发动机转速表、气压表以及车速里程表等。

机械装备仪表一般采用仪表板总成的形式集中安装在驾驶室方向盘的前方仪表板上,它又有组合式、分装式之分,其中以组合式仪表居多。所谓组合式仪表,就是将各种仪表、指示灯、报警灯及仪表照明灯合装在一个表盘内,共用一块表面玻璃密封。

6.1.1 电流表

电流表主要是用来指示铅蓄电池的充放电电流值,同时还用以检视电源系统工作是否正常。目前机械装备上常用的电流表有电磁式和动磁式两种。

1. 结构及工作原理

1) 电磁式电流表

电磁式电流表的结构如图 6-1 所示。底座由黄铜板条制成,固定在绝缘底板上,两端与接线柱相连。在底座的中间夹有永久磁铁,磁铁的内侧还安装有指针转轴,在轴上装有带指针的软钢转子。

当没有电流流过电流表时,软钢转子被永久磁铁磁化而相互吸引,使指针停在中间"0"的位置。

当铅蓄电池向外供电时,放电电流通过黄铜板条产生的磁场与永久磁铁磁场的合成磁场吸动软钢转子逆时针偏转一个与合成磁场方向一致的角度。于是指针就指向标度盘的"-"侧。放电电流越大,合成磁场越强,则软钢转子带着指针向"-"侧偏转角度就越大。

当发电机向铅蓄电池充电时,则流过黄铜板条的电流反向,合成磁场吸引软钢转子带着指针顺时针方向偏转指向"+"侧,且充电电流越大,指针偏转越大。

2) 动磁式电流表

动磁式电流表的结构如图 6-2 所示。黄铜导电板固定在绝缘底板上,两端与接线柱相连,中间夹有磁轭,与导电板固装在一起的针轴上装有指针与永久磁铁转子。

当没有电流通过电流表时,永久磁铁转子使磁轭磁化相互吸引,故指针停在"0"位。

当蓄电池向外供电时,放电电流通过导电板产生的磁场,使浮装在导电板中心的永久磁铁转子带动指针向"-"侧偏转,且放电电流越大偏转角越大。

当发电机向蓄电池充电时,充电电流通过导电板产生的磁场则使指针向"+"侧偏转,显示出充电电流的大小。

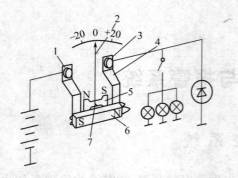

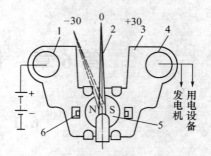

图6-1　电磁式电流表

1—负极接线柱；2—指针；3—正极接线柱；
4—黄铜板条；5—软钢转子；6—永久磁铁；7—转轴。

图6-2　动磁式电流表

1—负接线柱；2—指针；3—黄铜导电板；
4—正接线柱；5—永久磁铁转子；6—磁轭。

2．电流表的常见故障及检修

1）电流表的故障与排除

（1）指针转动不灵活，反应迟缓。

故障原因：针轴过紧，润滑油变质粘连指针，电流表接线头松动、接触不良等。

检查、排除方法：将电流表拆开，取下表的罩子，将表芯取出，把变质的润滑油清洗干净，待表芯干燥后在轴承处滴少许干净润滑油，装好外壳，进行调整后使用，使其灵活自如。

如因接线接触不良引起的故障，应将接触面上的锈斑刮除，拧紧螺母，用平垫片将线头压紧。

（2）指示值不准。

故障原因：电流通过时，指示值始终过高，主要是仪表存放或使用时间过长，致使永久磁铁磁性减弱造成。电流通过时，指针偏抖、迟缓或指示过低，主要是电流表指针歪斜、弯曲、针与面板相碰或指针轴与轴承磨损及永久磁铁磁性较强等造成。

检查、排除方法：拆下外壳，检查指针有无偏歪、弯曲，针与面板玻璃有无相碰等，根据情况给予排除。

如指示值偏高，电流表的永久磁铁磁性减弱，可用一块磁性较强的永久磁铁与电流表的永久磁铁异性相接，接触或吸引一段时间（3s～5s）对其进行磁化即可。若指示值偏低，可用磁性较强的永久磁铁与表的永久磁铁同极性一端相斥一段时间（3s～5s）使其磁性减弱即可。

（3）指针不动或无电流通过。

故障原因：表芯烧坏，接线螺钉与罩壳或车身搭铁等造成。

检查、排除方法：如因表芯烧坏则应更换电流表。如因搭铁等原因造成的，则消除搭铁故障即可排除。

2）电流表的检修

（1）电流表的检验：将被试电流表与标准直流电流表（-30A～+30A）及可变电阻串联在一起，接通蓄电池电流，逐渐减小可变电阻值，比较两个电流表的读数，若读数差不超过20%，则可认为被测电流表工作正常。否则，需要调整。

（2）电流表的调整：被试电流表读数偏高，可用充磁法进行调整，其方法有两种。

一种是永久磁铁法，即用一个磁力较强的永久磁铁的磁极与电流表永久磁铁的异性磁极接触一段时间，以增强其磁性。

另一种是电磁铁法，即用一个Ⅱ字形电磁线圈通以直流电，然后和电流表的永久磁铁的异性磁极接触3s～5s，以增强其磁性。

调整时，若读数偏低，可使同性磁极接触一段时间，使其退磁。

6.1.2 燃油表

燃油表是用来指示机械装备燃油箱中的存油量，由装在油箱上的油量传感器和仪表板上的燃油指示表两部分组成。

现代机械装备上使用的燃油表有电磁式燃油表、电热式燃油表、动磁式燃油表3种。

1. 结构及工作原理

1）电磁式燃油表

电磁式燃油表的结构如图6-3所示。燃油指示表由左右两个线圈（线圈内有铁芯）和中间带指针的转子组成。传感器由可变电阻、滑片和浮子组成。传感器浮子浮在油面上，随油面高低上下浮动，从而使电阻的阻值发生改变。电阻的一端搭铁，另一端接在传感器接线柱上。

当油箱内无油时，浮子下沉，可变电阻与右线圈被短路，无电流通过，左线圈在全部电源电压作用下，通过的电流达最大值，产生电磁力最大，吸引转子，使指针停在最左面的"0"位上。

随着油箱中油量的增加，浮子上浮，便带动滑片移动，可变电阻部分接入回路中，左线圈中的电流相应减小，产生的电磁力减弱，而右线圈中的电流增加，产生的电磁力增强。转子在合成磁场的作用下向右偏转，从而使指针指示油箱中的燃油量。

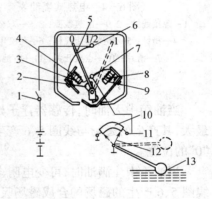

图6-3 电磁式燃油表

1—点火开关；2—转子；3—左线圈；
4、8—铁芯；5—指针；6—电源接线柱；
7、11—传感器接线柱；9—右线圈；
10—可变电阻；12—滑片；13—浮子。

当油箱中充满燃油后，浮子上升到最高点可变电阻全部接入回路。此时左线圈产生的电磁力最弱，而右线圈的电磁力最强，转子在合成磁场的作用下向右偏移至最大位置，指针便指在"1"的位置上。

2）电热式燃油表

电热式燃油表的结构如图6-4所示，由双金属片式燃油指示表和可变电阻传感器组成。

当油箱中无油时，传感器的浮子处于最低位置，可变电阻全部接入电路，左电热线圈中电流最小，双金属片几乎不变形，而右电热线圈中电流最大，双金属片变形最大，驱使连动装置带动指针向左偏移指在"0"位上。

当油箱中注满油时，浮子上升到最高位置，传感器电阻被短路，左电热线圈中的电流增至最大值，双金属片变形大，而右电热线圈中的电流下降至最小值，双金属片复原，通过连动装置将指针推到满油标度"1"的位置上。

3）动磁式燃油表

动磁式燃油表的结构如图6-5所示，由三线圈燃油指示表和可变电阻传感器组成。

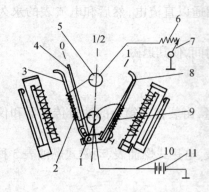

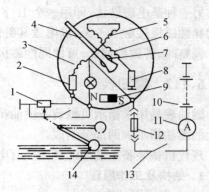

图6-4 电热式燃油表

1—源接线柱；2、9—电热线圈；3、8—双金属片；

4—指针；5—传感器接线柱；6—可变电阻；

7—滑片；10—点火开关；11—电池。

图6-5 动磁式燃油表

1—传感器可变电阻；2、8—电阻；

3、5、6—线圈；4—指针；7—指针永久磁铁；

9—永久磁铁；10—蓄电池；11—电流表；

12—熔断器；13—点火开关；14—浮子。

当油箱中无油时，传感器浮子处于最低位置，可变电阻被短路，流过线圈3中的电流最大，其产生的磁场与线圈5、6产生的磁场的合成磁场吸动指针永久磁铁带动指针指向"0"的位置。

当油箱中注满油时，可变电阻全部接入，流过线圈3中的电流最小，其产生的磁场与线圈5、6产生的磁场的合成磁场吸动指针永久磁铁带动指针指向"1"的位置。

当点火开关断开、燃油表中无电流流过时，在永久磁铁9的作用下，带动指针指向"0"位。

2．燃油表的常见故障及检修

1）电磁式燃油表的故障与排除

（1）接通点火开关后，指针不动。

故障原因：一般是燃油表电源线路断路或者燃油表左线圈断路所致。

检查、排除方法：在燃油表电源接线柱上接一试灯搭铁，若试灯亮则为燃油表左线圈断路；若试灯不亮，则为燃油表电源接线柱至点火开关间导线断路。

（2）接通点火开关后，不论存油多少，指针总是在"1"的位置上。

故障原因：燃油表到传感器的导线断路，传感器内部线路断路，传感器搭铁不良等。

检查、排除方法：接通点火开关，拆下传感器接线柱上的导线并搭铁，如指针回"0"，说明传感器内部线路断路或搭铁不良。若仍不回"0"，可在燃油表的传感器接线柱上引线搭铁，如指针回到"0"位，说明燃油表至传感器间导线断路。

（3）接通点火开关，不论存油多少，指针总是指在"0"位置上。

故障原因：传感器的浮子不能浮起或传感器内部搭铁；燃油表两接线柱上导线接反；右线圈断路或搭铁不良。

检查、排除方法：拆下传感器上的导线，若此时指针指向"1"的位置，说明传感器内部

196

有搭铁处或浮筒已损坏。若指针仍指在"0"位上,再拆下燃油表通往传感器接线柱上的导线,此时指针指在"1"的位置上,说明燃油表与传感器间的导线搭铁。若指针仍指在"0"处,从燃油表外壳上引一导线搭铁,若指针在"1"位上,说明右线圈搭铁不良。若指针仍指在"0"位上,则为燃油表的右线圈断路或两接线柱上导线接反。

2)电热式燃油表常见故障与排除

(1)接通点火开关后,不论油箱存油多少,燃油表指针均指向"0"。

故障原因:电源线或电源稳压器损坏,燃油表至传感器导线断路,燃油表损坏,传感器搭铁不良或烧坏。

检查、排除方法:首先用螺丝刀将传感器的接线柱搭铁,若此时燃油表指示"1",则为传感器故障;再用一根导线将传感器壳体搭铁,如表针走动,则为传感器搭铁不良;如表针不动,则为传感器本身损坏。拆下传感器,测浮筒在各种状态下,传感器接线柱与壳体间的电阻,如不符合要求,则为传感器可变电阻损坏。

如果传感器接线柱搭铁时,表针仍不动,将指示表接传感器的导线接线柱搭铁,如表指向"1",则为燃油表至传感器导线断路。如表针仍不动,则应检查燃油表电源接线柱的电压。如正常,则为燃油表损坏;如不正常,则为电源线路或电源稳压器损坏。

(2)接通点火开关后,不论油箱中存油多少,燃油表均指向"1"。

故障原因:燃油表至传感器导线搭铁;传感器内部搭铁。

检查、排除方法:拆下传感器上的连接线,若表针回位,则为传感器损坏;若表针仍指向"1"处,则为燃油表至传感器导线搭铁。

3．燃油表传感器的检查与调整

将被试燃油表与标准传感器(检查指示仪表)或标准指示仪表与被试传感器(检查传感器)按图6－6所示接线,将浮子分别摆到规定位置时,指示仪表的指针应相应地指在"0(E)"和"1(F)"的位置上,且误差不应超过10％,即为良好,否则应予调整或更换新表或新传感器。

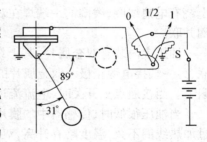

图6－6　燃油表的检查

若电磁式、动磁式指示仪表不能指到"0"或"1"上时,可通过改变左"0"位、右"1"位线圈的轴向位移或左右线圈之间的夹角,弯曲导磁片来调整。

若双金属片式指示仪表不能指到"0"或"1"时,可转动调整齿扇进行调整。

若标准指示表指针指到"0"和"1"位时,浮子或浮子臂不在规定位置时,可改变滑动接触片与电阻的相互位置进行调整。

6.1.3　油压表

油压表是在发动机运转时,用来指示发动机机油压力的大小和发动机润滑系工作是否正常的,由安装在发动机侧主油道上或粗滤器壳上的油压传感器和仪表板上的油压指示表两部分组成。常用油压表类型有电热式压力表、电磁式压力表以及弹簧管式压力表。

1．结构及工作原理

1）电热式机油压力表

电热式机油压力表的结构如图6-7所示。

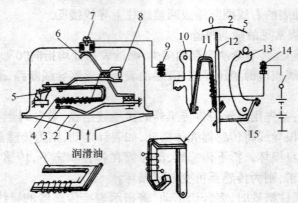

图6-7　双金属片电热式油压表

1—油腔；2—膜片；3—弹簧片；4—双金属片；5—调节齿轮；6—接触片；7、9、14—接线柱；
8—校正电阻；10、13—调节齿扇；11—双金属片；12—指针；15—弹簧片。

油压传感器为圆盘形，内部有感受机油压力的膜片，膜片下方的油腔与润滑系主油道相通。膜片上方顶着弓形弹簧片，弹簧片的一端焊有触点，另一端固定并搭铁。双金属片上绕有电热线圈，线圈的一端焊在双金属片上，另一端接在接触片上。校正电阻与电热线圈并联。

油压表内装有双金属片，其上绕有电热线圈，线圈一端经接线柱和传感器的触点串联，另一端接电源正极。双金属片的一端制成钩状，钩在指针上，另一端则固定在调整齿扇上。当接通点火开关时，电流流过双金属片上的加热线圈，使双金属片受热变形。

当油压很低时，传感器中的膜片几乎无变形，此时作用在触点上的压力甚小。电流通过加热线圈不久，温度略有升高，双金属片弯曲使触点分开，电路即被切断，稍后双金属片冷却伸直，触点又闭合。因触点闭合时间短，电路中电流的有效值小，指示表中双金属片受热变形弯曲小，指针向右偏移量小，即指出较低油压。

若油压增高时，膜片向上拱曲，使触点压力增大，触点闭合时间延长，电路中电流的有效值增大，指示表中双金属弯曲变形增大，从而指示较高的油压。

2）电磁式油压表

电磁式油压表的结构如图6-8所示，当油压为0时，膜片无变形，可变电阻全部接入电路，左线圈中的电流最大，而右线圈中最小，形成的合成磁场吸动磁铁带动指针指向"0"位。

当油压升高时，膜片向上拱曲，可变电阻部分接入电路，流过右线圈的电流增大，而流过左线圈的电流减小，形成的合成磁场使指针向右偏转，指在高油压位置。

3）弹簧管式油压表

弹簧管式机油压力表的结构如图6-9所示，当发动机不工作时，弹簧管内无机油压力，而处于自由状态，指针指在表盘的"0"位上。

当压力增高时，弹簧管自由端外移，通过连接板使扇形齿轮驱动固定于指针轴上的小

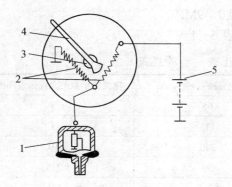

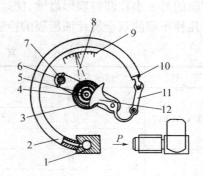

图 6-8　电磁式油压表

1—变电阻式传感器；2—正十字交叉线圈；

3—永久磁铁转子；4—指针；5—蓄电池。

图 6-9　弹簧管式油压表

1—接头；2—弹簧管；3—游丝；4—小齿轮；

5—针轴；6—夹板；7—固定轴；8—指针；

9—刻度盘；10—封口塞；11—连接板 ；12—扇形齿轮。

齿轮,带动指针指示出相应的油压值。

2. 电热式油压表的故障与排除

1）指针不动

故障原因:指示表或传感器损坏,连接导线松脱。

检查、排除方法:接通点火开关,起动发动机,将机油压力表传感器接线柱搭铁,这时将出现以下两种情况:

（1）表针移动。说明压力表是好的,故障在传感器或机油油道。此时可拆下传感器,用平头小棍顶住传感器内的膜片,若表针不动,则故障为传感器损坏;若表针移动,则故障在润滑油路。

（2）表针不动。说明故障在压力表或连接导线上。此时可用一根导线将机油压力表的电源接线与机体划火。若无火,则故障为电源连线断路;若有火,则移开该导线,一端搭接传感器的接线性,另一端与机体划火,如此时表针仍不动,则故障在机油压力表,若表针动,则故障为机油压力表至传感器间连线断脱。

2）接通电源开关,发动机尚未起动,机油压力表指针即开始移动

故障原因:压力表、传感器或导线有短路。

检查、排除方法:关闭电源,先拆下传感器端导线,再接通点火开关试验。若表针不再移动,说明传感器内部搭铁或短路;若表针仍移动,则应检查机油压力表至传感器间导线有无搭铁之处。

3）指针指示值不准

可在试验台上检查,如无试验台,也可用毫安表、可变电阻器和蓄电池串成图 6-10 所示电路进行检查调试。

检查、排除方法:接通开关 K,调节可变电阻,使毫安表指在 60mA,观察油压表指针应在"0"位。若有偏差,可用工具通过表座背面的小孔拨转扇形齿臂,直到消除偏差为止;然后调节可变电阻,使毫安表指在 240mA,这时油压表应指 0.49MPa,若有偏差,可用同样工具在表

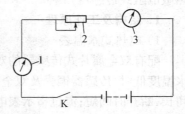

图 6-10　油压表简易检查电路

1—毫安表;2—可变电阻;3—油压表。

199

座背面的另一小孔调整扇形齿臂,使指针移动到 0.49MPa。

几种车型的双金属片油压表的检验规范见表 6-1。

表 6-1　双金属片油压表的检验规范

车　型	指示表的读数/MPa	标准电路的示数/mA	电流指示数的允许偏差/mA
	0	65	±5
解放 CA10B	0.2	175	±3
	0.5	240	±10
	0	30	±2.5
东风 EQ140 型	0.3	62.5	±1.5
	0.7	90	±4

3．电磁式油压表的常见故障及检修

1）指针不动或微动

故障原因:指示表线圈脱焊或断线,指针变形卡住,指针与刻度盘接触,指示表与传感器间导线接触不良或断线,传感器电阻烧断,滑动接触片与电阻接触不良,波形膜片破损或老化,传感器油孔堵塞,活动结构卡死等。

检查、排除方法:用万用表检查指示表与传感器间导线接触不良或断线,拆下指示表外壳,检查指针有无变形、偏歪,针与刻度盘有无相碰等;用万用表检查传感器导通情况,拆下传感器外壳,检查滑动接触片与电阻接触是否良好、波形膜片是否破损或老化、传感器油孔是否堵塞、活动结构是否卡死等。根据以上检查情况给予排除。

2）接通电源开关,发动机尚未起动,机油压力表指针即开始移动

故障原因:压力表、传感器或导线有短路。

检查、排除方法:关闭电源,先拆下传感器端导线,再接通点火开关进行试验。若表针不再移动,说明传感器内部搭铁或短路;若表针仍移动,则应检查机油压力表至传感器间导线有无搭铁之处。

6.1.4　水温表

水温表(温度表)是用以指示发动机冷却水温度的,由安装在发动机气缸体水套上的温度传感器及仪表板上的温度指示表两部分组成。常见的温度表类型有电热式水温表(配双金属电热脉冲式传感器)、电磁式水温表(配热敏电阻式传感器)和动磁式水温表(配热敏电阻式传感器)3 种。

1．结构及工作原理

1）电热式水温表

配有双金属片式传感器的双金属片式水温表的结构如图 6-11 所示。当发动机冷却水温度低时,传感器铜壳及双金属片周围温度也低,动触点的闭合压力较大,触点闭合时间长,断开时间短;流过指示表电热线圈中的脉冲电流平均值大,指示表双金属片变形大,带动指针偏转较大的角度而指在低温标度值。

当水温升高时,动触点的闭合压力减小,触点的闭合时间变短,断开时间变长,流过指示表电热线圈的脉冲电流平均值减小,双金属片变形小,指针偏转角小而指在高温标

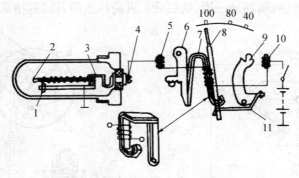

图 6-11 双金属片式电热式水温表

1—具有固定触点的螺钉；2、7—双金属片；3—接触片；
4、5、10—接线柱；6、9—调节齿扇；8—指针；11—弹簧片。

度值。

　　配有热敏电阻式水温传感器的双金属片水温表的结构及工作原理如图 6-12 所示。热敏电阻式水温表是利用水温的高低，使热敏电阻的大小作相应变化(温度升高，电阻变小)，直接改变指示表内电热线圈的电流大小，使双金属片变形程度不同，从而带动指针指出相应的温度值。

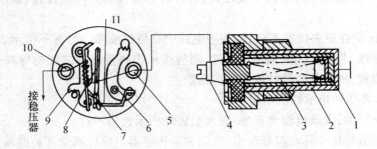

图 6-12 热敏电阻式水温表

1—热敏电阻；2—外壳；3—弹簧；4、5、10—接线螺钉；
6、9—调节齿扇；7—双金属片；8—指针；11—弹簧片。

　　2) 电磁式水温表

　　电磁式水温表的结构及工作原理如图 6-13 所示。当冷却水温度升降时，热敏电阻传感器直接控制串、并联线圈中的电流大小，使两个铁芯作用于衔铁上的电磁力发生变化，从而带动指针偏转，指示相应的温度值。

　　3) 动磁式水温表

　　动磁式水温表的结构及工作原理如图 6-14 所示。当水温升高或降低时，热敏电阻的电阻减小或增大，从而使流过线圈 3 的电流增大或减小，线圈 5、6 中的电流不变，线圈 3、5、6 产生的电磁力吸动指针上的永久磁铁，指针指示出相应的温度值。

　　2．水温表的常见故障及检修

　　1) 电热式水温表的故障判断与排除

　　(1) 水温表总是指在低温处不动。

接通点火开关后,表针就偏到另一边(低温处),发动机水温升高后指示针仍不动。

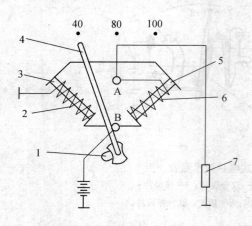

图 6-13　电磁式水温表
1—转子；2、6—左、右线圈；3、5—铁芯；
4—指针；7—热敏电阻传感器。

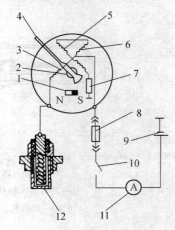

图 6-14　动磁式水温表
1—永久磁铁(使指针回零)；2—指针永久磁铁；
3、5、6—线圈；4—指针；7—电阻；8—熔断器；
9—蓄电池；10—点火开关；11—电流表；
12—热敏电阻传感器。

① 先拆下传感器上的连接导线,这时表针若能慢慢回到停止位置,说明传感器内部短路。

② 若指针仍在原来位置不动,则表明电路中有搭铁故障。可拆下指示表通往传感器接线柱上的导线,若指针能回到停止位置,则为指示表到传感器之间的导线搭铁；若仍不能回到停止位置,则为其接线柱或表内部搭铁。

(2) 指示表指针指示数值不对。

接通点火开关,发动机温度正常,而水温表的指示数值不对。

观察指示值若比实际水温低很多时,则多为传感器电热线圈烧坏短路所致；若观察指示值比实际水温高时,则多为指示表电热线圈烧坏短路所致。

用万用表分别测量指示表及传感器电热线圈阻值,如线圈短路损坏应更换指示表或传感器,若阻值符合要求,则为水温表本身未调整好而引起偏差,应予重新调整或更换。

(3) 水温表指针不动。

接通点火开关,拆下传感器接线柱上的导线,并在导线上接一试灯(25W)搭铁。

a) 水温表指针摆动,说明水温表良好,为传感器损坏。

b) 水温表指针仍不动,用试灯一端搭铁,另一端接水温表电源接线柱。

此时试灯亮,再把试灯一端接在水温表引出接线柱上,另一端仍搭铁。若指针摆动,说明水温表是好的,故障为水温表至传感器之间断路；若表针仍然不动,说明水温表损坏。

此时试灯不亮,故障为水温表至蓄电池间断路。将试灯一端接稳压器电源接线柱,另一端搭铁,若试灯亮,说明稳压器损坏；若试灯不亮,说明稳压器到蓄电池间导线断路或仪表熔断器烧断。

2）水温表的检修

（1）水温表传感器的检验：用万用表测量指示表内线圈及传感器的电阻值，应符合原制造厂的规定，否则更换。再按图6-15所示装好被检传感器（检验传感器时）或被检指示表（检验指示表时），并接好连线，接通电路，使加热容器内的水分别为规定水温，并在保持3min不变的情况下观察水温指示表与水银温度表的读数，相同则均为良好，否则需调整或更换。

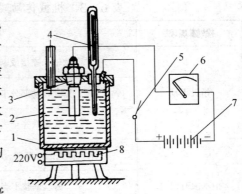

图6-15　水温表的检验
1—加热容器；2—水；3—被检传感器；
4—水银温度计；5—开关；6—标准水温表；
7—蓄电池；8—电炉。

对于双金属片水温表还可将被测指示表与毫安表、可变电阻串接在电路中，调整可变电阻使毫安表分别指在规定值时，指示表应相应地指在标定值上，其误差不应超过20%。

几种车型的双金属片式水温表的检验参数见表6-2。

表6-2　几种车型的双金属水温表的检验参数

车　型	解放 CA10B	东风 EQ140	五十铃 TXD-50
标准电流(mA)/温度(℃)	80±5/100	210±4/100	110.8±2/100
	160±5/80	150±4/80	86±3/80
	240±10/40	65±7/50	47/50

（2）水温表及传感器的调整：双金属片式水温表，可通过拨动表内齿扇来调整；电磁式、动磁式水温表，可通过改变两线圈的轴向位置或两线圈的夹角来调整。

电热式水温传感器不合要求时，可拆开外壳通过调整静触点压力来校正；而热敏电阻式则必须更换。

6.1.5　转速表

在机械装备中，为监视发动机的工作情况，常设有发动机转速表。常见的有机械式和电子式两种。

1. 机械式转速表

1）机械传动磁铁式转速表

（1）基本结构与工作原理：结构如图6-16所示。当发动机运转时，曲轴驱动机构经软轴带动永久磁铁旋转，永久磁铁磁力线被铝碗切割而产生感应电流。铝碗因有电流而同时产生磁场，此磁场与旋转磁铁磁场相互作用带动指针轴按顺时针方向转动一个角度，游丝同时被扭转，指针指示相应的转速。

当发动机转速降低时，旋转永久磁铁转速也随之降低，铝碗磁场减弱，指针即指示相应的较低转速。

（2）故障与检修：见表6-3。

表6-3 机械传动磁铁式转速表常见故障与检修

检修现象法	故 障 原 因	
指针不动	软轴未连接或断轴	连接好或更换断轴
	指针转动部分卡死	检查调整指针,使其能自由活动
	永久磁铁完全失磁	用充磁机充磁
指示值有误差	永久磁铁磁性减弱,示值偏低	用充磁机充磁
	游丝调整不当	示值偏大,将游丝调紧,反之调松
	指针与刻度面微碰	重新调整

2)电动磁铁式转速表

(1)基本结构及工作原理:结构如图6-17所示,由传感器和指示器组成。传感器实际上是个小型交流发电机,安装在发动机皮带轮附近,用四个螺钉固定。

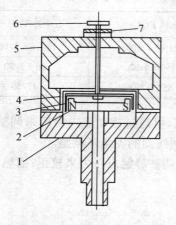

图6-16 机械传动磁铁式转速表
1—底座;2—磁铁;3—铝碗;4—磁屏;
5—支架;6—指针;7—游丝。

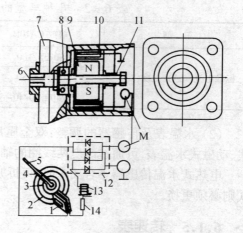

图6-17 电动磁铁式转速表
1—动圈;2—永久磁铁;3—游丝;4—配重;5—指针;
6—传感器扁形轴;7—外壳;8—线圈固定罩;
9—旋转永久磁铁;10—输出线圈;11—轴承座;
12—整流器;13—电阻(200Ω);14—电阻(300Ω)。

当发动机工作时,发动机的传动机构带动传感器扁形轴转动,在轴上的永久磁铁跟随转动,使线圈切割磁力线产生交流电。电压高低随转速的快慢而变化,通过整流器变成直流,再经绕线电阻和碳电阻输入动圈,这时动圈所产生的磁场和永久磁场产生的磁场相互作用,使动圈偏转。由于动圈和轴、游丝、配重指针装配成一体,所以动圈转动,指针就作顺时针偏转。发动机转速越快,传感器输出电压越高,动圈电压输入大,力作用大,指针偏转角也大。

(2)故障与检修:见表6-4。

表 6-4 电动式转速表常见故障与检修

故障现象	故障原因	检修方法
指针不动	传感器线圈线或引线脱落	焊接脱线或重绕线圈
	永久磁铁无磁	充磁
	连接线不通	用万用表检测,如无电压,说明线路故障
	整流二极管损坏	万用表测试,更换二极管
	绕线电阻、磁阻烧断	更换电阻
	动圈烧断	万用表测试,重绕
	指针转动部分卡住	检查并调整
指针跳动	传感器发电不稳,传动部分松动	修复传动部分,使指针间隙在 0.05mm～0.10mm 更换轴承,如损坏应更换
	整流器二极管损坏	用万用表检测,损坏应更换
	指针轴承松动	调整轴承间隙
	轴尖磨损	研磨,磨损严重的应更换

2. 电子式转速表

电子式转速表的基本结构原理如图 6-18 所示,它是利用电容器充放电的脉冲式电子转速表。其转速信号可从分电器触点开闭信号、测量飞轮(或正时齿轮)转速信号或从发电机转速信号获取。

当发动机工作时,利用触点不断开闭,其开闭次数与发动机的转速成正比。触点开闭产生的断续电流,经积分电路 $R_1R_2C_1$ 整形送至 T_r,从而取得一个具有一定幅值(电流值)和脉冲宽度(时间)的矩形波电流,此电流通过电流表 M。

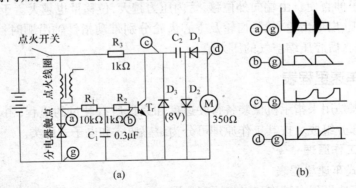

(a)   (b)

图 6-18 电子转速表结构、原理图

(a) 电路原理图;(b) 各点检测的波形。

ⓐ-ⓖ分电器续断电压波形;ⓑ-ⓖT_r 的输入波形;

ⓒ-ⓖC_2 的放电电流波形;ⓓ-ⓖC_2 的充电电流波形。

当触点闭合时,三极管 T_r 无偏压而处于截止状态,电容 C_2 被充电,充电电流由蓄电池正极→电阻 R_3→电容 C_2→二极管 D_2→蓄电池负极。

当触点分开时,三极管 T_r 的基极电位接近电源正极,T_r 由截止转为导通。此时电容器 C_2 所充满的电荷经电流表 M 放电。放电电流由电容器 C_2→三极管 T_r→电流表 M→

二极管 D_1，再回到电容器，从而驱动电流表。触点如此重复开闭，使电流表显示通过电流的平均值。

二极管 D_2 在电路中起稳压作用，并为电容 C_2 提供充电电路。二极管 D_1 为电容器 D_2 提供放电电路。

6.1.6　气压表

气压表用以指示气压制动的贮气筒内的压力和制动输出气压。机械装备广泛采用的是双回路制动系统，常采用双针弹簧式气压表。

1. 基本结构

如图 6-19 所示。前后腔的压缩空气分别经管道进入气压表的两个弹簧管。两个弹簧管均为弯曲成圆弧形的空心体，其截面为扇圆形，截面的短轴位于空心管弯曲的平面内。弹簧管 3 与左接头相通，弹簧管 3 的封闭端(右端)经连接板 7、扇形齿轮 9 与长径齿轮 11 相连，长径齿轮又与指针轴连为一体。弹簧管 5 与右接头相通，弹簧管 5 的封闭端(右端)经连接板 6、扇形齿轮 8 与空心齿轮 10 相连，空心齿轮 10 又与指针轴连为一体。两个游丝的内端分别与长径齿轮、空心齿轮相连，其外均为固定端。两个扇形齿轮均以各自的销轴为旋转中心，可以左右摆动。

2. 工作原理

双针双弹簧管式气压表实际上是两只平行单弹簧管式气压计，只不过将二者组装为一个仪表总成，二者的工作原理完全相同。

当贮气筒前、后腔的压缩空气分别经管道、接头进入弹簧管后，由于扁圆形的弹簧管的外圆表面积大于内圆表面积，于是产生了压力差，试图使空心管变为圆形截面，短轴伸长，长轴缩短，因而使管臂产生应力，迫使圆弧形的空心管伸直，直至应力与弹簧管的弹力平衡为止。管子伸直使自由端向外位移，管内压力越大，位移量也越大。于是弹簧管的自由端通过连接板、扇形齿轮、长径齿轮及空心齿轮分别带动指针轴沿顺时针方向转动，从而测定贮气筒前、后腔压缩空气的压力值。

6.1.7　车速里程表

车速里程表是用来指示机械装备行驶速度和累计所行驶过的里程，由车速指示表和里程计数器两部分组成。按其工作原理可分为磁感应式和电子式两类。

1. 结构及工作原理

1) 磁感应式车速里程表

磁感应式车速里程表结构和工作原理如图 6-20 所示。当机械装备行驶时，由变速器或分动器输出的转速经蜗轮蜗杆及软轴传至车速里程表的转轴，一方面带动 U 形永久磁铁旋转，在感应罩上产生涡流磁场和转矩，驱使感应罩克服盘形弹簧力作同向偏转，从而带动指针在标度盘上指出相应的车速值，车速越快，永久磁铁旋转越快，感应罩上的涡流转矩越大，指针偏转角大，指示的车速值也越大；反之，则指示车速越小。同时转轴旋转驱动三套蜗轮蜗杆，按一定传动比转动，从而逐级带动计数轮，指示出行驶里程。

当机械装备停驶时，永久磁铁以及蜗轮蜗杆均停止转动，感应罩上的涡流转矩消失，在盘形弹簧作用下使指针回到 0 的位置，同时里程表也停止记数。当机械装备继续行驶

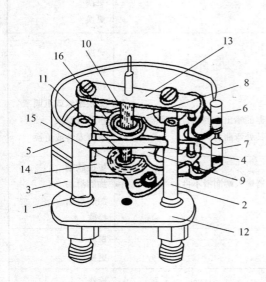

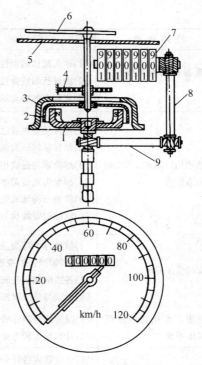

图 6-19　双针双弹簧管式气压表

1—左接头；2—右接头；3—弹簧管；4—气管；

5—弹簧管；6、7—连接板；8、9—扇形齿轮；

10—空心齿轮；11—长径齿轮；12—底板；

13、14—上下夹板；15、16—游丝。

图 6-20　车速里程表

1—U 形永久磁铁；2—感应罩；3—护罩；

4—盘形弹簧；5—标度盘；6—车速表指针；

7—数字轮；8、9—蜗轮蜗杆。

时,里程表又继续计数。

2）电子式车速里程表

电子式车速里程表中应用较广的是磁电脉冲式电子车速里程表。电子式车速表的工作原理是从安装在传动部分的磁感应式速度传感器取得信号传递给控制电路,通过驱动脉冲电动机转换信号,使累计仪运转进行指示,同时通过另外的信号处理部分使车速指示仪表指示出车速。

2.车速里程表的故障与检修

1）车速里程表的故障与排除

车速里程表的故障与排除见表 6-5。

表 6-5　车速里程表的常见故障、产生原因及排除方法

故障现象	产生原因	排除方法
车速表和里程表指针均不动	(1)主轴减速机构中的蜗杆或蜗轮损坏使软轴不转；	更换零件
	(2)软轴或软管断裂；	更换
	(3)主轴处缺油或氧化而卡住不动；	清除污物加润滑油
	(4)表损坏；	更换
	(5)转轴的方孔或软轴的方轴被磨圆；	更换转轴或软轴
	(6)软轴与转轴或主轴连接处松脱	连接牢靠

故障现象	产 生 原 因	排 除 方 法
车速表和里程表指示失准	(1)永久磁铁的磁性急减或消失； (2)游丝折断或弹性急减； (3)里程表的蜗轮蜗杆磨损	充磁 更换 更换
车速表指针跳动、不准而里程表正常	(1)指针轴磨损或已断； (2)指针轴转转的轴向间隙过大； (3)感应罩与磁铁相碰； (4)游丝失效或调整不当； (5)软轴与转轴或变速器、分动器的输出端的结合处时接时脱； (6)软轴的安装状态不合要求，某处弯曲急剧	更换 调整 检修 更换游丝或重调 重装或更换 改变安装或更换
工作时发出异响	(1)软轴过于弯曲、扭曲； (2)软轴与转轴、变速器或分动器输入端润滑不良； (3)各级蜗轮蜗杆润滑不良； (4)磁钢与感应罩相碰	更换软轴 加润滑油 加润滑油 检修
车速表工作正常而里程表工作不良	(1)减速蜗轮蜗杆啮合不良； (2)计数轮运转不良	更换 更换
里程表走而车速表不走	(1)感应罩或指针卡住； (2)磁铁失效	检修 充磁

2）车速里程表的检修

（1）使用车速里程表检测仪在车上检查车速表指示误差、针摆和异常噪声，检查里程表是否工作正常。

（2）对比法检验，用可调速的电动机同时驱动标准表和被检表，在改变电动机转速的情况下，观察两表的指示值，其值应基本相同。

若经过检测、检验，不符合要求的车速表，对于磁感应式，可拆开表壳拨动盘形弹簧下面的调整柄校准或更换新表；对于电子式车速表，则需更换传感器、控制电路或车速表。

6.1.8 仪表电源稳压器

1. 结构及工作原理

仪表电源稳压器是使电源电压保持稳定的一种电器。它主要是为了保证机械装备上所有仪表的测量准确性。

电源稳压器的结构原理电路如图6-21所示。当电源电压偏高时，流过电热线圈中的电流增大，只需要较短的时间双金属片工作臂就上翘将动触点打开，触点分开后又必须经较长的时间冷却，双金属片工作臂方能复原使触点闭合，于是动触点在双金属片的作用下，作闭合时间短而打开时间长的不断开闭工作，将偏高的电源电压适当降低为某一定输出脉冲电压平均值。当电源电压偏低时，则流过电热线圈中的电流减小，双金属片受热慢，变形程度小，使触点闭合时间较长。触点打开后，又需较短的时间冷却即可闭合，于是触点处在闭合时间长而打开时间短的不断开闭情况下工作，从而使电源的低电压适当提高到同一输出脉冲电压平均值不变。

电源稳压器工作时的电压波形如图6-22所示。

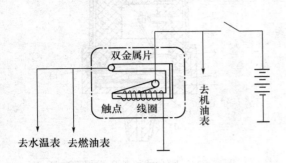

图6-21 电源稳压器的原理电路

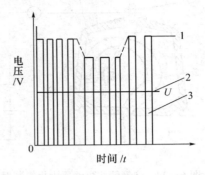

图6-22 电源稳压器的电压波形图
1—电源电压的变动波形；2—经稳压后的脉冲
电压平均值；3—稳压器工作时的脉冲电压波形。

2. 使用时注意事项

(1) 电源稳压器安装时，必须将外壳上的调整螺钉向上，以保证其正常而准确地工作。

(2) 电源稳压器上的两个接线柱(或焊接片)不得接错。

6.2 报 警 系 统

为警示机械装备、发动机或某一系统处于不良或特殊状态，引起驾驶员、操作手的注意，保证机械装备可靠工作和行车安全，现代机械装备上都安装有各种报警装置。报警装置一般由传感器和报警灯两部分组成。

6.2.1 机油压力报警装置

机油压力报警装置是在润滑系统机油压力降低到允许限度时，红色警告灯亮，以便引起驾驶员注意。它由装在主油道上的传感器和装在仪表板上的红色报警灯组成。常见的传感器有弹簧管式和膜片式机油压力报警传感器两种。

1. 结构及工作原理

1) 弹簧管式机油压力报警装置

弹簧管式机油压力报警装置主要由装在发动机主油道上的弹簧管式传感器和仪表板上的红色报警灯组成。

如图6-23所示，当机油压力低于0.05MPa～0.09MPa时，管形弹簧变形很小，触点闭合，电路接通，报警灯发亮，指出主油道机油压力过低；当油压超过0.05MPa～0.09MPa时，管形弹簧变形大，触点打开，报警灯熄灭，说明润滑系机油压力正常。

2) 膜片式机油压力报警装置

膜片式机油压力报警装置主要由膜片式油压开关和报警灯组成。油压报警开关基本结构如图6-24所示。当机油压力正常时，机油压力推动膜片向上拱曲，触点打开，指示灯不亮。当润滑系油压降到一定值时，膜片在回位弹簧作用下下移触点闭合，红色指示灯亮，以示警告。

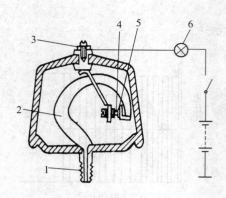
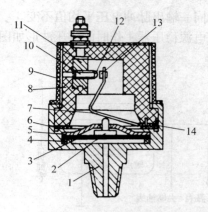

图6-23　弹簧管式机油压力报警装置
1—管接头；2—管形弹簧；3—接线柱；
4—静触点；5—动触点；6—报警灯。

图6-24　膜片式机油压力报警装置
1—接头；2—顶芯；3—膜片；4—密封垫圈；
5—限制圈；6—垫圈；7—导电片；8—盖体；
9—外套；10—调节螺钉；11—接线柱；
12—静触点；13—动触点；14—螺钉。

2. 膜片式机油压力报警装置常见故障与检修

其常见故障有两种，一是报警灯常亮；另一是油压低于规定值，报警灯不亮。

1）报警灯常亮

故障原因：主要是膜片破裂或膜片中心孔与弹簧座的连接处密封不良，机油渗入膜片上方空间，导致膜片上下两侧油压相等，触点常闭，电路常通，报警灯常亮。也可能是导线搭铁引起。

检查、排除方法：起动发动机，中速运转，拆下报警开关导线，若报警灯亮，说明报警灯至报警开关的导线有搭铁；若报警灯熄灭，说明报警开关损坏，应换新件。

2）报警灯在油压低于规定值时仍不亮

故障原因：报警开关接触片与外壳接触处油污、烧蚀，导线断路，或报警灯灯泡烧坏。

检查、排除方法：先检查灯泡、熔断器及有关导线，若均正常，再用万用表在无油情况下测试报警开关接线螺钉与外壳之间是否导通，若电阻值很大，说明报警开关接触片与外壳接触不良，可用铁丝等物从进油孔撞击几次接触片，将污物挤出。若故障仍不能排除，则应换新件。

6.2.2　燃油不足报警装置

燃油不足报警装置如图6-25所示，由热敏电阻传感器和报警灯组成。当油箱油量多时，负温度系数的热敏电阻元件被浸没在油中，温度低，阻值大，电流小，报警灯熄灭。当油量减少到规定值以下时，热敏电阻元件露出油面，散热慢，阻值减小，电流增大，报警灯发亮，以提醒驾驶员及时加注燃油。

6.2.3　水温报警装置

水温报警装置基本结构如图6-26所示，由传感器和报警灯组成。当温度升高到95℃～98℃时，双金属片向静触点方向弯曲，使两触点接触，红色报警灯发亮，以引起驾驶员注意。

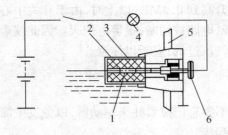

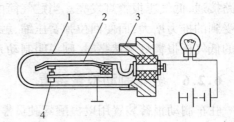

图 6-25　热敏电阻式燃油不足报警装置

1—热敏电阻元件；2—防爆用金属片；3—外壳；
4—报警灯；5—油箱外壳；6—接线柱。

图 6-26　水温报警装置

1—套管；2—双金属片；3—螺纹接头；4—静触点。

6.2.4　制动液面过低报警装置

制动液面过低报警装置结构如图 6-27 所示,由装在贮液罐内的传感器和报警灯组成。外壳 1 内装有舌簧开关 3,开关 3 的两个接线柱 2 与液面报警灯、电源相接,浮子 5 上固定着永久磁铁 4。

当浮子 5 随着制动液面下降到规定值以下时,永久磁铁 4 的吸力吸动舌簧开关 3,使之闭合,接通报警灯,发出警报;液面在规定值以上时,浮子上升,吸力不足,舌簧开关在自身弹力的作用下,断开报警灯电路。

6.2.5　制动系统低气压报警装置

在采用气制动的机械装备上,如果制动气压降低到某一数值,制动机构就会失灵,就可能酿成大的事故。为此在有的机械装备上安装了低气压报警装置,如制动系统气压过低时,报警灯即发亮,警告驾驶员迅速采取措施。

制动系统低气压报警装置由装在制动系统贮气筒上或制动总泵的压缩空气输入管道中的传感器和装在仪表板上的报警灯组成。制动低气压报警开关如图 6-28 所示。接通电源后,当制动系统贮气筒内的气压下降到 0.34MPa～0.37MPa 时,由于作用在气压报警灯开关膜片 3 上的压力减小,于是膜片在回位弹簧的作用下向下移动使触点 4、5 闭合,

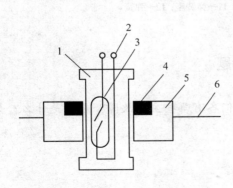

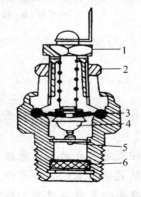

图 6-27　制动液面过低报警传感器

1—外壳；2—接线柱；3—舌簧开关；
4—永久磁铁；5—浮子；6—液面。

图 6-28　低气压报警灯开关

1—调整螺母；2—锁紧螺母；3—膜片；
4—活动触点；5—固定触点；6—滤清器。

211

电路接通,低气压报警灯发亮。当贮气筒内气压升高到0.4MPa以上时,由于开关中心膜片受到的推力增大,而使回位弹簧压缩,触点打开,电路被切断,报警灯熄灭。因此仪表板上的低气压报警灯突然亮时,则说明制动系统中气压过低,应予以注意。

6.2.6 驻车制动报警装置

驻车制动报警装置用以提醒驾驶员停车时,不要忘记拉紧驻车制动器,以免发生溜车事故。当贮气筒气压过低时,不应松开驻车制动起步。

驻车制动报警装置由报警灯与报警开关组成。报警灯装于仪表板上,报警开关装在驻车制动操纵杆支架上。

CA1091汽车的驻车制动报警开关如图6-29所示。当拉紧驻车制动器时,驻车制动操纵杆推动报警开关顶杆1沿箭头方向作轴向运动,使接触盘8与触点6、14接触,使报警灯回路被接通,若此时点火开关处于1挡位置,报警灯则亮。

当放松驻车制动操纵杆后,报警开关接触盘在回位弹簧作用下连同顶杆一起回位,触点6与14断路,而触点9与13被接触盘接通,于是报警灯熄灭,同时报警蜂鸣器电源电路被接通。若此时气压过低,气压报警开关则处于闭合状态,又接通了蜂鸣器的回路,导致蜂鸣器鸣叫。当气压升高时,气压报警开关断开,切断了蜂鸣器的搭铁回路,蜂鸣器停止鸣叫。

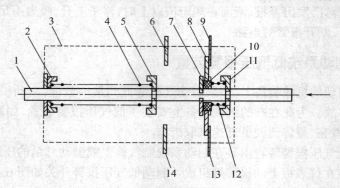

图6-29 驻车制动报警开关

1—顶杆;2—弹簧座;3—外壳;4—回位弹簧;5—弹簧座;6、9、13、14—触点;
7—卡环;8—接触盘;10—绝缘套;11—弹簧座;12—弹簧。

复习思考题

1. 机械装备仪表系统通常有哪些主要仪表?它们各有哪些主要故障?原因是什么?如何检查?

2. 试述电磁式电流表的工作原理。

3. 试述电热式油压表的工作原理。

4. 试述电热式仪表稳压器的工作原理。

5. 机械装备常用报警装置有哪些?各种报警装置的作用是什么?试述膜片式机油压力过低报警装置的工作原理。

第 7 章　辅助电气设备

机械装备上的辅助电器，虽不像主要电器设备那样对机械装备的正常运行有重大影响，但它可以减轻驾驶员的劳动强度，改善行车安全性及乘坐舒适性。特别是近年来，随着人们需求的变化，机械装备上装用的各类辅助电器越来越多，性能也越来越完善。

7.1　电动雨刮器

为保证机械装备在雨天、雪天和雾天有良好的视线，保证机械装备的行车安全，在机械装备的挡风玻璃上都安装有电动雨刮器。

现代机械装备的雨刮器普遍具有两种速度且能间歇工作。雨刮器中的雨刮片一般均为铰接式，以便按挡风玻璃的外形及不同运行条件具有很好的适应性。

电动雨刮器的一般结构如图 7-1 所示，主要由电动机、减速机构、自动复位装置、雨刮器开关和联动机构及刮片等组成。其驱动部分是一个电动机 5，它通过蜗轮蜗杆机构 4 驱动摇臂 6 转动，从而带动拉杆 7 作往复运动，最终使雨刮片 1 左右摆动。

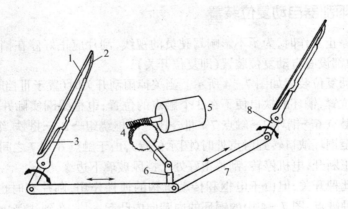

图 7-1　电动雨刮器的结构

1—雨刮片；2—刮片托；3—刮片臂；
4—蜗轮蜗杆；5—电动机；6—摇臂；7—拉杆；8—摆杆。

7.1.1　永磁电动机

永磁电动机具有结构简单、重量轻、体积小、噪声低、扭矩大、省电及可靠性强等优点。其结构如图 7-2 所示，主要由磁场、电枢、电刷等组成。磁场由铁氧体永久磁铁产生，工作时磁场的强弱不能改变，为改变雨刮器的工作速度，通常采用三电刷式电动机，利用 3

213

个电刷正负电刷之间串联的电枢线圈个数实现变速,从而使雨刮器工作时有高速和低速两档。

其工作原理如图 7-3 所示。当开关置于 I 挡时,雨刮电机停止工作,当将开关置于 II 挡时,电流流经 A、B 两电刷,雨刮慢速摆动(约 50 次/min),当将开关置于 III 挡时,电流流经 A、C 电刷,此时由于串联的有效绕组减少,电阻减小,电流增大,雨刮摆动速度加快(约 70 次/min)。

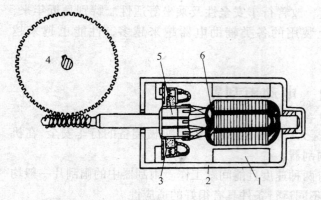

图 7-2 永磁电动机的结构
1—永久磁铁;2—电动机壳;3—电刷;
4—蜗轮;5—换向器;6—电枢及线圈。

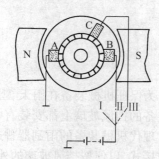

图 7-3 双速电动机的工作原理

7.1.2 雨刮器自动复位装置

雨刮器在停止工作时,为了不影响驾驶员的视线,刮片应正好停在挡风玻璃的下缘,因此,雨刮器中都设有自动复位装置(即复位开关)。

铜环式自动复位装置如图 7-4 所示。当关掉雨刮开关时(置于 III 挡时),若刮片不在挡风玻璃下缘位置,铜环的缺口便不在 3 个触点的位置,电枢线圈实际并未断电,而是经蓄电池正极→触点 6→铜环 2→触点 7→III→B_2→电枢绕组→B_1→搭铁,继续维持在低速摆动状态。直至铜环缺口转到触点处时(图示位置),由于触点 6 与 7 之间无铜环连接,电枢线圈才被真正断开,电机停转,刮片正好处于挡风玻璃下边缘。

尽管有了此种开关,但由于电枢和传动机构的惯性作用,刮片有时也会转过停止位置。为克服这种缺点,图 7-4 中的铜环的内圆向内凸起一块,在到达停止位置前,它将触点 7 与 8 接通,使电刷 B_2 经 III、触点 7、铜环、触点 8 等也接地,B_1 与 B_2 被短路,可在停止位置到来之前预先减小惯性,防止超过停止位置。

凸轮式自动复位装置如图 7-5 所示。当驾驶员在刮片处于任何其它位置断开开关 5 时,由于复位开关 4 仍闭合,故能连续供给电动机电流。直到刮片到达停止位置时,凸轮 3 才将复位开关顶开,使电动机断电,刮片停在下缘不再摆动。为解决靠惯性转过停止位置的问题,将开关 6 与开关 5 设计成联动的,在开关 5 打开的同时,开关 6 将电动机正极接地,从而使电枢线圈短路,起到制动作用。

214

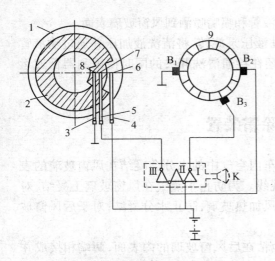

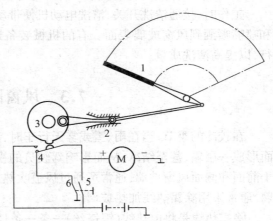

图 7-4　铜环式自动复位装置
1—蜗轮；2—铜环；3、4、5—触点臂；
6、7、8—触点；9—换向器。

图 7-5　凸轮式自动复位装置
1—雨刮片应停止的位置；2—滑块；3—停转轮；
4—复位开关；5、6—联动控制开关。

7.2　风窗清洗装置

机械装备在灰尘较多的环境下行驶、作业时，灰尘会飘落在风窗玻璃上影响驾驶员的视线。为保持风窗玻璃清洁，在许多机械装备的雨刮系统中增设有风窗清洗装置，需要时可向风窗玻璃表面喷洒专用清洗液或水，在雨刮片的配合下，保持风窗玻璃表面清洁。

风窗清洗装置主要由贮液罐、清洗泵、输液管、喷嘴、清洗开关等组成，如图 7-6 所示。

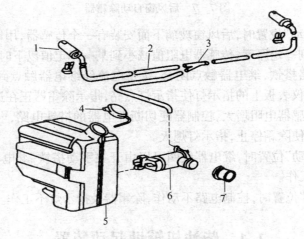

图 7-6　风窗清洗装置
1—喷嘴；2—输液管；3—接头；4—箱盖；5—储液罐；6—清洗泵；7—衬垫。

贮液罐由塑料制成，其内盛有用水、酒精或洗涤剂等配制的清洗液。有的贮液罐上还安装有液面传感器，以便监视清洗液的多少。清洗泵也称为喷水电动机，由永磁电动机和液压泵组成,其作用是将清洗液加压并通过输液管和喷嘴喷洒到风窗玻璃表面。

工作时,接通清洗开关,清洗电动机便带动液压泵旋转,将清洗液加压并通过输液管和喷嘴喷洒到风窗玻璃表面。有的机械装备还在接通清洗开关的同时使雨刮器低速运行,以提高清洗质量。

7.3 风窗除霜装置

在较冷的季节,当在雨、雪或雾天行车时,车内空气中的水分会凝结在风窗玻璃的表面形成一层霜,甚至结冰,从而影响驾驶员的视线。为防止水蒸气在风窗玻璃上凝结,对于前面和侧面风窗玻璃,通常可通过风道吹热风加热玻璃,防止水分凝结;对于后风窗玻璃,通常采用除霜热线加热玻璃。

除霜热线是将电热线(镍铬丝)一条一条地粘在后风窗玻璃的内表面,两端相接成并联电路,在需要时,接通电路,即可加热玻璃,从而除去或防止玻璃表面结霜。除霜热线的控制方式通常可分为手动和自动两种。如图 7-7 所示,自动式除霜器通常由开关、自动除霜传感器、自动除霜控制器、除霜热线等组成。

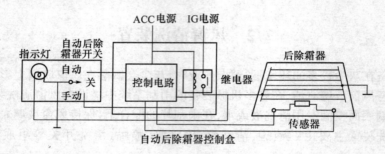

图 7-7 后风窗自动除霜器

当开关置于"自动"位置时,后风窗玻璃下面安装有一个传感器,用以检测玻璃是否结霜。如果霜层凝结到一定厚度,传感器电阻值减小到某一标定值以下时,控制器即可使继电器电流经控制电路搭铁,继电器触点闭合,于是电流经继电器触点到除霜热线构成回路,并另外经分路到仪表板上的指示灯使指示灯点亮,指示除霜器正在进行除霜。当霜渐渐减少至消失后,传感器电阻增大,控制器便切断继电器的搭铁电路,电流不再供给除霜热线和除霜指示灯,使除霜停止,指示灯熄灭。

当开关置于"手动"位置时,继电器线圈可以由开关手动搭铁,继电器触点闭合,除霜热线和指示灯通电工作。

当开关至于"关"位置时,控制电路不动作,除霜器及指示灯不工作。

7.4 柴油机辅助起动装置

由于柴油机采取的是压缩后自燃着火的方式,因此进入冬季后,因进气温度低,压缩后达不到自燃温度,再加上机油粘度增大使起动阻力矩变大,以及燃油蒸发雾化不好和蓄电池端电压下降等原因,使柴油机起动困难。因此,柴油机一般都装有预热器,特别是北

216

方寒冷地区使用的柴油机更是如此,以便在冬季冷起动时加热进入气缸的空气温度。

7.4.1 电热式预热器

电热式预热器也叫"电热塞",它借助外壳上的螺纹拧装在缸盖上,各缸电热塞的中心杆用导线并联于电源上。电热塞的结构如图7-8所示。起动前,通过专用开关接通电源,通电时其内部电路经中心螺杆6、电阻丝1、发热体钢套2、外壳3等,最后搭铁。由于有电流通过,电阻丝及钢套变得炽热,加热缸内的空气,实现顺利起动。

7.4.2 热胀式电火焰预热器

热胀式电火焰预热器的结构如图7-9所示。其空心阀体2是用线膨胀系数较大的金属材料制成的,有一专用小油箱通过油管及油管接头3供给预热器燃油,该种燃油一般为汽油。油管另一头靠螺纹与阀芯5装配在一起,平时阀芯顶端将小油孔堵住。起动前,打开预热开关,绕在阀体外的电热丝1通电,阀体2受热伸长带动阀芯5下移,阀芯上端便让开进油孔,燃油靠自重从阀体下端汽化喷出,遇到炽热的电热丝1后形成火焰,加热进入气缸的空气。

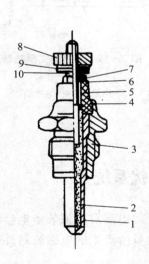

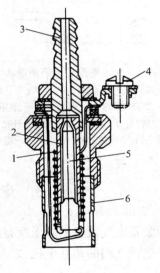

图7-8　电热塞
1—电阻丝;2—发热体钢套;3—外壳;4—绝缘体;
5—胶合剂;6—中心螺杆;7—固定螺母;
8—压线螺母;9—垫圈;10—弹簧垫圈。

图7-9　热胀式电火焰预热器
1—电热丝;2—阀体;3—油管接头;
4—接线螺钉;5—阀芯;6—稳焰罩。

7.4.3 电磁式火焰预热器

电磁式火焰预热器装于柴油机的进气歧管处,其结构如图7-10所示。平时不工作时,弹簧9将阀门8紧压在阀座孔上,将油孔11堵住。接通起动预热开关,电源同时向磁铁线圈2及电热丝14供电,铁芯的电磁力吸引动铁3向下顶开阀门8,燃油即从阀门经油孔流到炽热的电热丝14上被点燃,火焰从稳焰罩13喷出,加热进气歧管中的冷空气。

7.4.4　电网式预热器

电网式预热器是一种较新式的预热装置,其结构如图7-11所示,它是将电热丝3绕成网状固定在一个片形外框1内,然后装入进气歧管的管口处。冷起动时,给电预热网通电使它发热,即可加热吸进气缸中的空气。

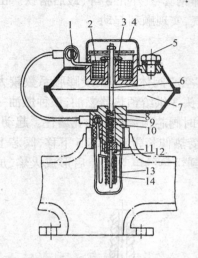

图7-10　电磁式火焰预热器
1—接线柱;2—线圈;3—动铁;4—盖;
5—加油口螺塞;6—阀杆;7—贮油箱;
8—阀门;9—弹簧;10—预热器外壳;
11—油孔;12—油管;13—稳焰罩;14—电热丝。

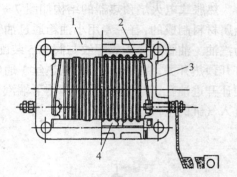

图7-11　电热网式预热器
1—外框;2—弹簧;
3—电热丝;4—绝缘垫。

7.5　电气设备的防干扰系统

机械装备电气设备的防干扰有两层含义:一是指外部电器对机械装备电器的干扰或机械装备电器之间的相互干扰;二是指机械装备电气设备所产生的电磁波对外部电器的干扰。

机械装备电磁波干扰源主要是点火系,由于断电器、配电器、火花塞及调节器等处都存在着一定的间隙,因而在正常工作有电流流过时,就会冒火花从而产生电磁波。闭合回路中由于电流的剧变形成电磁振荡,也会发射出电磁波。此外,起动机、仪表、电喇叭等其它电器设备在工作时也会产生不大的电磁波。

对于机械装备上某些怕干扰的电器,如计算机控制系统等,可采用单独的供电系统给其供电,还可采取其它一些措施对其进行防干扰保护,如在电源上加滤波器、在收音机天线上加扼制线圈,合理选择该电器的安装位置及对其加金属屏蔽等。

为了不使机械装备上的电气设备对周围环境产生电磁波干扰,必须在产生干扰电磁波的电器上采取抑制措施。为此,可在高压电路中串入阻尼电阻,也可在产生火花的间隙处加装并联电容器,或将易产生火花的电器用金属壳、金属网或金属管遮蔽起来,还可采

218

用感抗型高压阻尼线连接(将0.01mm的铁铬铝丝绕在多股尼龙丝线芯上制成的),常见的机械装备防干扰系统如图7-12所示。

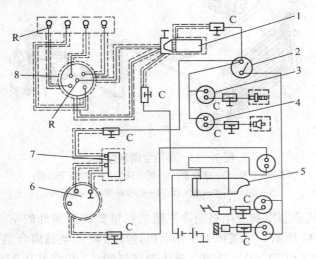

图7-12 防干扰系统

1—点火线圈；2—点火开关；3—水温表；4—油压表；5—起动机；6—交流发电机；
7—调节器；8—分电器；R—串联的阻尼电阻；C—并联的电容器。

7.6 空调系统

7.6.1 空调系统的作用、组成和基本原理

机械装备空调系统的作用是根据驾驶员和乘客的需要,调节驾驶室或车厢内空气的温度、相对湿度、清洁度、气流速度和方向等,从而使驾驶室或车厢内的空气处于比较理想的状态,使驾驶员和乘客感到舒服。

机械装备空调系统主要包括制冷系统、暖风装置和通风换气装置3部分。制冷系统主要用于夏季车内空气的降温与除湿;暖风装置主要用于冬季车内的供暖、车窗玻璃除霜;通风装置主要对车内进行强制性换气,保证车内空气清洁和对流。在不同的地区,为了适应热带或寒带的特点,机械装备通常只装有制冷系统或暖风通风装置,以简化结构、降低成本。

1. 制冷系统

车用空调制冷系统一般采用以R134a(早期采用氟里昂R12)为制冷剂的蒸气压缩式封闭循环系统,主要由压缩机、冷凝器,贮液干燥罐(或积累器)、膨胀阀(或节流孔管)、蒸发器等组成的循环部分和控制部分等组成。循环部分各部件由耐压金属管路或耐压耐氟橡胶软管依次连接而成。图7-13所示为空调制冷系统循环部分的组成。

制冷系统是利用制冷剂由液态转化为气态需要吸收热量和由气态转化为液态对外放出热量的原理来降低驾驶室或车厢内的温度的。压缩机的作用是维持制冷剂在系统中循环,并提高气态制冷剂的压力和温度,便于气态制冷剂在冷凝器中凝结成液态,对外放出热量;膨胀阀的作用是通过节流作用降低液态制冷剂的压力,便于液态制冷剂在蒸发器中蒸发成气态,吸收热量;蒸发器是通过液态制冷剂的蒸发吸收驾驶室或车厢内气体的热

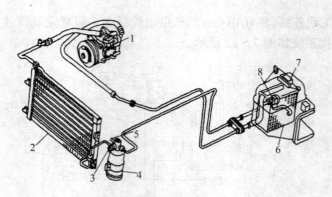

图 7-13　车用空调制冷系统

1—压缩机；2—冷凝器；3—低压开关；4—贮液干燥罐；
5—高压阀；6—蒸发器；7—热控开关；8—膨胀阀。

量；冷凝器是通过气态制冷剂凝结将制冷系统的热量放出到室外的空气中。制冷系统的工作过程如图 7-14 所示。压缩机 1 由发动机经皮带轮和电磁离合器带动旋转，将蒸发器 8 中的低温低压(约 5℃、0.15MPa)制冷剂蒸气吸入，并将其压缩成为高温高压(约 70℃~80℃、1.3MPa~2.0MPa)的气体；然后经高压管路送入冷凝器 2，进入冷凝器的高温高压制冷剂气体与环境空气进行热交换，释放热量，当温度下降至 50℃ 左右时，便冷凝为中温中压的液体；液态制冷剂进入贮液干燥罐 4，除去水分和杂质，经高压液管至膨胀阀 7；因为膨胀阀有节流作用，所以中温中压液态制冷剂流经膨胀阀后，变为低温低压的雾状喷入蒸发器；在蒸发器中吸收驾驶室或车厢内空气的热量而蒸发、汽化，使驾驶室或车厢内空气温度降低。由于吸热，制冷剂气体到达蒸发器出口时温度升至 5℃ 左右，然后重新进入压缩机，吸热汽化的制冷剂又被压缩机压缩，如此周而复始，从而将驾驶室或车厢内空气始终保持在较低的温度。鼓风机 6 将空气吹过蒸发器表面，空气被冷却变为凉气送进驾驶室或车厢，使驾驶室或车厢内空气变得凉爽。同时，当驾驶室或车厢内空气湿度和温度较高时，空气经过温度低的蒸发器表面时，其中的水分会在蒸发器表面凝结成液体流到车外，从而使驾驶室或车厢内空气中的水分减少，湿度降低。

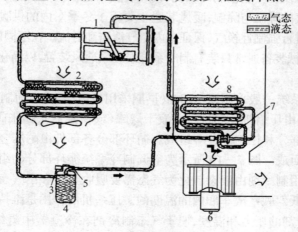

图 7-14　制冷循环原理图

1—压缩机；2—冷凝器；3—高压阀；4—贮液干燥罐；5—低压开关；6—鼓风机；7—膨胀阀；8—蒸发器。

2. 暖风装置

根据供热热源的不同,暖风装置可分为水暖式、废气式和燃烧式3种。一般机械装备较多采用水暖式暖风装置。

水暖式暖风装置是通过暖风电动机将驾驶室或车厢内的空气送入热交换器,与已变为热水的发动机冷却水进行热交换,空气被加热为暖风。当将暖风送入车窗玻璃时,还可进行除霜和除雾。

水暖式暖风装置结构及工作过程如图7-15所示。冷却水通过热水阀3流入暖风装置中的热交换器中,然后再流回水泵。热水阀的作用是调节所需的热水流量。但冷却水的流量主要由发动机所带动的水泵决定,所以采暖的能力将会受到发动机转速的影响。

暖风的流动由暖风电动机来控制,通常暖风电动机为永磁式双速电动机,由暖风电机开关和变速电阻配合工作,如图7-16所示。电路中加装变速电阻的目的是为了改变电动机的转速,从而改变暖风的送风量。

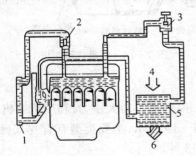

图7-15 水暖式暖风装置
1—水箱;2—水箱节温器;3—热水阀;
4—驾驶室或车厢内空气;5—暖水热交换器;6—暖风。

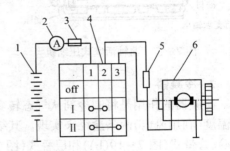

图7-16 暖风电动机电路图
1—蓄电池;2—电流表;3—熔断丝;4—暖风开关;
5—变速电阻;6—暖风电动机。

3. 通风装置

通风装置的主要功能是换气,通风方法有自然通风和强制通风两种。机械装备行驶时将一定动压的风引入车厢内的方法叫自然通风。自然通风不需要什么设备,只需在机械装备的有关部位开设通风口和通风窗,控制通风口和通风窗的开度来控制进风。强制通风是在装备的某一部位装通风机或利用空调系统中的鼓风机,用机械办法将环境的空气引入车内,经处理后送至车内循环。调节通风机转速的大小,实现风量的控制。

7.6.2 制冷系统主要组成部件

1. 压缩机

压缩机的作用是促使制冷剂在制冷系统内循环流动,将低温、低压的气体制冷剂转变为高温、高压的气体制冷剂。压缩机一般有曲轴活塞式压缩机和斜盘式压缩机两种。

1) 曲轴活塞式压缩机

如图7-17所示,主要由曲轴活塞机构和进、排气阀机构组成。

曲轴活塞机构由活塞、活塞销、曲轴、连杆等组成;进、排气阀机构由吸气阀片、排气阀片、进气口和排气口等组成。

2）斜盘式压缩机

如图7-18所示，斜盘式压缩机用一旋转的斜盘代替了曲轴。斜盘在缸体内转动，由于每个活塞在斜盘位置不一样时，活塞按斜盘的所在位置作往复运动，从而对制冷剂吸入和压缩。斜盘式压缩机主要由主轴、旋转斜盘和活塞等组成。

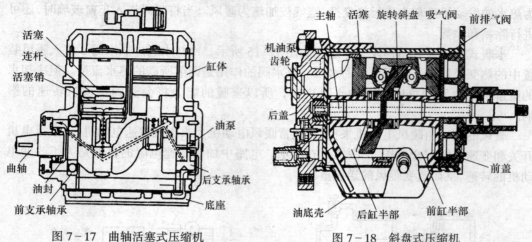

图7-17　曲轴活塞式压缩机　　　　　图7-18　斜盘式压缩机

2．冷凝器

冷凝器的作用是将制冷剂从气态转变为液态。一般通过增大压力(利用压缩机)和降低温度(利用风扇)两条途径来实现。其结构如图7-19所示，主要类型有管片式(图7-19a)、管带式(图7-19(b))和层叠式(图7-19(c))3种。

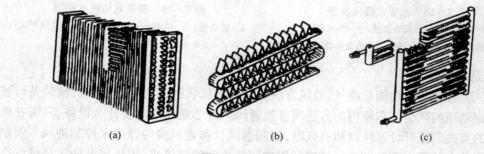

(a)　　　　　　　　(b)　　　　　　　　(c)

图7-19　冷凝器的结构

3．蒸发器

蒸发器的作用是通过液态制冷剂的蒸发吸收驾驶室或车厢内气体的热量。它与膨胀阀、鼓风机等组成蒸发箱，是整个制冷系统产生制冷作用的中心。蒸发器与冷凝器的工作原理都是热交换器，它们的基本结构相似，与冷凝器相比蒸发器的耐压要小得多。其结构如图7-20所示。

4．贮液干燥器

贮液干燥器的作用是贮存系统中多余的液体并吸收系统中的水分。它安装在冷凝器与膨胀阀之间，主要由贮液器、干燥器、滤网和观察窗等组成，其结构如图7-21所示。

5．膨胀阀

膨胀阀是空调制冷系统重要组成部件，安装在蒸发器入口前，为制冷循环高压与低压

222

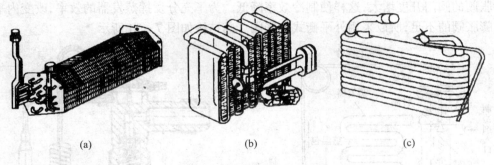

(a)　　　　　　　　(b)　　　　　　　　(c)

图 7 - 20　蒸发器的结构

的分界点。在膨胀阀前,制冷剂是高压液体;在膨胀阀后,制冷剂是低压汽化物。空调制冷系统一般采用感温式膨胀阀,有 3 种类型。

1) 内平衡式膨胀阀

内平衡式膨胀阀结构如图 7 - 22 所示,主要由针阀(或球阀)、阀座、弹簧、膜片、毛细管和感温筒等组成。

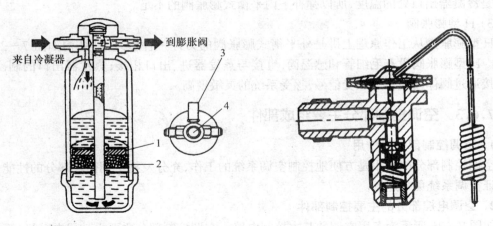

图 7 - 21　贮液干燥器　　　　　　　　　　图 7 - 22　内平衡式膨胀阀

1—滤网;2—干燥剂;3—安全熔塞;4—观察窗。

内平衡式膨胀阀的工作原理如图 7 - 23 所示。P_1 为感温筒内气体压力,P_2 为弹簧的弹力,P_3 为冷凝器入口处制冷剂蒸发压力。在制冷系统正常运行时,由 P_1 与 $P_2 + P_3$ 的平衡保持膨胀阀开度一定。当制冷负荷变大时,蒸发器中制冷剂显得不足,制冷量不足使蒸发器出口温度升高;感温筒被加热,感温筒中气体膨胀压力增大超过 $P_2 + P_3$ 之和(即 $P_1 > P_2 + P_3$)时,在 P_1 的作用下,膨胀阀的阀门开度增大,进入蒸发器中的制冷剂的量增多。反之,当制冷负荷变小时,蒸发器中制冷剂足够,制冷量达到要求使蒸发器出口温度下降,感温筒中气体膨胀压力减小而低于 $P_2 + P_3$ 之和(即 $P_1 < P_2 + P_3$),在 $P_2 + P_3$ 的共同作用下,膨胀阀的阀门开度减小,进入蒸发器中的制冷剂的量减少。

2) 外平衡式膨胀阀

在内平衡式膨胀阀中,由于冷凝器入口处制冷剂蒸发压力直接作用于膨胀阀的膜片上,而冷凝器入口处制冷剂蒸发压力较高。因此,只有在蒸发器出口温度较高时,才能使

223

膨胀阀的阀门开度增大,这样使制冷效率降低。为了充分发挥蒸发器的效率,改变内平衡式膨胀阀的不足,所以采用外平衡式膨胀阀。其结构如图7－24所示。

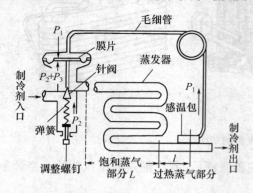

图7－23　内平衡式膨胀阀的工作原理　　　　图7－24　外平衡式膨胀阀

外平衡式膨胀阀与内平衡式膨胀阀工作原理基本相似,只是在膜片上作用的不是冷凝器入口处制冷剂蒸发压力,而是冷凝器出口处制冷剂蒸发压力。由于感温筒检测的温度也是冷凝器出口处的温度,所以弥补了内平衡式膨胀阀的不足。

3）H型膨胀阀

H型膨胀阀从工作原理上讲是外平衡式膨胀阀的另外一种形式,其结构如图7－25所示。H型膨胀阀没有毛细管和感温筒,直接与蒸发器进、出口相接;蒸发器出口的制冷剂直接通过阀体内腔作为感受信号,感受系统的灵敏度高。

7.6.3　空调控制部分主要组成部件

1.空调控制部分的作用

空调控制部分的作用是方便地控制空调系统的工作,充分发挥空调循环部分的性能,并保证空调系统可靠运行。

2.空调电控部分的主要控制部件

如图7－26所示为车用空调的基本控制电路。空调控制部分主要由鼓风电动机(简

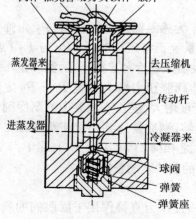

图7－25　H型膨胀阀

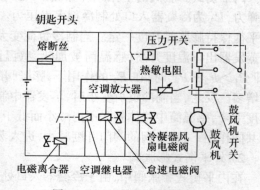

图7－26　空调基本控制电路

224

称鼓风机)、电磁离合器、空调继电器、温控开关、高压开关、低压开关、空调制冷开关、怠速电磁阀等组成。

1) 鼓风电动机

鼓风电动机用来控制进风速度和进风量。为了调整速度,通常通过电阻,可有多个不同转速。

2) 电磁离合器

电磁离合器是用来接通和断开压缩机与发动机之间的传动连接。其结构如图 7-27 所示。

电磁离台器由主动皮带轮、从动压力板、弹簧片、电磁线圈和轴承组成。主动皮带轮通过皮带由发动机带动;从动压力板与压缩机相连。

当制冷系统不工作时,主动皮带轮由发动机带动空转,压缩机没有动力而不工作。当制冷系统工作时,电磁线圈有电流通过,电磁线圈产生较强的电磁吸力将从动压力板和主动皮带轮吸合在一起,压缩机随主动皮带轮在发动机的带动下一起转动而工作。当需压缩机停止工作时,切断电磁线圈中的电流(关闭空调开关),电磁线圈的电磁吸力消失,在弹簧片的作用下使从动压力板和主动皮带轮分离,压缩机停止工作。

3) 温度控制器

温度控制器又称温度调节器、温度控制开关,其作用是根据车厢内所需温度使压缩机工作或停转。温度控制器主要有机械式和电子式两种。

(1) 机械式温度控制器(感温筒式)。基本结构及其工作原理如图 7-28 所示。当车厢内温度升高时,毛细管中的气体膨胀使膜片向上凸起,触点闭合,将电源与电磁离合器接通,压缩机运转。当车厢内温度下降后,毛细管中的气体收缩使膜片向下,触点打开,将电源与电磁离合器断开,压缩机停止运转。

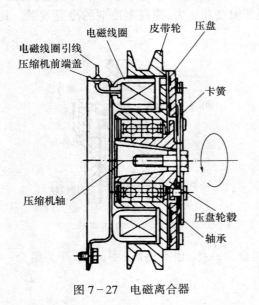

图 7-27　电磁离合器　　　　　图 7-28　机械式温度控制器

(2) 电子式温度控制器(热敏电阻式)。工作原理如图 7-29 所示。以热敏电阻作为感温元件,检测蒸发器出口的温度,将温度变化转变成电信号,经放大电路,与选定的车厢温度相比较而控制压缩机的运转或停止。

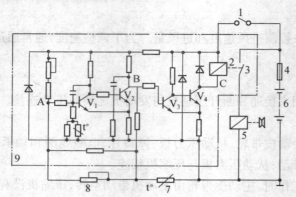

图 7-29 热敏电阻式电子式温度控制器

1—点火开关;2—继电器磁化线圈;3—触点;4—熔断器;5—电磁离合器;
6—蓄电池;7—热敏电阻;8—温度调节电位器;9—电路板。

4)压力开关

压力开关的作用是当制冷系统压力高于或低于所规定的压力值时,切断供电回路使压缩机停止运转,从而保护压缩机以及制冷系统。

(1)低压开关。低压开关一般有两种,一种安装在高压回路中,其目的是当制冷系统缺少制冷剂时,使压缩机停转,以避免压缩机因缺润滑油而损坏。另一种安装在低压回路,用来控制除霜继电器的工作(主要用于大型制冷系统)。其结构如图 7-30 所示。

(2)高压开关。高压开关一般也有两种。两种高压开关都安装在高压回路中,一种用于控制电磁离合器和压缩机的工作,以防止因制冷系统压力过高所带来的损害。另一种用于控制冷凝器风扇高速运转,以降低冷凝器温度和压力,提高制冷剂的冷凝效果。其结构如图 7-31 所示。

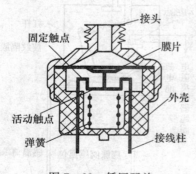

图 7-30 低压开关

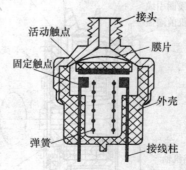

图 7-31 高压开关

(3)组合开关。将低压开关和高压开关组合为一体,也有将高、中、低压开关组合一体以实现一个开关多重控制。

5)怠速控制器

对于非独立式空调系统,由于制冷压缩机的动力来自发动机,在使用空调时会增加发动机的负荷;特别是发动机在怠速或低速运转时,易造成发动机熄火或过热。因此,在使用空调时,将发动机的怠速相应提高,以满足在怠速或低速运转时负荷增大的要求;在停止使用空调时,将发动机的怠速恢复到原来的转速。

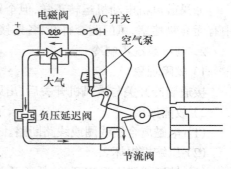

图 7-32　怠速控制器

油门控制式怠速控制装置,其结构如图 7-32 所示。主要部件有真空泵、电磁阀、联动机构等。当使用空调时,空调开关打开,电磁阀通电,将真空通路关闭,而将大气通路开启,真空泵中膜片在弹簧力的作用下使油门的开度增大,怠速升高。当不使用空调时,空调开关关闭,电磁阀不通电,大气通路关闭,而真空通路开启,真空泵中膜片克服弹簧力的作用下使油门的开度减小,恢复到原来的怠速转速。

7.6.4　空调系统常见故障诊断与排除

空调系统常见故障有:风量不足或无风、系统不制冷、制冷效果差、系统噪声太大等。

1. 空调系统风量不足或无风

1）故障现象

接通点火开关,将鼓风机开关置于所有挡位或某一挡位时,出风口不出风或出风量过小。

2）故障原因

（1）熔断器断路。

（2）鼓风机开关继电器接触不良或损坏。

（3）鼓风机损坏或分挡电阻断路。

（4）连接线路断路或接触不良。

（5）通风管道不畅或风门不能打开等。

3）故障检查与排除

如果鼓风机开关置于任何挡位,出风口均不出风时,应首先检查熔断器是否断路。若熔断器断路,应核对熔断器的容量是否符合要求,检查线路及鼓风机电动机电枢绕组是否搭铁,查明原因并修复或更换。若熔断器良好,则应检查鼓风机开关电源线上的电压,电压为零时,应检查空调继电器的线圈是否断路、触点能否闭合及连接线路是否断路;电压正常时,应检查鼓风机开关是否损坏,鼓风机搭铁是否良好。上述检查均正常,则应检修鼓风机电动机。

如果鼓风机电动机仅在某一挡位不能转动,应检查鼓风机开关该挡位的触点是否导通,该挡至分挡电阻间的连接导线及分挡电阻是否断路,并视情予以修复。

如果鼓风机开关置于任何挡位时,鼓风机电动机转动缓慢,各出风口风量均较少,一般是鼓风机电动机损坏或鼓风机开关及连接导线接触不良。应检查连接导线各插接件是否松动,鼓风机电动机搭铁是否良好,鼓风机开关各接触点接触是否良好。最后对鼓风机电动机进行检修。

如果鼓风机电动机运转正常,但个别出风口无风或风量过小,应检查该风口出风管道中有无异物堵塞,风门能否打开,各连接管道是否密封,并视情予以修复。

2.制冷系统不制冷

1)故障现象

接通制冷开关与鼓风机开关后,出风口无冷风吹出。

2)故障原因

(1)电磁离合器线圈或线路断路。

(2)压缩机损坏。

(3)控制线路中温控开关、低压开关等损坏。

(4)系统内制冷剂泄漏。

(5)贮液干燥器或膨胀阀堵塞。

3)故障检查与排除

起动发动机并正常运转,接通制冷开关,检查电磁离合器能否吸合。

若电磁离合器吸合,而压缩机不转,应检查离合器线圈的电阻值。若电阻小于规定值,说明线圈匝间短路、应更换线圈;若电阻符合规定值,说明压缩机内部卡死,应检修或更换压缩机。如果压缩机运转正常,则应检查贮液干燥器或膨胀阀是否堵塞。

若电磁离合器不吸合,应检查低压开关处电源线上的电压。若电压为零,则分别检查温控开关及线路连接是否正常;若电压正常,可短接低压开关,此时,若电磁离合器仍不吸合,应检查电磁离合器线圈或连接线路是否断路,电磁离合器若能吸合,应检查系统内制冷剂是否适量,测试压缩机工作是否正常。

3.制冷效果差

1)故障现象

接通制冷开关和鼓风机开关后,出风口有冷风,但温度偏高而无凉爽感,车内温度下降缓慢。

2)故障原因

(1)系统内制冷剂量不足。

(2)贮液干燥器、膨胀阀滤网、蒸发器等不畅或堵塞。

(3)膨胀阀感温包失效。

(4)冷凝器或蒸发器表面过分脏污,影响热交换。

(5)压缩机传动带、离合器打滑或压缩机内部工作不良。

(6)鼓风机开关接触电阻过大或鼓风机功率不足。

3)故障检查与排除

(1)检查压缩机传动带是否损坏、打滑,传动带损坏应予更换,传动带过松时,应予以调整。

(2)起动发动机后,接通制冷开关,若听到刺耳的金属摩擦声,一般是电磁离合器打滑,应检修电磁离合器,如无明显异常响声,用手触摸系统管路和各部件,根据温度进行判断。

正常情况下,高压端管路温度为55℃～65℃,手感热而不烫手;低压端管路为低温状态,其部件及连接管路应有水珠。

如果高压端有烫手感觉,应检查冷凝器表面是否清洁,冷却风扇转动是否缓慢,风扇护罩是否损坏。如果无异常,则可能是制冷剂过多。

如果高压端手感热度不够,则可能是制冷剂量不足或压缩机工作不良。

如果在贮液干燥器上出现霜冻或水珠,则说明干燥器破碎堵住制冷剂流通进口管道,此时应检修。

膨胀阀工作正常时,其进口连接处是热的,但出口连接处是凉的,有水珠。若膨胀阀出口处有霜冻现象,说明膨胀阀的阀口可能被堵塞,需马上处理。低压管手感冰凉、有水珠,但不应有霜冻,若出现霜冻,则可能是膨胀阀的感温包内传感液体漏光,需更换新件。

经上述直观检查,若不能准确判断故障所在,可借助歧管压力表总成检测系统高、低压侧的压力值,作为判断故障的依据。

4．系统噪声太大

1）故障现象

空调系统工作时,发出异常的响声或出现明显的振动。

2）故障原因

(1) 压缩机传动带松紧度调整不当。

(2) 电磁离合器间隙调整不当或摩擦片不平、沾有油污。

(3) 压缩机传动带轮或张紧轮轴承损坏。

(4) 压缩机内部部件磨损严重、配合松旷。

(5) 制冷剂过量引起高压管振动、压缩机敲击。

(6) 鼓风机有故障。

3）故障检查与排除

如果无论制冷系统是否工作,系统都有噪声,一般是鼓风机有故障或压缩机固定螺栓松动或传动带轮、张紧轮轴承损坏。应首先检查鼓风机工作是否正常,然后检查紧固压缩机的固定螺栓,最后检修传动带轮轴承和鼓风机电动机。

若接通制冷开关响声出现,可先检查压缩机传动带是否松弛,并视情况予以调整或更换。若传动带工作正常,可直观检查制冷系统制冷剂量是否合适。

若上述检查正常,应进一步检查电磁线圈安装是否正常、传动带轮是否倾斜,若无异常,应检修或更换电磁离合器和压缩机。

对于自动空调系统,有故障自诊断功能时,应首先按规定的方法进行自诊断。

复习思考题

1．机械装备主要有哪些主要的辅助电气设备? 它们的作用是什么?

2．柴油发动机常用的预热装置有哪几种? 怎样正确使用和维护?

3．双速永磁电动雨刮器是怎样实现自动停位的? 如果停位不合适,应如何调整?

4．车用空调系统通常由哪几部分组成? 其中制冷系统是怎样工作的? 制冷系统由哪些部件组成?

5．制冷系统常见的故障有哪些? 如何判断和排除?

第8章　发动机电子控制系统

8.1　汽油发动机电子控制系统

机械装备发动机电子控制系统(Engine Electronic Control System,EECS 或 EEC),其功用是控制燃油喷射式发动机的空燃比和点火时刻。

8.1.1　汽油发动机控制系统的控制内容及功能

1. 电控燃油喷射

电控燃油喷射主要包括喷油量、喷射正时、燃油停供及燃油泵的控制。

1)喷油量控制

主 ECU(电子控制单元)将发动机转速和负荷信号作为主控信号,确定基本喷油量(喷油电磁阀开启的时间长短),并根据其它有关输入信号加以修正,最后确定总喷油量。

2)喷油正时控制

在电控间歇喷射系统中,当采用与发动机转动同步的顺序独立喷射方式时,主 ECU 不仅要控制喷油量,还要根据发动机各缸的发火顺序,将喷射时间控制在一个最佳的时刻。

3)减速断油及限速断油控制

(1)减速断油控制:机械装备行驶中,驾驶员快收加速踏板时,ECU 将会切断燃油喷射控制电路,停止喷油,以降低减速时 HC 及 CO 的排放量。当发动机转速降至一特定转速时,又恢复供油。

(2)限速断油控制:发动机加速时,发动机转速超过安全转速或车速超过设定的最高车速,ECU 将会在临界转速时切断燃油喷射控制电路,停止喷油,防止超速。

4)燃油泵控制

当点火开关打开后,ECU 将控制燃油泵工作 2s～3s,以建立必需的油压。此时若不起动发动机,ECU 将切断燃油泵控制电路,燃油泵停止工作。在发动机起动过程和运转过程中,ECU 控制燃油泵保持正常运转。

2. 电控点火装置

点火装置的控制主要包括点火提前角、通电时间及爆震控制等方面。

1)点火提前角控制

在主 ECU 中,首先存储记忆发动机在各种工况及运行条件下最理想的点火提前角。发动机运转时,主 ECU 根据发动机的转速和负荷信号,确定基本点火提前角,并根据其它有关信号进行修正,最后确定点火提前角,并向电子点火控制器输出点火指示信号,以控制点火系统的工作。

2) 通电时间控制与恒流控制

为保证点火线圈初级电路有足够大的断开电流,以产生足够高的次级电压,同时也要防止通电时间过长使点火线圈过热而损坏。主ECU可根据蓄电池电压及转速等信号,控制点火线圈初级电路的通电时间。

在高能点火装置中,还增加了恒流控制电路,以使初级电流在极短时间内迅速增长到额定值,减小转速对次级电压的影响,改善点火特性。

3) 爆震控制

当主ECU收到爆震传感器输出的信号后,ECU对信号进行滤波处理并判定有无爆震,在检测到爆震时,立即把点火时刻变成滞后角,在无爆震时,则采用提前角反馈控制形式。此项控制是点火时刻控制中的追加功能,在装有废气涡轮增压器的发动机上常采用此种控制。

3. 急速控制

发动机在机械装备运转、空调压缩机工作、变速器挂入挡位、发电机负荷加大等不同急速运转工况下,由ECU控制急速控制阀,使发动机都能处在最佳急速转速下运转。

4. 排放控制

排放控制项目主要有:排气再循环控制,氧传感器及三元催化转化器开环与闭环控制,二次空气喷射控制,活性炭罐电磁阀控制等。

1) 排气再循环控制

当发动机温度达到一定值时,根据发动机负荷和转速,ECU控制排气进行再循环,以降低氮氧化物排放量。

2) 开环与闭环控制

在装有氧传感器及三元催化转化器的发动机中,主ECU根据发动机的工况及氧传感器反馈的空燃比信号,确定开环控制与闭环控制方式。

3) 二次空气喷射控制

主ECU根据发动机的工作温度,控制新鲜空气喷入排气歧管或三元催化转化器中,以减少排气污染。

4) 活性炭罐电磁阀控制

主ECU根据发动机工作温度、转速、负荷等信号,控制活性炭罐电磁阀的工作,以降低蒸发污染。

5. 进气控制

1) 动力阀控制

发动机在不同负荷下,主ECU控制真空电磁阀,以控制动力阀的开闭来改变进气流量,从而改善发动机的输出扭矩与动力。

2) 涡流控制阀控制

主ECU根据发动机的负荷和转速信号,控制真空电磁阀,以控制涡流控制阀的开闭,改善发动机大负荷下的充气效率,提高输出扭矩和动力。

6. 增压控制

主ECU根据进气压力传感器检测的进气压力信号控制释压电磁阀,以控制排气通路切换阀,改变排气通路的走向,从而控制废气涡轮增压器进入工作或停止工作。

7．警告提示

主 ECU 控制各种指示和警告装置，显示有关控制系统的工作状况，当控制系统出现故障时能及时发出警告信号，如氧传感器失效、催化剂过热、油箱油温过高等。

8．自我诊断与报警系统

当控制系统出现故障时，主 ECU 将会接通仪表板上的"检查发动机"灯，提醒驾驶员注意，发动机已出现故障，并将故障信息储存到 ECU 中，通过一定程序，能将故障码及有关信息资料调出，供检修用。

9．传感器故障预诊断参考系统

当主 ECU 检测到传感器或线路故障时，即会自动按 ECU 预设的程序提供预设定值，以便发动机仍能保持运转，但性能将有所下降。

10．主电脑故障备用控制系统

当主 ECU 发生故障时，则会自动起动备用系统，使发动机转入强制运转状态，以便驾驶员将机械装备开到检修厂进行修理。

8.1.2 发动机电子控制系统的分类

1．按燃油喷射系统的控制方式

发动机电子控制燃油喷射系统按燃油喷射系统的控制方式，可分为机械控制式、机电结合控制式和电子控制式 3 种类型。

1）机械控制式汽油喷射系统

利用机械控制燃油连续喷射，其空气流量计与燃油分配器组合在一起，如图 8-1 所示。空气流量计测出空气流量后，通过联动机构控制燃油分配器中的柱塞运动，改变燃油计量槽开度的大小来控制供油量，以达到控制混合气空燃比的目的。

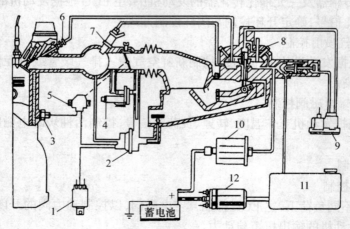

图 8-1 机械控制式汽油喷射系统

1—速度继电器；2—最高转速切断器；3—热限时间开关；4—辅助空气阀；5—节气门位置开关；6—喷油器；
7—冷起动喷油器；8—燃油分配器；9—暖机调节器；10—燃油滤清器；11—油箱；12—电动燃油泵。

2）机电结合式燃油喷射系统

机电结合式燃油喷射系统是由机械机构与电子控制系统共同控制的燃油喷射系统，在系统中增设一个电控单元，从而提高了控制系统的灵敏性，又称 KE 系统。如图 8-2

所示。系统的喷油量由空气流量计、燃油分配器用机械运动方式控制;电子控制根据各输入信号控制压差调节器动作,通过改变燃油计量槽的油压来调节供油量,实现对不同工况空燃比修正的目的。

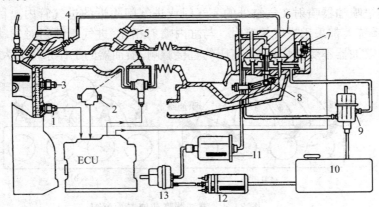

图 8-2 机电结合式燃油喷射系统

1—温度传感器;2—节气门位置传感器;3—热限时开关;4—喷油器;
5—冷起动喷油器;6—燃油分配器;7—压差调节器;8—混合气控制器;
9—油压调节器;10—油箱;11—燃油滤清器;12—电动燃油泵;13—蓄电池。

3) 电子控制式燃油喷射系统

电子控制式燃油喷射系统是由电子控制单元(ECU)直接控制的燃油喷射系统,如图 8-3 所示。它通过各传感器检测到的发动机运行状态参数(空气流量或进气压力、转速、温度和排气中氧的含量等)输入 ECU,由 ECU 计算出所需的燃油,控制喷油器开起时间,来控制喷油量。目前大部分汽油发动机上都使用这种系统。

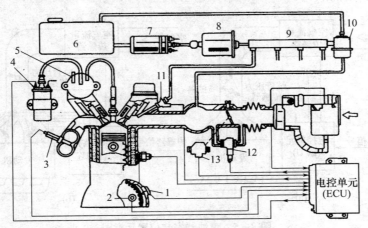

图 8-3 电子控制式燃油喷射系统

1—曲轴位置传感器;2—凸轮轴位置传感器;3—氧传感器;4—点火线圈;5—分电器;6—油箱;7—燃油泵;
8—燃油滤清器;9—供油总管;10—油压调节器;11—喷油器;12—怠速控制阀;13—节气门位置传感器。

2.按燃油喷射部位

1) 缸内喷射系统

缸内喷射系统为多点喷射系统,如图 8-4(a)所示。它将喷油器安装在气缸盖上,并以较高的燃油压力(约3MPa～4MPa)将燃油直接喷入气缸。

2) 缸外喷射系统

缸外喷射系统又称进气管喷射系统,如图8-4(b)所示,是将喷油器安装在进气管上,燃油通过喷油器喷射在气缸外的节气门或进气门附近的进气管内。目前汽油发动机燃油喷射系统大都采用进气管喷射。与缸内喷射相比,进气管喷射对发动机机体的设计改动较小,喷油器不受燃烧高温、高压的直接影响,喷油器的工作条件大大改善。

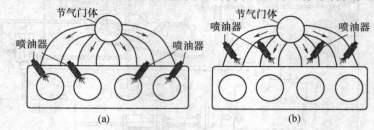

图8-4　喷油器喷油位置示意图

(a) 缸内喷射;(b) 缸外喷射。

3.按喷油器的数量

发动机电子控制燃油喷射系统按喷油器的数量可分为单点喷射和多点喷射。

1) 单点喷射系统

单点喷射系统是在多缸发动机的节气门上方,安装一只或并列安装两只喷油器的燃油喷射系统,如图8-5(a)所示。

2) 多点喷射系统

多点燃油喷射系统是在发动机每一个气缸进气门前方的进气管上均安装一只喷油器,如图8-5(b)所示。

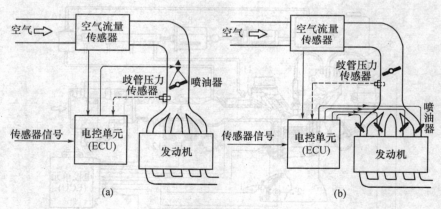

图8-5　喷油器安装位置示意图

(a) 单点喷射;(b) 多点喷射。

4.按喷射方式

发动机电子控制燃油喷射系统按喷射方式可分为连续喷射和间歇喷射。

1) 连续喷射系统

连续喷射系统又称稳定喷射,在发动机运转期间,喷油器连续不断地喷射燃油。在连续喷射系统中,汽油被连续不断地喷入进气歧管,其喷油量随发动机的转速和功率的变化

234

而变化,且大部分燃油是在进气门关闭时喷射的。因此大部分燃油是在进气管道内蒸发的。因连续喷射系统不必考虑发动机的工作顺序和喷油时间,故其控制系统较简单。

2) 间歇喷射系统

间歇喷射系统又称脉冲喷射或定时喷射,在发动机运转期间,间歇喷射燃油。喷射是以脉动的方式在某一段时间内进行,有一限定的持续时间,通过控制喷射持续时间来控制喷油量。所有缸内喷射和多数进气管道喷射都采用间歇喷射方式。

5. 按喷射时序

发动机电子控制燃油喷射系统按喷射时序可分为同时喷射、分组喷射和顺序喷射。

1) 同时喷射

在发动机运转期间,由 ECU 的同一喷油指令控制各缸喷油器同时开启和同时关闭。

2) 分组喷射

将喷油器分组,在发动机运转期间,由 ECU 分别发出喷油指令控制各组喷油器喷油,同一组喷油器同时开启、同时关闭。

3) 顺序喷射

顺序喷射又称为次序喷射,是指在发动机运转期间,由 ECU 控制喷油器按进气行程的顺序轮流喷射燃油。

6. 按进气量的检测方法

发动机电子控制燃油喷射系统按进气量的检测方法可分为质量—流量方式和速度—密度方式两种。

1) 质量—流量方式

这种方式是利用空气流量计直接计量吸入的空气量,并通过进气温度进行修正。L型电喷系统采用这种方式来测量进气量,其检测精度高,目前被广为采用。

2) 速度—密度方式

这种方式没有设置空气流量计,其进气量是根据进气歧管真空度、进气温度和发动机转速等传感器测得的数据经 ECU 计算而获得,采用间接测量法对空气流量检测,然后ECU 再向喷油器发出喷油指令。D 型电喷系统采用这种方式来测量。

8.1.3 电喷发动机的优点

电喷发动机与化油器相比较,有以下优点。

(1) 进气管无需喉管进行节流,所以进气阻力小,提高了发动机的充气效率,增加了发动机的动力性,同时电喷燃油喷射系统可以采用较大的气门重叠角,有利于废气排出,同样也可以提高发动机的充气效率,提高了发动机的动力性。

(2) 可以保证各缸获得均匀的混合气,提高了发动机的燃烧质量和稳定性,减少了碳氢化合物和氮氧化物的含量,有效地提高了发动机排气净化的程度。

(3) 通过喷油器喷出的燃油雾化质量好,提高了发动机的抗爆性能。

(4) 发动机可以在较稀薄的混合气条件下运行,不仅减少了废气中有害气体的含量,还有利于节省汽油,提高了发动机的经济性能。

(5) 冷起动效果大大改善。由于燃油雾化良好,再加上冷起动加浓装置的作用,使发动机冷起动性能得到提高。

(6) 加速性能好。由于利用电子控制方式，动态响应效果好，所以当机械装备加速行驶时，消除了发动机变工况行驶时燃油供给的迟滞现象，提高了发动机的加速性能。

(7) 电喷系统能直接或间接地测量发动机的进气量，进而精确计量出发动机燃烧所需要的供油量，并根据各种传感器信号的参数进行适时修正，可以精确计算出发动机在各种工况下所需混合气的空燃比，实现了发动机的最佳控制，有效地提高了发动机的经济性、动力性和排气净化程度。

总之，与化油器式发动机相比，电控燃油喷射系统能更好地适应现代机械装备的要求，可以使发动机功率提高 5%～10%，燃油消耗率降低 5%～15%，废气排放量减少 20%，因此电喷发动机将逐渐完全取代化油器式发动机，在各类型的汽油发动机上得到广泛应用。

8.1.4　电控汽油喷射系统的基本组成和原理

电控汽油喷射系统借助于各种传感器，将发动机的转速、负荷、起动、加速、减速、冷却水温、进气温度及流量等的变化转换成电信号，输送给 ECU 并与储存数据进行比较后，计算出（或查找出）当时所处工况下所需的喷油量，然后向喷油器发出喷油时间长短的电信号，从而供给与当时工况相匹配的最佳喷油量。每次喷油量的多少决定于 ECU 向喷油器发出的喷油脉冲的长短，这是因为喷射压力一定时，喷油量的多少仅决定于喷油持续时间的长短。

电控汽油喷射系统的型式不同时，它的组成将有所不同，且同一部件的结构型式也将有所不同。电控汽油喷射系统的一般组成如图 8-6 所示。汽油被燃油泵吸出经脉动缓冲器消除供油脉动，再经燃油滤清器滤掉杂质后，送往喷油器，在 ECU 所发喷油指令的控制下喷入定量汽油。燃油压力调节器能将喷油管路的压力调节到恒定值（一般在 0.25MPa～0.30MPa 之间的某一值），以便喷油计量，从压力调节器出来的多余汽油直接流回汽油箱。

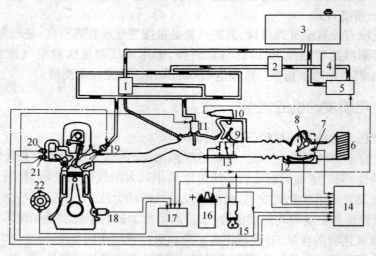

图 8-6　电控汽油喷射系统基本组成

1—燃油压力调节器；2—燃油滤清器；3—燃油箱；4—燃油脉动缓冲器；5—燃油泵；6—空气滤清器；
7—进气温度传感器；8—空气流量计；9—怠速调整螺钉；10—空气调节器；11—冷起动阀；
12—旁通空气调整螺钉；13—节气门开关；14—电控单元；15—点火开关；16—点火线圈；
17—燃油泵继电器；18—油压开关；19—喷油器；20—水温传感器；21—温控正时开关；22—发电机。

空气被空气滤清器滤去杂质后经节气门进入进气管,当进气门打开时与从喷油器喷出的定量汽油形成一定浓度的混合气并一起进入气缸。

电控燃油喷射系统主要由空气供给系统、燃油供给系统和电子控制系统3部分组成。

1.空气供给系统

空气供给系统的作用是提供发动机气缸内燃烧所需的空气,并计量和控制汽油燃烧时的进气量。进气系统主要由空气滤清器、空气流量计或进气歧管压力传感器、节气门体、节气门位置传感器、进气总管、进气歧管、温度传感器等组成,如图8-7所示。空气经过空气滤清器、流量计、节气门、进气总管、进气歧管后进入气缸。此外,有的发动机还设有气室、怠速空气调整器、谐波增压进气阀等辅助装置,以便进一步提高发动机性能。

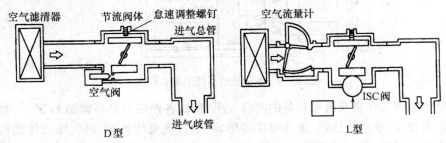

图8-7 空气供给系统

2.燃油供给系统

燃油供给系统的作用是向气缸内供给燃烧所需的汽油,其结构如图8-8所示,主要由燃油泵、燃油滤清器、压力调节器、燃油压力脉动减振器、喷油器及油管等组成。油泵抽吸油箱内的燃油,经滤清器过滤后,送至燃油压力脉动减振器,以减少燃油脉动,由压力调节器调压,然后经输油管配送各个喷油器和冷起动喷油器,喷油器根据ECU发出的指令,将适量的汽油喷入各进气歧管或进气总管。

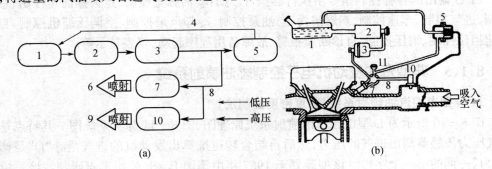

图8-8 燃油供给系统

(a)系统框图;(b)系统结构图。

1—燃油箱;2—燃油泵;3—燃油滤清器;4—回油管;5—压力调节器;6—各缸进气歧管;

7—喷油器;8—输油管;9—进气总管;10—冷起动喷油器;11—燃油压力脉动减振器。

发动机各正常工况是由安装在进气门附近的各喷油器或位于节气门体位置的喷油器喷油,其喷油量由喷油器通电时间的长短来决定。

冷车起动时由装在进气总管处的冷起动喷油器喷油,其喷油时间受其定时开关控制(或由定时开关和ECU同时控制)。

3. 电子控制系统

电子控制系统的作用是根据发动机运转状况和机械装备运行状况确定汽油的最佳喷射量。该系统由传感器、电控单元和执行器组成,如图8-9所示。

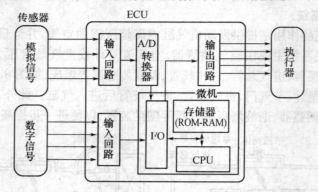

图8-9　电子控制系统的基本构成

传感器监测发动机及机械装备的实际工况,感知各种信号并传输给ECU。检测工况的传感器主要有:水温传感器、进气温度传感器、空气流量传感器、进气压力传感器、转速和曲轴位置传感器、节气门位置传感器、上止点位置传感器、缸序判别传感器、车速传感器、氧传感器、爆震传感器、空调电磁离合器开关信号、起动信号、发电机负荷信号、挡位开关信号和空挡位置开关信号、蓄电池电压信号、离合器开关信号、刹车开关信号等。

ECU是一种电子综合控制装置。ECU的存储器中存放了发动机及机械装备的各种工况的最佳喷油持续时间,在接收了各种传感器传来的信号后,确定满足发动机运转状态的燃油喷射量,并根据计算结果控制喷油器的喷油时间。ECU还可对多种信息进行处理,实现其它诸多方面的控制,如点火控制、怠速控制、排气再循环控制、防抱死控制等。

ECU输出的各种控制指令由执行器执行。如:喷油脉宽控制、点火提前角控制、怠速控制、进气控制、车速控制、炭罐清污、燃油泵控制、冷却风扇控制、空调压缩机控制、自动变速挡位控制、增压控制、自诊断及报警、故障备用程序起动、仪表显示等。

8.1.5　典型汽油发动机电子控制燃油喷射系统

1. D型电控汽油喷射系统(速度密度控制法)

图8-10所示为D型电控汽油喷射系统原理图,图8-11为其系统图。其特点是用进气压力传感器测出进气的压力,然后再结合转速推算出发动机的进气量。"D"是德文"压力"一词的第一个字母。该型装置于1967年由德国Bosch公司率先研制。该系统所用传感器及功能见表8-1。

表8-1　D型电控汽油喷射系统所用的传感器及其功能

传感器名称	功　　能	传感器名称	功　　能
分电器(触发接触器)	测量发动机转速	冷却水温度传感器	测量冷却水温度
节气门位置传感器	感应油门开度	进气温度传感器	测量进气温度
进气压力传感器	测进气压力推算出进气量	点火起动开关	判断是否在起动工况
温控正时开关	感应冷却水温度,判断是否冷起动		

238

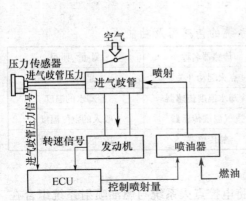

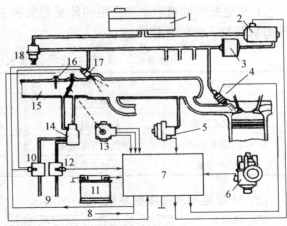

图 8-10　D 型电控汽油喷射系统原理图

图 8-11　D 型电控汽油喷射系统图

1—汽油箱；2—电动汽油泵；3—汽油滤清器；4—喷油泵；
5—进气管压力传感器；6—分电器；7—电控单元；
8—通点火开关；9—冷却水；10—温控正时开关；
11—蓄电池；12—冷却水温度传感器；13—节气门
位置传感器(节气门开关)；14—辅助空气阀；
15—进气管；16—进气温度传感器；17—冷起动喷嘴；
18—燃油压力调节器。

2．L 型电控汽油喷射系统(质量流量控制法)

L 型电控汽油喷射系统是在 D 型电控汽油喷射系统的基础上发展起来的。"L"是德文"空气"一词的第一个字母。其主要特点是通过空气流量计直接测量进气量作为控制喷油量的主要依据。L 型电控汽油喷射系统应用较多，图 8-12 所示为 L 型电控汽油喷射系统原理图，图 8-13 为其系统图。

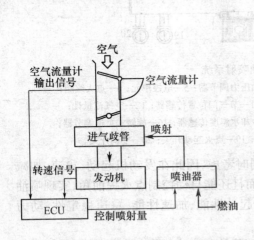

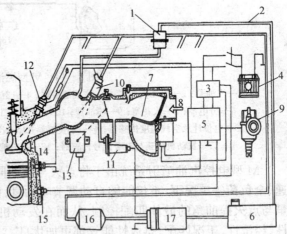

图 8-12　L 型电控汽油喷射系统原理图

图 8-13　L 型电控汽油喷射系统

1—燃油压力调节器；2—回油管；3—继电器；4—蓄电池；
5—电控单元；6—汽油箱；7—空气计量器；8—进气流；
9—分电器；10—冷起动喷嘴；11—辅助空气阀；12—喷油器；
13—节气门开关；14—温控正时开关；15—冷却水温度传感器；
16—汽油滤清器；17—电动汽油泵。

L型电控汽油喷射系统所用的传感器见表8-2，但由于生产厂家不同，所用传感器的数目及型式会稍有差异。

表8-2　L型电控汽油喷射系统的传感器及功能

传感器名称	测量项目	传感器名称	测量项目
空气流量计	吸入的空气流量	点火起动开关	起动信号
分电器点火线圈	发动机转速	冷却水温度传感器	冷却水的温度
节气门位置传感器	节气门开度位置	进气温度传感器	吸入的空气温度
温控正时开关	冷起动信号	氧传感器	废气中的氧含量

3．M型电控汽油喷射系统

M型电控汽油喷射系统是在L型的基础上，将电控点火系统与燃油喷射系统组合在一起的综合控制系统。这种系统大多数都采用数字处理方式，因而有时也叫"数字燃油喷射系统"。这种系统具有结构简单、体积小、控制精度高、响应速度快、控制功能强等优点。其组成如图8-14所示。

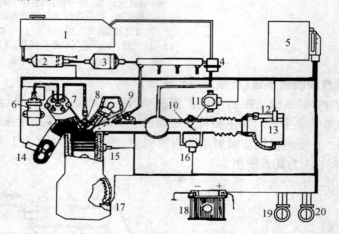

图8-14　M型燃油喷射系统

1—汽油箱；2—电动汽油泵；3—汽油滤清器；4—燃油压力调节器；5—电控单元；6—点火线圈；
7—分电器；8—火花塞；9—喷油器；10—节气门；11—节气门位置传感器；12—空气流量计；
13—电位计及空气温度传感器；14—氧传感器；15—冷却水温度传感器；16—旋转式怠速调节器；
17—发动机转速与参考记号传感器；18—蓄电池；19—点火起动开关；20—空调开关。

M型电控汽油喷射系统由于将点火与喷油同时考虑，因此在发动机起动、怠速、加减速、全负荷等工况下，不仅能够自动调节喷油量，而且还能自动控制点火提前角，实现喷油量与点火提前角的最佳匹配控制，从而在发动机起动性能、加速性能、怠速稳定性、动力性、经济性、工况匹配、排放性能等都更加优良。

随着电控技术的发展，许多机械装备不仅电控喷油与点火，而且还将废气再循环、怠速控制、爆震控制、燃油蒸发控制等多项纳入电控范围，这无疑将使机械装备的各种性能更加理想。

电控点火系统，是将机械装备在不同运行工况下的最佳点火提前角值，预先测出并储存在电控单元的存储器内（一般为只读存储器ROM）。在发动机运行时，计算机根据传感器传来的转速与负荷(有时还有冷却水的温度)的实际信息,从存储器中"读"出该工况下的点火提前角值。有时还要参考其它传感器,如节气门位置、进气温度等传来的信息,对所选取的点火提前角进行修正,从而使每一工况都尽量达到最佳点火提前角。

电控点火子系统的组成如图8－15所示。与常规点火系不同的是,点火线圈的初级电流需经过电控单元中的点火晶体管后搭铁,取消了常规分电器中的机械式离心点火提前调节装置,点火早晚及闭合角长短完全由电控单元决定。

点火与汽油喷射相结合的电控系统,由于生产厂家和用户不同,所用传感器的数量和型式也就有了区别,表8－3所列为该系统所用的传感器及功能。

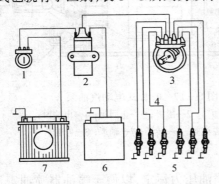

图8－15 点火子系统的组成

1—点火开关;2—点火线圈;

3—分电器;4—高压线;

5—火花塞;6—电控单元;7—蓄电池。

表8－3 点火与汽油喷射相结合的电控系统所用的传感器功能

传感器名称	测量项目
空气流量计	吸入的空气流量
节气门开关	节气门开度位置
点火起动开关	起动信号
进气温度传感器	吸入的空气温度
冷却水温传感器	冷却水的温度
氧传感器	废气中的氧含量
温控正时开关	冷起动信号
转速及参考记号传感器	发动机转速和曲轴位置
爆震传感器	爆震信号
空调开关	空调启用信号

有时在系统中,并不装用温控正时开关、爆震传感器及空调开关传感器,这将对整个系统的完善程度有所影响。而冷起动时的喷油加浓,是由电控单元根据其它传感器的信息直接指令喷油器,延长喷油时间来完成的。

8.1.6 燃油喷射系统的主要部件

1. 电动燃油泵

电动燃油泵的作用是供给燃油系统足够流量和规定压力的燃油。电动燃油泵按油泵结构可分为滚柱式、叶片式、齿轮式、涡轮式和侧槽式,目前常用滚柱式和叶片式两种。按燃油泵安装方式可分为外装式和内装式两种。外装式安装在燃油箱外的输油管路中,内装式安装在燃油箱内,目前大多用内装式。

1) 滚柱式电动燃油泵

滚柱式电动燃油泵由转子、滚柱和泵体组成,如图8－16所示。当偏心转子被电动机带动旋转时,由于离心力的作用,使装于转子外槽内的滚柱紧压在泵体的内表面,每两个相邻的滚柱之间便形成一个空腔。当一个空腔转到进油口处时,它的容积变大吸油;当它继续转动与出油口相接时,其容积变小往外泵油。这样,具有一定压力的燃油便被送到供油管路中。

2) 叶片式电动燃油泵

如图8－17所示,叶片式电动燃油泵与滚柱式电动燃油泵的区别在于转子是一块圆形平板,在平板的周围上有小槽,小槽与泵体之间的空间便形成了泵油腔室。当叶轮带着叶片一起转动时,由于叶片的作用,汽油从进油口被吸进,随叶片转到出油口时又被甩出,并穿过电动机进入系统油路。当油压过高时,溢流阀打开放回一些汽油到油箱。在出口处设有止回阀以防发动机熄火后汽油回流。

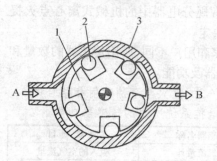

图 8-16 滚柱式电动燃油泵

1—转子;2—滚柱;3—泵体;

A—进油口;B—出油口。

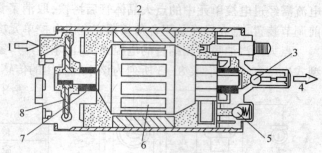

图 8-17 叶片式电动汽油泵

1—进油口;2—磁极;3—止回阀;4—出油口;

5—溢流阀;6—转子;7—轴承;8—叶轮。

2．燃油压力调节器

燃油压力调节器的作用是稳定喷油压力,使喷油压力恒定,以便于喷油器喷油定量。其原理如图 8-18 所示。如果系统内油压过高,油压力便克服弹簧弹力使膜片下移,将回油阀门开大,超压的燃油便流回油箱。当系统油压过低时,回油阀门开度减小,回油量减少,又使系统油压有所回升,如此反复使系统油压始终保持恒定。膜片下部(即弹簧室)与节气门后的进气管连通,可使喷油压力与进气管压力同步变化,其压差保持常数,这样,从喷油器喷出的油量只取决于喷油时间,即电控单元发出的喷油指令的长短。

3．燃油脉动缓冲器

燃油脉动缓冲器的作用是减弱燃油总管中的压力脉动波,有效提高喷油精度、降低噪声,通常安装在燃油总管或燃油泵上。其结构如图 8-19 所示。膜片将缓冲器隔成两部

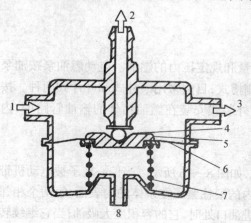

图 8-18 燃油压力调节器

1—进油口;2—回油口;

3—出油口;4—回油阀门;

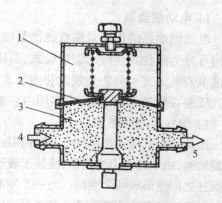

图 8-19 燃油脉动缓冲器

1—空气室;2—膜片;3—燃油室;

4—进油口;5—出油口。

分,上部为空气室,装有压力弹簧,下部为贮油室。当电动汽油泵将压力不稳的汽油泵入贮油室时,该压力首先作用于膜片,再传给压力弹簧,通过弹簧的变形将脉动压力吸收,当油流出燃油脉动缓冲器时,油压将不再波动,变得平稳。

4.电磁喷油器

喷油器的作用是根据电控单元送来的喷油脉冲信号,将计量精确的燃油喷入节气门附近的进气歧管内。喷油器按用途可分为单点式和多点式;按燃油送入的位置可分为顶部供油式和底部供油式;按喷油口形式可分为轴针式和孔式,孔式又可分为球阀式和片阀式。目前运用的主要有为轴针式、球阀式和片阀式3种。

1) 轴针式电磁喷油器

轴针式喷油器安装在燃油分配管上,结构如图 8-20 所示。当作为喷油指令的电流由电控单元通入电磁线圈时,衔铁连同针阀便一起被吸到规定升程(约 0.1mm),喷油器就开始喷出燃油。喷油量的多少与喷油持续时间(即电磁线圈通电时间)成正比。

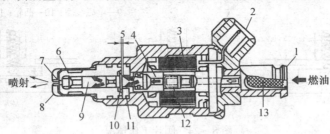

图 8-20 轴针式电磁喷油器

1—油管接头;2—电接头;3—电磁线圈;4—衔铁;5—行程;6—阀体;7—喷口;
8—壳体;9—针阀;10—凸缘门;11—调整垫;12—弹簧;13—滤清器。

轴针式喷油器的抗堵塞、抗污能力强,雾化性能较好。但燃油从顶部供油且在喷油器内轴向流动,只有在针阀开启喷油时燃油才流动,这样容易产生气阻,影响机械装备的热起动性能。为了有效防止气阻产生,提高机械装备的热起动时的可靠性,采用底部供油,如图 8-21 所示。这样燃油可围绕阀座区经喷油器内腔从上部不断流出,对喷油器计量部位的冷却效果也十分明显,并且有利于降低成本,应用较广泛。

2) 球阀式电磁喷油器

球阀式电磁喷油器的结构与轴针式喷油器的结构基本相同,主要区别在于阀体结构不同。如图 8-22 所示,球阀式电磁喷油器的阀体由钢球、导杆和衔铁用激光束焊接成整体结构。轴针式喷油器的阀体采用的是针阀,为了保证阀体轴移动时不发生偏移和阀门密封良好,必须要有较长的导杆,并制成实心结构;球阀式喷油器的球阀具有自动定位作用,无需较长的导杆,具有较好的密封性能。

3) 片阀式电磁喷油器

片阀式电磁喷油器的结构如图 8-23 所示,它与其

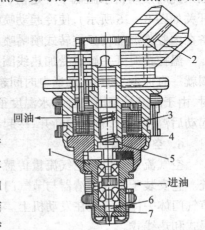

图 8-21 底部供油式电磁喷油器

1—针阀体;2—接电端口;
3—电磁线圈;4—弹簧;5—衔铁;
6—针阀;7—阀座。

它类型喷抽器的最大区别在于取消了针阀和衔铁,只用一块 0.5g 的圆形阀片,如图 8-24 所示。由于阀片的运动惯量较小,有利于减少喷油器开启时的滞后时间,因而可提高喷油器的计量精度。因此片阀式电磁喷油器不仅具有较大的动态流量,而且具有较强的抗堵塞能力。

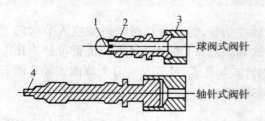

图 8-22 球阀式和轴针式阀针比较

1—钢球;2—导杆;3—衔铁;4—轴针。

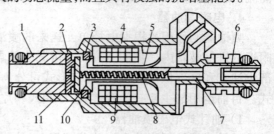

图 8-23 片阀式电磁喷油器

1—喷嘴套;2—阀座;3—挡圈;4—喷油器体;
5—铁芯;6—滤清器;7—调压器套;8—弹簧;
9—电磁线圈;10—凸轮;11—阀片。

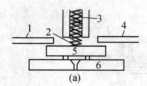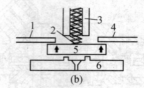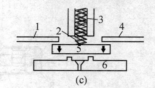

图 8-24 阀片工作情况

(a) 阀片静止在阀片座上;(b) 阀片抬离阀座直到抵住挡圈;(c) 阀片离开挡圈落座。

1、4—挡圈;2—弹簧;3—衔铁;5—阀片;6—阀座。

5. 冷起动喷嘴及温控正时开关

发动机冷车起动时,必须补充一定的燃油喷射量,以弥补由于蒸发不良造成的混合气偏稀而难以起动。冷起动喷嘴的结构如图 8-25 所示。当点火开关接通发动机起动时,如果此时发动机水温低于一定值(一般为 40℃),温控正时开关的触点便闭合(温控正时开关如图 8-26 所示),使冷起动喷嘴的电磁线圈通电,产生电磁吸力将衔铁阀门吸起,储备在内腔的燃油便经旋转式喷嘴喷出,使喷油量增大。

温控正时开关触点受加热线圈及冷却水温度的双重控制,当点火开关接通时,加热线圈就一直通电,加热线圈通电时间越长,冷却水温度越高,触点就越易跳开。在冷态起动时,由于刚开始通电且冷却水温度很低,因此触点闭合使冷起动喷嘴通电喷油。当发动机起动后温度上升,触点便断开,冷起动喷嘴亦停止喷油。

6. 空气流量计

空气流量计也叫空气流量传感器,它是测量发动机进气量的装置,主要用于 L 型系统。它安装于空气滤清器与节气门之间,也可安装于空气滤清器上,也可将空气流量计与节气门体一体化安装在发动机上。根据测量原理不同,空气流量计可分为叶片式、卡门旋涡式和热线式。

1) 叶片式空气流量计

叶片式空气流量计又称为翼片式或风门式空气流量计,如图 8-27 所示为叶片式空气流量计结构原理图。叶片转轴与电位计同轴。进气流量越大,叶片的偏转角度就越大,电位计便将此信息通过电信号的形式传给电控单元,使其发出多喷油的指令。补偿叶片起到阻尼的作用,当进气空气流急剧变化时,使叶片转动平稳,减小叶片脉动。

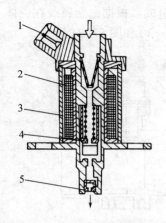 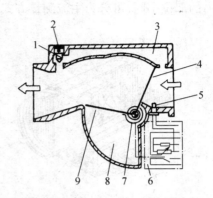

图8-25 冷起动喷嘴示意图　图8-26 温控正时开关示意图　图8-27 叶片式空气流量计

1—电插座;2—电磁线圈;	1—电插头;2—壳体;	1—急速调整螺钉;2—封口;3—旁通空气道;
3—弹簧;4—衔铁阀门;	3—双金属片;4—加热线圈;	4—计量叶片;5—空气温度传感器;6—电位计;
5—旋转式喷嘴。	5—触点	7—回位弹簧;8—缓冲室;9—补偿叶片。

2) 卡门旋涡式空气流量计

旋涡式空气流量计是在进气管道中央设置一个锥状涡流发生器。当空气流过时,在涡流发生器后部将会不断产生称之为卡门旋涡的涡流,利用超声波或光电信号,通过检测旋涡频率来测量空气流量的一种传感器。

如图8-28所示,光电式卡门旋涡式空气流量计是把涡流发生器两侧的压力变化,通过导压孔引向薄金属制成的反光镜表面,使反光镜表面发生振动,反光镜在振动时会将发光管投射的光反射给光敏二极管,对反光信号进行检测,即可求得涡流的频率。

如图8-29所示,超声波式卡门旋涡空气流量计是利用卡门涡流引起的空气密度变化进行测量的。在空气流动的垂直方向安装超声波信号发生器,在其对面安装超声波接收器。由于卡门涡流引起空气密度变化,则发射出的超声波到达接收器时有的变早、有的变晚。从而会测出其相位差,利用放大器使之形成矩形波,矩形波的脉冲频率即为卡门涡流的频率。

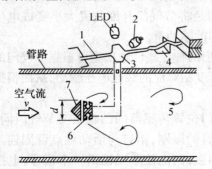 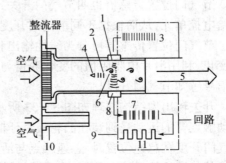

图8-28 卡门旋涡式空气流量计(光电式)　图8-29 卡门旋涡式空气流量计(超声波式)

1—张紧带;2—光敏二极管;3—反光镜;	1—信号发生器;2—涡流稳压板;3—超声波发生器;
4—板簧;5—卡门涡流;6—导压孔;	4—涡流发生器;5—往发动机;6—卡门涡流;
7—涡流发生器。	7—与旋涡数对应的疏密声波;8—接收器;
	9—接计算机;10—旁通通道;11—整形矩形波。

3) 热线式空气流量计

热线式空气流量计是由计量空气流量的白金属线、根据进气温度进行修正的温度补偿电阻和控制热线电流并输出信号的控制电路板以及壳体等组成。根据白金属线在壳体内的部位不同,可分为主流测量方式和旁流测量方式。如图 8-30 和图 8-31 所示。

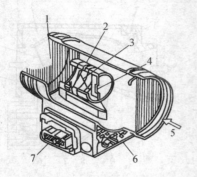

图 8-30 主流测量式热线空气流量计
1—防护网;2—取样管;
3—白金属线;4—温度补偿电阻;
5—空气;6—控制电路;7—接线插头。

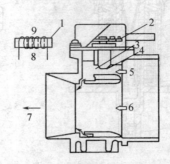

图 8-31 旁通测量式热线空气流量计
1—陶瓷管;2—控制电路;3—温度传感器;
4—热线;5—旁通道;6—主通道;7—节气门;
8—控制电路;9—热线或热线线圈。

7. 进气管压力传感器

进气管压力传感器主要用于 D 型电控燃油喷射系统。按信号产生原理可分为压敏电阻式、电容式、表面弹性波式和真空膜盒式等,应用较多的为真空膜盒式。如图 8-32 所示为真空膜盒式压力传感器。当发动机工作时,就有电流通过初级线圈,由于互感作用,使次级线圈产生感应电流而输出,其感应电流的大小取决于两线圈的耦合度,耦合越紧,感应电流就越大,因此,当铁芯柱塞向两线圈中间移动时,输出的感应电流就会增大。铁芯柱塞的移动受真空气压盒的控制,当进气管压力升高时(节气门开度增大),真空气压盒收缩,使铁芯柱塞向两线圈中间移动,输出给电控单元的感应信号增强,发给喷油器的喷油指令加大,喷油量增多。

8. 节气门位置传感器

节气门位置传感器也叫节气门开关,它的作用是将节气门开度位置大小变成电信号传给电控单元,从而根据不同节气门开度补充不同的喷油量。

节气门位置传感器可分为线性输出和开关输出两种。线性输出型可根据节气门的开度变化,利用滑片电阻阻值的变化获得与节气门开度相对应的线性电压输出,从而根据电压信号感知节气门开度。

开关输出型结构原理如图 8-33 所示。节气门位置传感器的凸轮板与节气门同轴,活动触点臂的运动受到装在凸轮板月牙槽内的销钉的限制,销钉与活动触点臂固连。当节气门开度在怠速位置时,怠速触点与活动触点相接,向电控单元输送一个信号,电控单元将其与转速信号综合分析,当发动机转速低于一定值时(如 1200r/min),电控单元便发出怠速加浓信号;而当发动机转速高于某值时(如 1800r/min),电控单元便判定为减速或利用发动机制动,从而发出停止喷油指令。

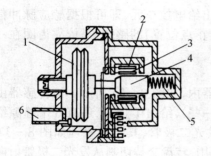

图 8-32 进气管压力传感器
1—真空气压盒；2—初级线圈；3—次级线圈；
4—柱塞；5—回位弹簧；6—接进气管。

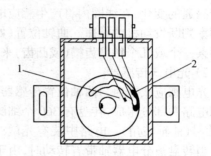

图 8-33 节气门位置传感器
1—全开触点；2—怠速触点。

当节气门开度最大或接近最大时，全开触点与活动触点接通，向电控单元传送一全负荷加浓信号，从而进行全负荷加浓。当节气门位置在怠速与全负荷之间的开度时，电控单元指令喷油器按正常供油量喷油。

9. 冷却水温度传感器

冷却水温度传感器装于发动机缸体上伸入水套内，其结构如图 8-34 所示。水温越低，热敏电阻的阻值就越大，向电控单元传入低温信号，使其向喷油器发出多喷油的指令。随冷却水温度的逐渐上升，补充喷油量将越来越少，当冷却水温度达一定值后（如 80℃），热敏电阻即达到一定的阻值，不再补充额外喷油量。

10. 进气温度传感器

进气温度传感器装在进气管内，其结构原理与冷却水温度传感器相同。它将测到的进气温度传给电控单元，当进气温度较低时（如低于 40℃），电控单元指令的额外喷油量较多，随温度升高，额外喷油越来越少。

11. 转速与曲轴位置传感器

转速与曲轴位置传感器是电控汽油喷射系统最重要的传感器，它的作用是将发动机的转速及曲轴的位置信息传给电控单元，以便进行点火与喷油正时的控制。转速与曲轴位置传感器按工作方式可分为磁电式、光电式和霍尔式 3 种。

1）磁电式传感器

磁电式转速与曲轴位置传感器如图 8-35 所示，依靠飞轮齿圈或一个专门的齿盘来产生磁电感应信号，齿盘在一圈上有几十个齿。在旋转的过程中，每个齿转过传感器时，

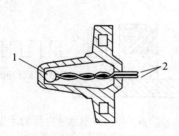

图 8-34 冷却水温度传感器
1—热敏电阻；2—导线。

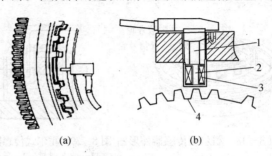

(a)　　　　　　(b)

图 8-35 磁电式转速与曲轴位置传感器
1—永久磁铁；2—软铁芯；3—感应线圈；4—飞轮齿盘。

由于磁通的变化,在线圈内将产生感应电动势,输出给电控单元,即可根据感应脉冲信号的频率判断发动机的转速。曲轴位置(如第一缸上止点位置)的感知,是依靠齿圈在一周中的某一个或几个特殊齿槽(或凸齿)来完成的。

2)光电式传感器

光电感应式转速与曲轴位置传感器装于分电器内,如图8-36所示。该传感器由转盘和电路两部分组成,转盘有360个细缝(也可少一些),给出1°信号,还有6个缝隙给出60°信号(曲轴转角)。电路中装有光敏二极管和发光二极管,其结构原理如图8-37所示。当转盘被分电器轴带着转动时,由于细缝的作用,转盘交替切割从发光二极管射向光敏二极管的光线,由此产生的交变脉冲电压信号传给电控单元,就能判断出发动机的转速和曲轴所处的位置(实际是活塞的位置)。

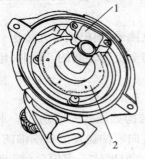 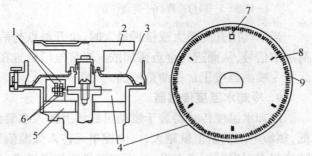

图8-36 光电式转速与曲轴位置传感器
1—传感器;2—转盘。

图8-37 光电式转速与曲轴位置传感器
1—发光二极管;2—分火头;3—密封盖;4—转盘;5—电路;
6—光敏二极管;7—一缸上止点;8—60°信号缝隙;9—1°信号缝隙。

3)霍尔式传感器

磁场中的霍尔元件(半导体元件)在磁场力的作用下会产生电子偏离,形成霍尔电压,当磁场力消失后,霍尔电压也随之消失的现象称为霍尔效应,利用这一原理制成的传感器叫霍尔式传感器。

图8-38所示即为安装在曲轴上的霍尔式传感器,为叶片触发式,它有内外两个信号轮,分别测定发动机转速和一缸上止点。其结构如图8-39示,由永久磁铁、导磁板和霍尔元件等组成。其工作原理如图8-40所示,当信号轮的触发叶片转至永久磁铁与霍尔元件之间时,由于叶片的遮挡,使磁场被屏蔽,不产生霍尔效应;当叶片离开后,霍尔元件在磁场力的作用下产生霍尔脉冲电压信号。外信号轮为发动机转速激励信号,内信号轮为一缸及其它各缸上止点点火正时信号。

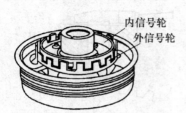 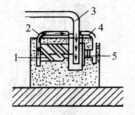 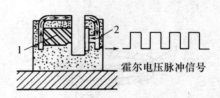

图8-38 霍尔式传感器外形图　　图8-39 霍尔式传感器的结构　　图8-40 霍尔脉冲电压的产生
　　　　　　　　　　　　　　　　1—永久磁铁;2—导磁板;　　　　1—永久磁铁;2—霍尔元件。
　　　　　　　　　　　　　　　　3—触发叶片(信号轮);
　　　　　　　　　　　　　　　　4—导磁板;5—霍尔元件。

12．辅助空气阀

为了使冷发动机能圆滑地怠速运行,就应适当提高怠速转速,这样同时也可起到迅速暖车的作用,为此设有辅助空气阀。辅助空气阀可分为双金属片式和石蜡膨胀型两种。

如图8-41所示为石蜡膨胀型辅助空气阀。膨胀元件感应发动机冷却水的温度,当发动机冷起动时,由于冷却水温度很低,膨胀元件收缩,使活塞阀在弹簧推动下开大,绕过节气门进入进气管的气量增多,以满足冷起动的要求;当发动机连同冷却水温度升高时,活塞阀开度便越来越小,直至最后完全停止附加空气。

如图8-42所示为双金属片式辅助空气阀。挡板的位置受双金属片的操纵,而双金属片的温度受发动机温度和电热丝通电时间的影响。在发动机冷起动时,由于温度低,双金属片使挡板将空气通道让开,绕过节气门的气量增多,由于这部分空气已被空气流量计计量,因此供油也相应增多,这样可使起动迅速、圆滑,暖车缩短。当起动后,随发动机温度升高及通电时间的延长,双金属片变形使挡板将空气通道逐渐关小,辅助空气量也逐渐减少,直至发动机完全进入热态运行时,辅助空气阀将完全关闭,不起作用。

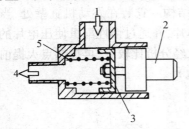

图8-41　石蜡膨胀型辅助空气阀
1—空气入口;2—膨胀元件;3—活塞阀;
4—空气出口;5—压力弹簧。

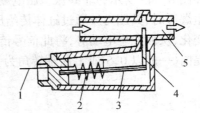

图8-42　双金属片式辅助空气阀
1—电线接头;2—电热丝;3—双金属片;
4—挡板;5—空气通道。

13．氧传感器

氧传感器装于排气管中,其作用是通过检测废气中氧含量的多少来判断混合气的浓度是否合适。目前使用的氧传感器有氧化锆式和氧化钛式两种。

1）氧化锆式氧传感器

如图8-43所示为氧化锆式氧传感器示意图。其外形呈弯管形,中间为二氧化锆,内外表面都覆盖一层多孔铂电极。弯管的内电极与大气接触,外电极则暴露于废气中。外电极表面还有一层多孔的陶瓷保护层,可防止废气烧蚀电极。

温度超过300℃时,陶瓷层可使氧离子化,而二氧化锆吸收氧离子,这使得靠铂极一侧的二氧化锆表面积聚起负电荷,二氧化锆接触空气一侧的含氧量总是较大,其负电荷也就相对较多,与接近废气一侧产生电位差,电位差的大小取决于两侧含氧量之差。如此一来,废气中的氧含量就被转变成电信号,传给电控单元进行计算分析,最后得出混合气偏浓或偏稀的结论,并据此发出相应的加油或减油指令,使混合气浓度尽量适合发动机当时的工况。

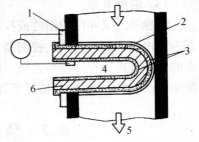

图8-43　氧化锆式氧传感器示意图
1—信号输出端;2—陶瓷保护层;
3—多孔铂电极;4—空气;5—排气
管中的废气;6—活性材料二氧化锆。

2）氧化钛式氧传感器

如图 8-44 所示为氧化钛式氧传感器。它具有两个氧化钛元件，一个是多孔性的二氧化钛陶瓷，用来检测排气中的氧含量；另一个是实心的二氧化钛陶瓷，用来作加热调节，补偿温度的误差。传感器外面套有带孔槽的金属防护套。氧化钛式氧传感器是利用二氧化钛材料的电阻值随排气中氧含量的变化而变化的特性制成的。二氧化钛在常温下具有很高的电阻，但当排气中氧含量较少时，二氧化钛中的氧分子将脱离，使晶体出现空缺，产生更多的电子，使电阻大大降低。利用电阻值的变化，便可以检测出排气中的氧含量。

14．爆震传感器

爆震传感器是对发动机点火（有时还有喷油）实现闭环控制的关键部件。爆震虽对发动机有一定程度的危害，但只要将爆震控制在轻微的范围内，那么对发动机的危害甚小，而此时发动机的功率却被发挥到最大程度。因此在某些发动机需要大功率的情况下，就有对爆震进行控制的必要。影响爆震的因素很多，主要是点火提前角的影响。

常用的爆震传感器有共振型和非共振型两种。

如图 8-45 所示为非共振型压电爆震传感器的结构。它装在发动机缸壁处，当发动机发生爆震时，其压力波通过缸体传给压电陶瓷晶体片，并通过惯性配重使压电片的压缩状况变化，从而产生电动势，将此信号传给电控单元，经分析比较后，再控制点火提前角推迟或提前（一般以 0.5°或 1°曲轴转角为一个调整单位）。

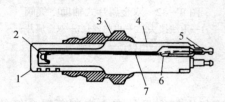

图 8-44　氧化钛式氧传感器
1—金属保护管；2—二氧化钛元件；3—金属外壳；
4—陶瓷绝缘材料；5—接线头；6—陶瓷元件；7—导线。

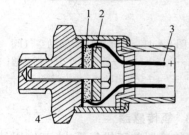

图 8-45　非共振型压电爆震传感器
1—压电晶体片（压电陶瓷）；2—惯性配重；
3—输出引线；4—发动机机体。

15．电控单元

电控单元又叫电控组件或控制盒，实际是一个微型计算机，因此有时也叫微处理机。其内部由存储器、运算器、控制器、输入/输出接口等组成。这些组成部件用来将传感器输来的信号进行寄存、分析、比较、计算后，最终给喷油器发出一个与该工况相符的喷油时间指令，在喷油压力恒定的情况下，使喷油量得到精确控制。

8.2　柴油发动机的电子控制系统

柴油发动机的电子控制与汽油发动机电子控制系统基本相同，它通过各种传感器及其它输入装置将输入信号（发动机转速、加速踏板位置、齿条位置、喷油时刻、车速及进气压力、进气温度、冷却水温度及燃油温度等）输入到 ECU。经 ECU 分析、对比、运算和处理，然

250

后输出控制指令,由电动式执行器,如步进电机、电磁线圈等实现对柴油发动机的电子控制;同时,根据传感器的输入信号对柴油发动机进行检测,使柴油发动机按最佳状态运行。

8.2.1 柴油发动机电子控制的内容及功能

1. 喷油量控制

喷油量控制是柴油发动机电子控制系统的主要控制内容。该系统由发动机转速信号和加速踏板位置信号计算出基本喷油量,并由进气温度、进气压力、冷却液温度等修正信号对喷油量进行修正,对喷油量进行精确控制。

喷油量控制主要包括基本喷油量控制、怠速控制、起动油量控制和各缸喷油量不均匀修正等。

2. 喷油正时控制

喷油正时控制是由发动机转速信号和加速踏板位置信号决定,由进气温度、进气压力、冷却液温度等修正信号进行修正,并通过着火正时传感器检测实际燃烧开始时刻,实现对喷油正时的控制,从而克服了因柴油十六烷值和大气条件的变化引起喷油正时的差异,实现对喷油正时的最佳控制。

喷油正时控制主要包括喷油时间控制和喷油率的控制。

3. 废气再循环与增压控制

通过控制废气再循环量以减少排气中氮氧化物的排放量。而增压系统是通过柴油发动机电控系统对增压压力、进气量和空燃比进行控制。

4. 故障自诊断及故障应急功能

故障自诊断及故障应急功能与汽油发动机故障自诊断及故障应急功能基本相同。其主要功能有传感器故障诊断和故障应急功能、ECU 故障诊断和故障应急功能。

8.2.2 柴油发动机电子控制系统的组成

柴油发动机电子控制系统由信号输入装置(传感器)、ECU 和执行器三大部分组成。

1. 传感器

传感器是将柴油发动机运行状况的物理量转换成电信号传送给电子控制单元。其基本传感器包括以下几种。

1) 加速踏板位置传感器

用以检测加速踏板的位置,即发动机的负荷信号。与转速信号一起确定柴油发动机的喷油量及喷油提前角,是柴油发动机电子控制系统的主控制信号。加速踏板位置传感器一般为电磁感应式,其结构如图 8-46 所示。推杆与加速踏板联动,铁芯与推杆做成一体。当加速踏板移动时,铁芯在线圈中移动,线圈中产生感应电动势。利用这一结果,检测加速踏板的位置。

2) 共轨压力传感器

共轨压力传感器的作用是以足够的精度,在很短的时间内检测出共轨中燃油的压力,并转换成电信号输入给 ECU。共轨压力传感器结构如图 8-47 所示。工作时由系统压

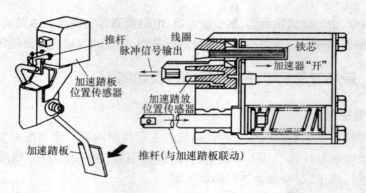

图 8-46 加速踏板位置传感器

力引起膜片形状变化(150MPa 时变化量约 1mm),促使电阻值改变,并在用 5V 供电的电阻电桥中产生电压变化。电压在 0~70mV 之间变化,经处理放大为 0.5V~4.5V。

其它传感器如转速与曲轴位置传感器、凸轮轴位置传感器、车速传感器、冷却水温、进气温度传感器、燃油温度传感器、氧传感器等,它们的作用、工作原理和结构与汽油发动机电子控制系统基本相同。

2. 电子控制单元(ECU)

柴油发动机电子控制单元的组成、功能与汽油发动机电子控制单元基本相同。具体功能是:各种传感器输入信号的接收和处理,起动时的额外加浓控制,喷油时刻、喷油量及喷油规律控制,稳定怠速控制,额外负荷自调控制,巡航控制,防止发动机超速运转控制,突变工况稳定控制,增压器压比控制,废气再循环控制,与其它网络信息交换控制,熄火断油控制,防盗断油控制,故障报警和自诊断控制。

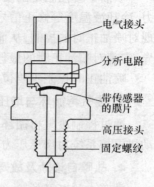

图 8-47 共轨压力传感器

3. 执行器

柴油发动机电子控制系统的执行器由机械执行机构和电气执行机构两部分组成。电气执行元件主要有电磁铁、直流电动机、步进电机等。执行器主要有电动调速器、电子控制正时控制阀、电子控制正时器、电磁溢流阀、电子控制喷油器等。

1)电动调速器

电动调速器是由 ECU 控制调速器进行动作来实现喷油量的增减。其结构如图 8-48 所示。由线性直流电动机、连杆机构、控制杆等部分组成。控制杆位置传感器装于壳体内,由 ECU 输入的控制指令信号控制电动助推器的上下移动,通过连杆机构将助推器的上下移动变为控制杆的水平移动,从而实现喷油量的增减控制。

2)喷油提前角控制电磁阀

喷油提前角控制电磁阀由 ECU 控制,根据 ECU 的指令控制由发动机机油泵进入正时控制器的油压,从而使正时控制器动作而改变喷油泵凸轮轴与油泵轴(曲轴)的相对位置。图 8-49 所示为喷油提前角控制电磁阀的结构,其工作原理是一个三通道的电磁阀。P 孔通发动机主油道,控制压力油由 P 孔进入电磁阀;R 孔为回油通道,一部分机油从 R 孔流回发动机油底壳;A 管是通往时间控制器的油道,控制油由电磁阀经 A 管流入时间控制器。电磁阀受 ECU 控制,通过控制从 R 孔流回发动机的油量来控制从 A 管进入时间控制器的油压,从而控制时间控制器内的活塞的位置来实现喷油提前的调节。

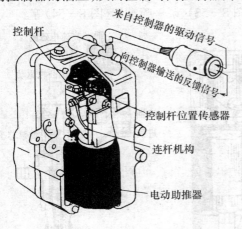

图 8-48　电动调速器

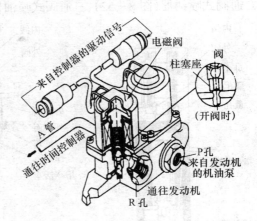

图 8-49　喷油提前角控制电磁阀

3）正时控制器

正时控制器装于喷油泵凸轮轴与油泵驱动轴(曲轴)之间,通过改变两者相对位置实现喷油提前角的调节。正时控制器的结构如图 8-50 所示。正时控制器主要由缸筒、活塞、大小凸轮、法兰和圆盘等组成。受电磁阀流入的油压大小控制,活塞位置发生改变,通过活塞上的销带动凸轮偏转,从而使法兰(泵轴)相对于圆盘(发动机曲轴)偏转一定角度,实现喷油提前角的调节。

4）电磁溢流阀

电磁溢流阀的作用是根据 ECU 的指令控制喷油量。电磁溢流阀是直接控制喷油量的,是一种耐高压、具有高度响应特性的直动式电磁阀,其结构如图 8-51 所示。当电流流过线圈时,电枢吸引铁芯。同时,溢流阀滑动,和滑阀体紧密结合,保持柱塞腔内密封。由于柱塞滑动,完成压油和喷油。一旦线圈中没有电流流过的时候,在弹簧力的作用下,滑阀开启,柱塞腔内燃油经过溢油阀内的通路开始溢油,喷油结束。当柱塞反向滑动时,燃油又被吸入阀腔内。电磁溢流阀开启后,柱塞腔内的高压燃油流回喷油泵腔中,燃油喷射结束。

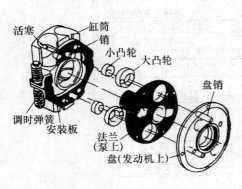

图 8-50　正时控制器

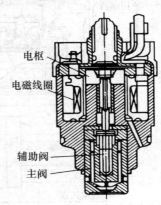

图 8-51　电磁溢流阀

5) 电子控制喷油器

柴油发动机电子控制系统的类型不同,使用的喷油器的形式也不同。其主要类型有二通阀式喷油器(图 8-52)、三通阀式喷油器(图 8-53)、泵—喷油器(图 8-54)等。

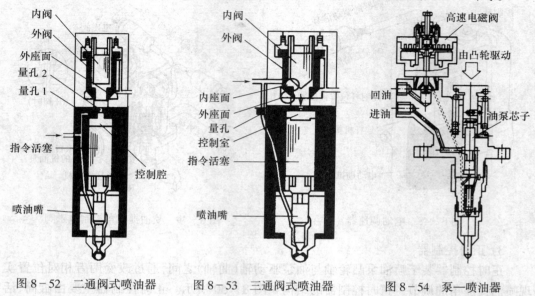

图 8-52 二通阀式喷油器　　图 8-53 三通阀式喷油器　　图 8-54 泵—喷油器

8.2.3 柴油发动机电子控制系统的类型

1. 电控直列泵系统

电控直列泵系统的特点是喷油量调节和喷油正时采用电子控制,而喷油泵体部分基本不变。电控直列泵系统的组成如图 8-55 所示。电子控制系统的输入信号由加速踏板位置传感器、转速—凸轮轴位置传感器、冷却水温度传感器、正时传感器、起动开关、空调开关等组成。电子控制系统的输入信号输入 ECU,而检测实际动作值的反馈信号也通过时间传感器(装于时间控制器上)和控制杆位置传感器(装于电动调速器内)反馈给 ECU。

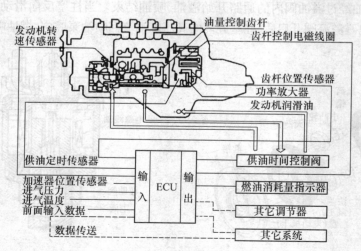

图 8-55 电控直列泵系统

ECU 对输入信号进行分析处理,计算出相应的喷油量和喷油提前角的控制参数,分别送往电动调速器和电磁阀,使调速器和正时控制器动作,从而精确控制喷油量和喷油提前角。

2. 电控高压共轨系统

电控高压共轨系统的特点是喷油压力(共轨压力)与发动机的转速和负荷无关,共轨压力由 ECU 通过压力调节阀进行控制。ECU 根据各传感器的输入信号,经过分析、运算和处理后,对喷油量、喷油时间、喷油压力和喷油率等进行最佳控制。图 8-56 所示为典型的电控高压共轨系统。

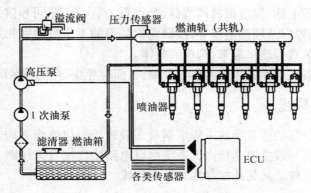

图 8-56 电控高压共轨系统

复习思考题

1. 汽油发动机控制系统的控制内容及功能有哪些?
2. 柴油发动机控制系统的控制内容及功能有哪些?
3. 简述电控柴油喷射系统的组成和工作原理
4. 简述电控汽油喷射系统的组成和工作原理。
5. 电控汽油喷射系统可分为哪几种类型?各有何特点?
6. 电控柴油喷射系统可分为哪几种类型?各有何特点

第9章 全车电路

9.1 全车电路的组成

全车电路是将蓄电池、发电机及调节器、起动系、点火系、照明和信号系统、仪表和报警系统、电子控制装置以及辅助电器等,按照它们各自的工作特性和相互内在的联系,通过开关、导线、保险装置等连接起来,构成的整体。

电源和用电设备在前面各章已经作了介绍,下面对导线、开关和保险作简要介绍。

9.1.1 连接导线

机械装备电气设备的连接导线一般由铜质多股软线外包绝缘层构成,有低压导线和高压导线两种。高压导线主要是指点火系统次级电路中连接点火线圈、配电器和火花塞之间的导线。其它元件之间的连接导线为低压导线。

1. 低压导线

为了充分发挥连接导线的作用,降低成本,低压导线的截面积有多种规格。

低压导线的截面积主要是根据用电设备的工作电流大小来确定的,低压导线截面积与允许载流量的关系见表9-1。对于功率很小的电器,为保证连接导线的机械强度,连接导线的截面积最小不得低于 $0.5mm^2$。连接蓄电池与起动机之间的电缆线和蓄电池的搭铁线,为保证每 100A 的电流所产生的电压降一般不超过 $0.1V \sim 0.15V$,因此该导线截面积要足够大,蓄电池的搭铁线一般是铜丝编织而成的扁形软铜线。

表 9-1 低压导线的允许载流量

导线标称截面积/mm²	0.5	0.8	1.0	1.5	2.5	3.0	4.0	6.0	10	13
允许载流量/A	—	—	11	14	20	22	25	35	50	60

2. 导线的颜色与标注

为了便于安装、维修,不同用电设备和同一元件不同接线柱上的低压导线常用不同的颜色加以区分,我国机械装备用低压导线的主色、代号和用途一般如表9-2所列。

表 9-2 低压导线的主色、代号和用途

主色	代号	用途	主色	代号	用途
红	R	电源系统	棕	Br	仪表、报警系统、喇叭系统
白	W	点火、起动系统	紫	V	收音机、点烟器、电钟等辅助系统
蓝	Bl	雾灯	灰	Gr	各种辅助电气设备的电动机及操纵系统
绿	G	外部照明和信号系统	黑	B	搭铁线
黄	Y	车身内部照明系统			

有些电路图中,低压导线上标注有符号。符号由两部分组成:第一部分是数字,表示导线的截面积(mm^2);第二部分是英文字母,表示导线的主色和辅助色(即呈轴向条纹状或螺旋状的颜色)。如 1.5RB 表示截面积为 $1.5mm^2$、带有黑色条纹的红色低压导线。

3. 高压导线

高压导线用来传送高压电,其工作电压一般在 15kV 以上,但通过电流强度较小,因此高压导线绝缘包层很厚,耐压性能好,但线芯截面积很小。高压线有钢芯线和阻尼线两种,为了衰减火花塞产生的电磁波干扰,目前已广泛使用了高压阻尼点火线。

不同车型采用的阻尼高压线的阻值不相同,在检修或更换高压线时要注意测量。

4. 线束

为了使机械装备上繁多的低压导线整齐美观不凌乱,接线安装方便,以及保护绝缘层,机械装备上都将同方向的低压线用棉纱编织带或用塑料带包扎成束,称为线束。同一种车型的线束在制造厂里按车型设计制造好后,用卡簧或绊钉固定在车上的既定部位,其抽头恰好在各电器设备的接线柱附近,安装时按线号装在与其对应的接线柱上即可。各种车型的线束各不相同,同一车型的线束按发动机、底盘和车身部分可以有多个线束。

线束安装时应注意:线束应按规定位置、走向敷设,并在适当位置用卡簧、绊钉或专用线卡固定牢固,以免松动磨坏;安装时线束不能拉得太紧,尤其是在拐弯处更要注意,在绕过锐角或穿过孔、洞时,应用专用橡胶或套管保护,否则线束容易磨坏造成短路、断路等故障,严重时烧毁线束引起火灾;各接头必须连接牢固,接触良好。

9.1.2 插接器

为了提高接线速度,减少接线错误,越来越多的机械装备在低压线路中采用插接器。插接器由插头和插座两部分组成。按使用场合的实际需要,其形状不同、脚数多少不等。

在拆卸插接器时,双手要捏紧插头和插座,并使锁止片张开后再将插头和插座分开。切不可直接拉导线,以免造成插头或插座内导线断路或接触不良,如图 9－1 所示。

插接器端子有故障时,可用小一字旋具或专用工具将端子和导线从插接器中取出,如图 9－2 所示。插接器接合时,应将其导向槽重叠在一起,使插头与插孔对准且稍用力插入。所谓插接器的导向槽,是指插接器连接时,为了使其正确定位而设置的凸凹轨。一对

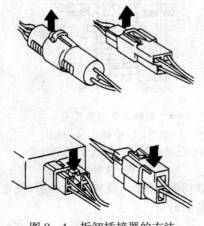

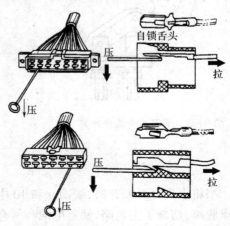

图 9－1　拆卸插接器的方法　　　　　图 9－2　取出插接器端子的方法

插头、插座由于导向槽的作用一般不可能插错,非成对的插头与插座因其脚数及外形不同,因此也不可能插错。插头与插座所对应导线的粗细、颜色、符号一般来说也完全对应,安装时应注意观察。

9.1.3 开关

1．电源总开关

电源总开关是用来接通或切断蓄电池电路的,常用的有闸刀式和电磁式两种。

1）闸刀式电源总开关

它由手柄、外壳和刀形触头等组成,如图9-3所示,一般用于蓄电池搭铁线的控制。它安装在驾驶员便于操作,但又不易误操作的部位,使用时只需将操作手柄向下按至图中虚线所示位置,机械装备电源即被接通,向上扳起手柄,则电源断开(图中实线位置)。

2）电磁式电源总开关

电磁式电源总开关也称蓄电池继电器,这种电源总开关是利用点火开关控制其电磁线圈电路的通断,再由电磁线圈控制电源电路的通断。它既可以安装在蓄电池的火线上,也可以安装在搭铁线上。

常用的TKL-20型电源总开关如图9-4所示,主要由铁芯2、钢柱1、接触桥6、触点3、4和线圈9、10等组成。当点火开关8接通电路时,电流由蓄电池正极→蓄电池开关接线柱B→熔断器→点火开关8→线圈9→触点4→搭铁→蓄电池负极(此时线圈10被触点4短路)。由于线圈9的电阻很小(4.5Ω),电流较大,产生很强的电磁吸力,吸动钢柱1,使接触桥6压缩弹簧7向下移动,接触桥6便与静触点3接触,接通主电路。同时,与接触桥固定为一体的触动器5将触点4断开,于是电流便经过线圈9、10(70.5Ω)回到蓄电池。此时电路中增加了70.5Ω的电阻,使电流显著下降。由于线圈10的匝数较多,因而电磁吸力仍能保证接触桥与静触点接触良好,所有用电设备均能投入工作。

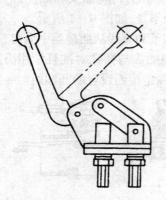

图9-3 闸刀式电源总开关

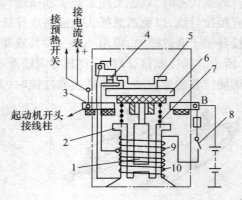

图9-4 电磁式电源总开关
1—钢柱；2—铁芯；3—静触点；4—触点；
5—触动器；6—接触桥；7—弹簧；8-点火开关；
9—线圈；10—线圈。

当将点火开关断开时,线圈9和10中的电流被切断,弹簧7便推开接触桥,使之与静触点脱离,切断了主电路,使蓄电池和所有用电设备断开。

该电源总开关如用在以柴油发动机为动力源的机械装备上时。控制总开关的是电源钥匙开关,使用时,在发动机正常运转后,不可将钥匙开关断开,否则蓄电池电路被切断,将影响发动机的正常工作。

2.点火开关

点火开关主要用来控制点火电路、发电机磁场电路、仪表电路、起动继电器电路以及一些辅助电器等,一般都具有自动复位的起动挡位并配有钥匙以备停车时锁住,因此又称为钥匙开关。点火开关的接线端子有插片式和接线柱式两种。点火开关有的安装在仪表板台板上,如图9-5所示;有的安装在转向柱管上,以便停车时锁止方向盘。

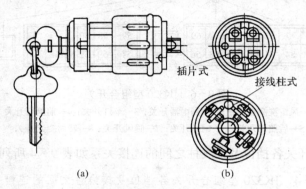

图9-5 点火开关
(a)外形;(b)接线端。

常用的点火开关是四接线柱式,四接线柱式的点火开关的接线柱连接和工作挡位关系见表9-3。1号接线柱为电源火线,2号接线柱接点火系,3号接线柱接辅助电器,4号接线柱接起动电路。

表9-3 点火开关挡位和接线柱之间的连接关系

接线柱 通断 挡位	1 BAT	2 IG	3 Acc	4 ST
Ⅲ	√		√	
O	√			
Ⅰ	√	√	√	
Ⅱ	√	√		√

点火开关O挡是断开位置,接线柱1和其它接线柱断开;Ⅰ挡是发动机正常工作位置,接线柱1和接线柱2、3接通,为点火电路、发电机励磁电路、仪表电路、辅助电器等提供电源;Ⅱ挡是起动位置,接线柱1和接线柱2、4接通,为点火电路、发电机励磁电路、仪表电路、起动电路等提供电源,切断与起动无关的辅助电器电路,改善起动性能,该挡位具有自动复位功能;Ⅲ挡是辅助电器位置,接线柱1和接线柱3接通,只为辅助电器等提供电源。

3.组合开关

为了操作方便．保证行车安全,有些机械装备将转向灯开关、小灯与大灯开关、变光开关、雨刮器开关、洗涤喷水开关、喇叭开关(或其中部分开关)等组装在一个组合体内,称之为组合开关。组合开关常安装在方向盘下的转向柱上。组合开关的操纵手柄上一般制有表示用途的图形符号。图9-6所示为国产 JK320 型组合开关的外形和接线标号图。

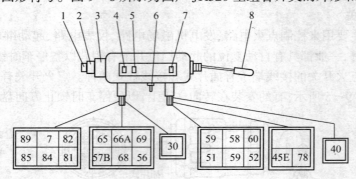

图9-6　JK320 型组合开关
1—风窗洗涤器按钮;2—刮雨器开关;3—车灯开关;4—前侧灯开关;
5—后照灯开关;6—喇叭开关;7—暖风开关;8—转向变光开关。

JK320 型组合开关各挡位及接线柱之间的连接关系如表9-4所列。

表9-4　JK320 型组合开关各挡位及接线柱之间的连接关系

触点代号		50	51	52	58	60	59	30	56	18	N1	65	66A	57B	69	45E	78	89	7	85	84	82	81	40
额定电流/A		−	10	10	−	20	20	−	10	−	−	−	−	−	−	−	−	−	5	10	10	10	10	1
转向	左	√	√																					
转向	中	√																						
转向	右	√	√																					
超车	左	√	√																					
超车	右	√		√																				
变光	超车				√	√																		
变光	近光				√	√																		
变光	远光				√		√																	
灯光	断							√																
灯光	I							√	√															
灯光	II							√	√	O	O													
前侧灯	断											√												
前侧灯	通											√	√											
尾灯	断													√										
尾灯	通													√	√									
暖风	断															√								
暖风	通															√	√							
雨刮	断																				√		√	
雨刮	间歇																	O	O	√			√	
雨刮	低速																			√		√		
雨刮	断																			√		√		
洗涤	断																			√				
洗涤	通																√			√				
喇叭																								√

注:表中"√"与"√"相通,"O"与"O"相通。

4．直流接触器

直流接触器是用来控制照明、信号等全车大部分电气设备的控制装置，继电器标称电压有 12V 和 24V 两种。只要点火开关处于关断位置(O 挡)时，上述电路均被切断。图 9-7 所示为解放 CA1091 型汽车使用的直流接触器。直流接触器实际上就是一个承载能力较大的触点式继电器，它由一对常开触点 K 与线圈 W 及铁芯、支架等构成。其接线柱 SW 接点火开关，接线柱 B 经电流表接蓄电池，接线柱 L 接有关电气设备。

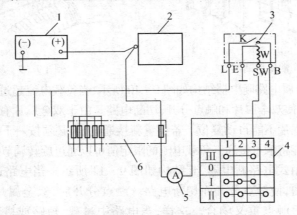

图 9-7　直流接触器电路原理图
1—蓄电池；2—起动机；3—直流接触器；4—点火开关；5—电流表；6—熔断丝盒。

当点火开关处于 I 或 III 挡时，接触器线圈通电，产生磁场，其铁芯被磁化，使触点 K 闭合，接通了前照灯等用电设备的电源电路。当点火开关处于 O 挡时，接触器线圈电路被切断，铁芯电磁力消失，其触点打开，切断了有关用电设备的电源电路。

9.1.5　保险装置

为了防止过载和短路时用电设备和导线因电流过大被烧坏，在电源与用电设备之间串联有保险装置。常用的保险装置有熔断器、易熔线和双金属电路断电器 3 种。

1．熔断器

熔断器按结构形式分有金属丝式(缠丝式)、熔管式、绝缘式、插片式等多种形式，如图 9-8 所示。熔断器在电路中电流过载 1 倍的情况下，可在数秒内熔断，自动切断电路。为便于检查和更换熔断器，机械装备上常将各电路的熔断器集中安装在一起，形成熔断器盒。

2．易熔线

易熔丝是一种截面一定、能长时间通过较大电流的合金导线，如图 9-9 所示。当电流超过易熔线额定电流数倍时，易熔线首先熔断，以确保线路或用电设备免遭损坏。易熔线绝缘护套有棕、绿、红、黑等不同颜色，以表示其不同规格，允许连续通过的电流为 10A ~40A 不等，对应 5s 内熔断时的电流约 100A~300A 不等。

3．双金属电路断电器

双金属电路断电器是利用金属片受热弯曲变形的特点工作的。双金属片用两片线膨胀系数不同的金属材料制成，当负载电流超过限定值时双金属片受热变形，使触点分开，切断电路。双金属电路断电器按其能否自动复位分为一次作用式和多次作用式两种。

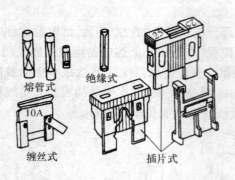

熔管式　绝缘式

10A

缠丝式　插片式

图9-8　常见熔断器

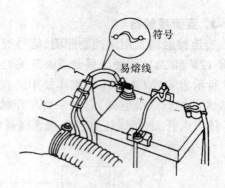

符号

易熔线

图9-9　易熔线

一次作用式双金属电路断电器结构如图9-10所示,当负载电流超过限定值时,双金属片受热变形,向上弯曲,使双金属片和触点分开,切断电路。由于双金属片有一定弹力,在切断电路温度降低后,双金属片不能自动复位。若要重新接通电路,必须按一下按钮,使双金属片受压复位,双金属片才能将触点接通。负载电流的限定值可以通过旋转调节螺钉进行调整。

常见的多次作用式电路断电器,其结构如图9-11所示。当电路过载或短路时,双金属片受热膨胀并弯曲,使触点分开而切断电路。触点分开后,双金属片上没有电流通过,温度降低到一定值后触点重又闭合。这样,当电路中过载、短路或搭铁的故障尚未排除时,电路断电器自动使电路时而接通、时而切断,起到保护作用。部分推拉式照明总开关、雨刮器和车窗升降电动机电路中双金属电路断电器即为这种类型。

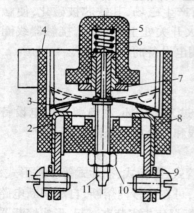

图9-10　一次作用式电路断电器

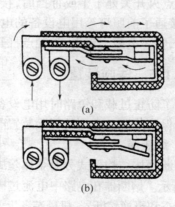

(a)

(b)

图9-11　多次作用式电路断电器
(a)触点闭合;(b)触点分开。

9.1.6　中央接线盒

随着电器设备逐渐增多,各种继电器和熔断器也越来越多,许多机械装备将各种继电器和熔断器等集中安装在一块或几块配电板上,配电板正面装有继电器和熔断器的插头,背面是接线插座,这种配电板及其盖子就称为中央接线盒。

9.2　全车电路的布线原则

机械装备各种电器装置繁多,电路密集、纵横交错,尤其是现代机械装备电气设备的数量日趋增多,电路复杂程度差异甚大,但从总体上看,各种车型的总线路都存在着许多共同之处。

1. 电气设备间均为并联

为保证所有电气设备能正常工作,它们间均为并联连接。开关、熔断器均串联在电源和相应的用电设备之间,电流表串联在供电电路上,电气仪表与其传感器之间串联。

2. 单线制

所有电气设备的正极均用导线连接,该导线通常称为"火线",而负极则与车身金属相连,称之为"搭铁"。个别电气设备为保证工作可靠,采用双线连接方式,如发电机与调节器之间的连接。

3. 负极搭铁

现代机械装备全部采用负极搭铁。

4. 双电源

采用蓄电池和发电机双电源供电,蓄电池和发电机接在电流表两端,蓄电池正极接电流表"－"端,交流发电机"电枢"接线柱和电流表"＋"极连接。用电量大的用电设备,如起动机、喇叭等,工作时不经过电流表,接在蓄电池和电流表之间的电路上。其余需要通过电流表的用电设备都通过点火开关或电源开关与电源并联,接在电流表"＋"极。

9.3 机械装备电路图的种类

机械装备电路图有线路图、原理图和线束图 3 种。

1. 线路图

线路图是将所有电气设备按在机械装备上的实际位置,用相应外形简图或原理简图画出来,并用线条一一连接起来。由于电器的实际位置及外形与图中所示方位基本一致,且较为直观,便于循线跟踪地查找导线的分支和节点,便于故障排除。但由于线路图线束密集、纵横交错,图的可读性较差,电路分析过程相对较为复杂。图 9－12 所示是东风 EQ1090 汽车的线路图。

2. 电路原理图

电路原理图是按规定的图形符号,将仪表及各种电气设备,按电路原理,由上到下合理地连接起来,然后再进行横向排列形成的电路图。它可以是子系统的电路原理图,也可以是整车电路原理图简图,电器则用简明图形符号表示。这种画法对线路图作了高度地简化,图面清晰,电路简单明了、通俗易懂,电路连接控制关系清楚,因此对分析系统的工作原理、进行故障诊断非常有利。图 9－13 所示是东风 EQ1090 汽车的电路原理图。

目前,应用较为广泛的电路原理图是从左到右排列,不走折线,图上不出现(或很少)导线交叉,一般按电源、起动、点火、仪表和指示灯、照明和信号、雨刮器和洗涤器等顺序编排。有些线路较复杂的电气设备的线路,图上采用断线代号法解决,采用断线代号法时,断线代号一定是成对出现。

3. 线束图

线束图是指能反映线束走向和有关导线颜色、接线柱编号等内容的线路图。在这种画成树枝样的图上,着重标明各导线的序号和连接的电器设备名称及接线柱的名称、各插接器插头和插座的序号。安装操作人员,只要将导线或插接器按图上标明的序号,连接到相应的电器接线柱或插接器上,便完成了全车线路的装接,这种图给安装和维修带来了极大的方便。该图的特点是不说明线路的走向和原理,线路简单。图 9－14 所示是解放 CA1090 汽车的线束图。

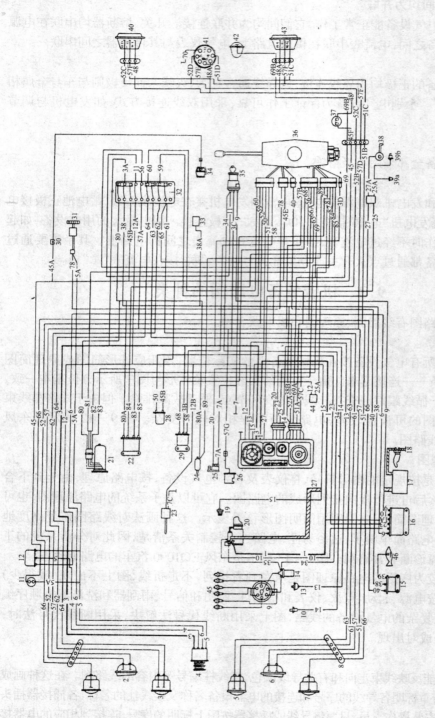

图 9－12　东风 EQ1090 汽车线路图

1，7—前侧灯；2，6—前小灯；3，5—前照灯；4—交流发电机；8—五接头接线板；9—分电器；10—低油压报警器；11—工作灯插座；12—交流发电机调节器；13—油压表传感器；14—点火线圈；15—喇叭继电器；16—组合起动继电器；17—蓄电池；18—电源总开关；19—温度表传感器；20—起动电动机；21—雨刮电动机；22—间歇雨刮继电器；23—化油器电磁阀；24—洗涤器电动机；25—空气滤清器报警开关；26—发动机罩下灯；27—仪表盘；28—闪光器；29—灯光继电器；30—接线盒；31—暖风电动机；32—10 挡熔断器盒；33—收放机；34—顶灯；35—点火开关；36—JK320 组合开关；37—制动灯开关；38—燃油表传感器；39—低油压报警传感器；40，43—组合后灯；41—挂车插座；42—后照灯；44—低气压报警开关；45—火花塞；46—电喇叭。

264

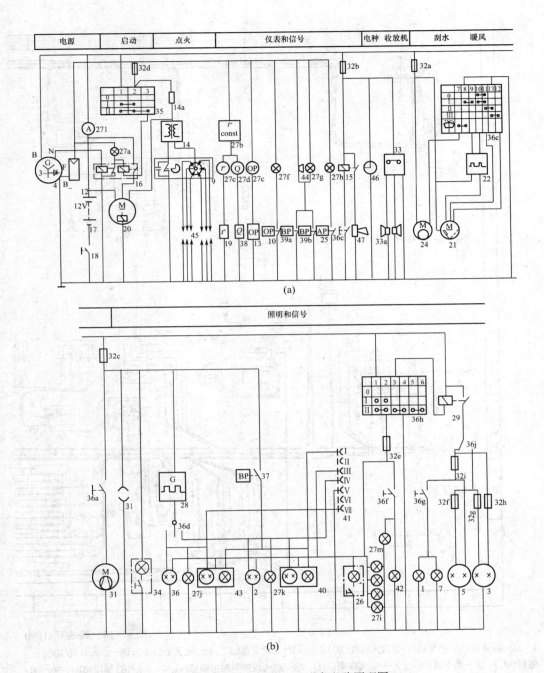

图 9-13　东风 EQ1090 汽车电路原理图

1、7—前侧灯；2、6—前小灯；3、5—前照灯；4—交流发电机；9—分电器；10—低油压报警器；11—工作灯插座；12—交流发电机调节器；13—油压表传感器；14—点火线圈；15—喇叭继电器；16—组合起动继电器；17—蓄电池；18—电源总开关；19—温度表传感器；20—起动机；21—雨刮电动机；22—间歇雨刮继电器；23—化油器电磁阀；24—洗涤器电动机；25—空气滤清器报警开关；26—发动机罩下灯；27—仪表盘；28—闪光器；29—灯光继电器；30—接线管；31—暖风电动机；32—10挡熔断器盒；33—收放机；34—顶灯；35—点火开关；36—JK320组合开关；37—制动灯开关；38—燃油表传感器；39—低气压报警传感器；40、43—组合后灯；41—挂车插座；42—后照灯；44—低气压蜂鸣器；45—火花塞；46—石英钟；47—电喇叭。

265

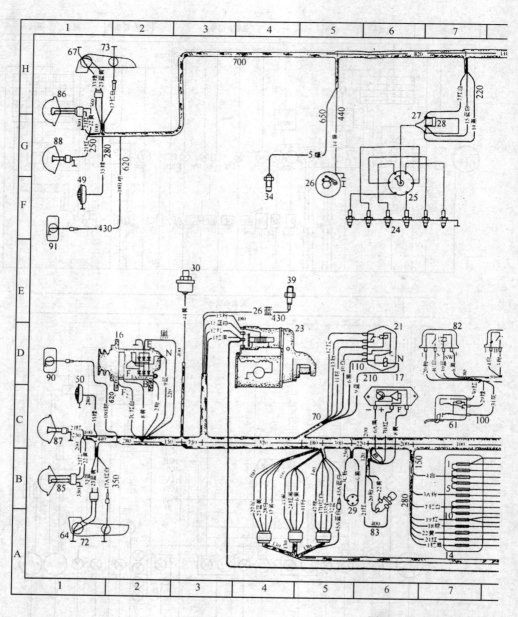

图 9-14　解放 CA1090

1～15—熔断器(7A～8A);16—交流发电机(2D);17—晶体管调节器(6C);18—电流表(10D);19—点火开关(10G);
电器(6G);26—断电器(5G);27—点火线圈(7H);28—点火线圈附加电阻(7H);29—工作灯插座(5B);30—油
35—温度表(10D);36—稳压器(11D);37—停车灯开关(12B);38—油压警告灯(11C);39—油压报警开关(4E);
(13E);44—收放机天线(11G);45—收放机(11G);46—扬声器(11G);47—喇叭按钮(12F);48—喇叭继电器
变速电阻(10H);55—倒车灯开关(12B);56—倒车灯(15F);57—倒车蜂鸣器(15D);58—制动灯开关(13B、
左转向信号灯(1A、15B);66—左转向指示灯(11E);67、68—右转向信号灯(1H、15H);69—右转向指示灯(11E);
(11E、11D);80—车灯开关(11F);81—室内灯(12D);82—灯光继电器(7D);83—脚踏变光开关(6A);84—远光
前小灯(1D、1F);93—直流接触器(8D);94—七孔挂车插座(15D);95—顶灯开关(9H);97—机油滤清器堵塞警
注:①元件名称后面括号内的数字与字母表示该元件在图中的位置。
　②线束旁的数字和线束上的数字为间距长度和外露线长,仅供参考,单位为 mm。

266

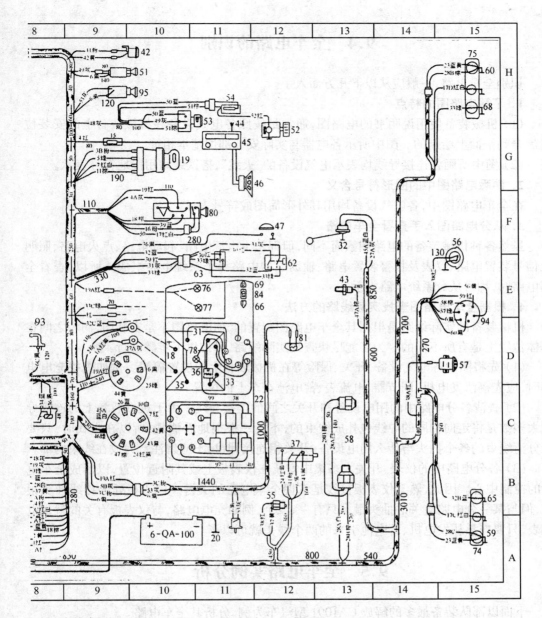

型汽车线束图

20—蓄电池(10A)；21—组合起动继电器(6D)；22—充电指示灯(11C)；23—起动机(4D)；24—火花塞(6F、7F)；25—分压表传感器(3E)；31—油压表(11D)；32—燃油表传感器(13F)；33—燃油表(11D)；34—温度表传感器(4F)；40—停车制动指示灯（11C）；41—低气压警告灯（11C）；42—低气压报警蜂鸣器（10H）；43—低气压报警开关（8C）；49、50—喇叭(1F、1C)；51—点烟器(10H)；52—暖风电动机(12G)；53—暖风开关(11G)；54—暖风电动机(13C)；59、60—制动灯(15A、15H)；61—闪光器(7C)；62—危险报警开关(12E)；63—转向灯开关(11E)；64、65—70—发动机罩下灯开关；71—发动机罩下灯；72、73、74、75—示宽灯(1A、1H、15A、15H)；76、77、78、79—仪表灯指示灯(12E)；85、86—前照灯远光、近光(1B、1G)；87、88—前照灯远光(1C、1G)；89—小灯开关(旋转)；90、91—告灯(11B)；99—燃油表警告灯(11C)。

267

9.4　全车电路的识别

识别全车电路,一般应从以下几方面入手。

1．了解电路图的特点

（1）机械装备使用说明书的电路图,通常是按照各电气设备在机械装备上的安装位置展开到平面上绘制的。图中所示各电器与实际安装部位基本相符。

（2）图中所画各连接导线均表示电气设备的"火线",搭铁线均用接地符号表示。

2．熟悉电路图中的图形符号含义

在全车电路图中,各电气设备均用其外形简图或符号表示。

3．从分电路图入手查看全车电路

虽然各种机械装备的电路图繁简不同,但都是由电源电路、起动电路、点火电路、照明及信号装置电路、仪表及报警装置电路、辅助电器电路等子系统电路组成。所以,查看全车电路时,均可从分系统电路入手。

4．根据全车电路图查找实际线路的方法

机械装备的实际线路是根据其全车电路图配置的,但电路图不是安装图,两者之间在具体位置上是有所不同的。为了能尽快查找实际线路,可按以下步骤进行。

（1）先将图中各电气设备、开关、保险等在机械装备上的位置搞清。例如查找充电电路时,应先搞清发电机、调节器、电流表、蓄电池在车上的位置。

（2）查清各分电路中的用电设备和开关之间的连接导线。由于机械装备上的连接导线大多数是将走向相同的导线包扎成线束的,不能一根根地看清楚,所以在查找时,只要能分清线束的各个抽头与什么用电设备、开关相连接即可,不应将注意力放在线束内部。

（3）各分电路中的仪表、开关大多集中安装在仪表板上或其附近位置,以形成全车电路的控制中心。因此,熟悉仪表板接线是掌握全车电路的关键。仪表板处的接线抽头很多,但与某一分电路有关的抽头最多只有一、二个,例如充电电路,与仪表板有关的就是电流表,只要熟悉从发电机、蓄电池引来的两个线头就可以了。

9.5　全车电路实例分析

下面以部队装备最多的解放 CA1091 型汽车为例,分析其全车电路。

CA1091 型汽车全车电路也是由电源系电路、起动系电路、点火系电路、照明系电路、信号系电路、仪表及报警装置电路、辅助电器装置电路等子系统电路组成。

9.5.1　电源系电路

图 9－15 所示为解放 CA1091 型汽车电源系电路图,其中图 9－15(a)是装用晶体管调节器时的电路,图 9－15(b)为装用 FT111 型调节器时发电机与调节器的连接关系。该车电源系电路的特点是:

（1）用发电机中性点电压控制充电指示灯,充电指示灯熄灭时,表示发电机正常工作并向蓄电池充电。

（2）蓄电池放电和被充电电流大小由电流表指示，采用30A快速熔断器来保护发电机和充电线路。

（3）发电机磁场电流由点火开关控制，停车时，不允许长时间接通点火开关。夜间停车维修时，需用车上照明设备时应将点火开关开至Ⅲ挡。

（4）发电机磁场为外搭铁，接线时应正确连接各导线

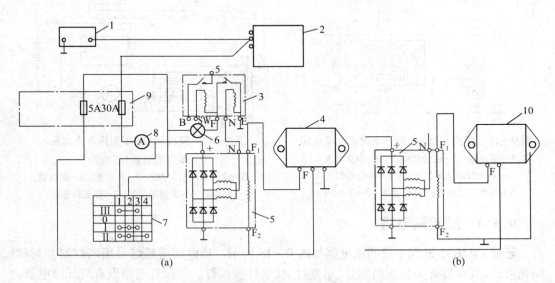

图 9-15　CA1091 型汽车的电源系电路

（a）装用晶体管调节器；（b）装用 FT111 型调节时发电机与调节器连接。

1—蓄电池；2—起动机；3—组合继电器；4—晶体管调节器；5—硅整流发电机；

6—充电指示灯；7—点火开关；8—电流表；9—熔断器盒；10—FT111 型调节器。

9.5.2　起动系电路

图 9-16 所示为解放 CA1091 型汽车起动系电路图，该车由点火开关控制起动机复合继电器，再由起动机复合继电器控制起动机电磁开关电路。当发动机起动后，由于起动机复合继电器的作用，自动切断了蓄电池与起动机间的电路，可防止起动时没有及时松开点火开关或起动后误接通起动电路造成起动机的损坏，保护了起动机。

9.5.3　点火系电路

图 9-17 所示为解放 CA1091 型汽车点火系电路图。该电路由低压电路和高压电路组成。CA1091 型汽车在传统的基础上，加装了爆震限制器（部分车辆上选用），该电路的特点如下。

（1）装用爆震限制器后，断电器触点电流减小、触点不易烧蚀，并在一定范围内可自动调整点火提前角。

（2）采用突出型火花塞，具有较好的热特性，采用高压阻尼线，能较好地抑制点火系对无线电的干扰。

（3）若爆震限制器发生故障或不选用该装置时，可将其改接为传统的点火系电路。

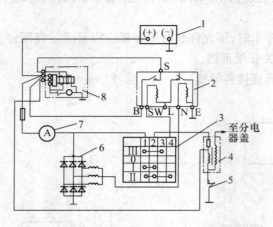

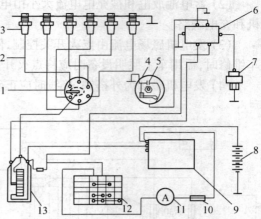

图9-16 解放CA1091型汽车的起动系电路

1—蓄电池；2—组合继电器；3—点火开关；
4—点火线圈及附加电阻；5—断电器触点；
6—硅整流发电机；7—电流表；8—起动机。

图9-17 解放CA1091型汽车点火系
(带爆震限制器)的电路

1—配电器；2—高压导线；3—火花塞；4—断电器；
5—电容器；6—爆震限制器；7—爆震传感器。

9.5.4 照明系电路

解放CA1091型汽车照明系电路如图9-18所示。该电路前照灯采用四灯制非对称配光形式，其车灯开关控制前照灯、示宽灯、仪表灯和顶灯。前照灯电路设有灯光继电器，若该继电器损坏，不能直接用车灯开关控制前照灯，否则会因其触点承载能力太小而烧坏开关，前照灯的远、近光的变换通过变光开关实现。

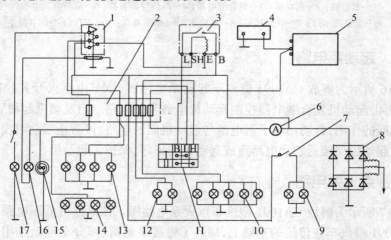

图9-18 解放CA1091型汽车照明系电路

1—车灯开关；2—熔断丝盒；3—灯光继电器；4—蓄电池；5—起动机；6—电流表；7—雾灯开关；
8—硅整流发电机；9—雾灯；10—前照灯远光灯；11—变光开关；12—前照灯近光灯；13—示宽灯。

9.5.5 信号系电路

解放CA1091型汽车的信号系电路如图9-19所示。转向灯开关通过闪光继电器控

270

制左、右转向灯。用喇叭按钮通过喇叭继电器控制电喇叭,倒车灯开关在变速器倒挡轴上。

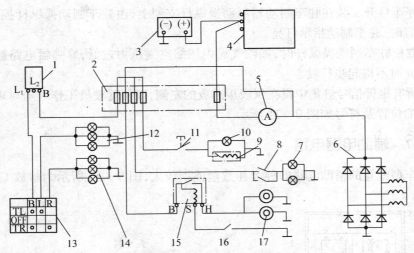

图 9-19　解放 CA1091 型汽车信号系电路

1—闪光继电器;2—熔断丝盒;3—蓄电池;4—起动机;5—电流表;6—发电机;7—制动灯;8—制动开关;
9—倒车蜂鸣器;10—倒车灯;11—倒车开关;12—左转向信号灯;13—转向灯开关;14—右转向信号灯。

9.5.6　仪表和报警系电路

CA1091 型汽车的仪表和报警系电路如图 9-20、图 9-21 所示。该电路的特点是:

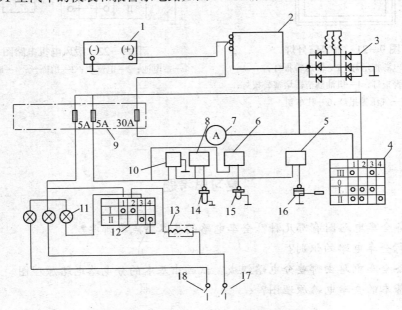

图 9-20　解放 CA1091 型汽车仪表和报警系电路

1—蓄电池;2—起动机;3—发电机;4—点火开关;5—燃油表;6—机油压力表;7—电流表;
8—水温表;9—熔断丝盒;10—仪表用稳压器;11—驻车制动指示灯;12—停车开关;13—报警蜂鸣器;
14—水温传感器;15—油压传感器;16—燃油传感器;17—气压警报开关;18—油压警报开关。

271

(1) 水温表和燃油表由仪表电源稳压器供电,电源稳压器的作用是当电源电压波动时起稳压作用,以保证水温表和燃油表的读数准确。

(2) 停车灯开关装在驻车制动器制动操纵杆支架上,由驻车制动操纵杆控制。当处于制动位置时,驻车制动指示灯亮。

(3) 放松驻车制动操纵杆时,如贮气筒内压缩空气压力过低,蜂鸣器电路被接通,警告驾驶员此时不得起步行驶。

(4) 所有报警信号灯集中设在仪表板总成的左侧,以便驾驶员工作时随时观察,各报警信号灯的位置及符号如图9-21所示。

9.5.7 辅助电器电路

不同车型配置的辅助电器的种类和数量差别较大,图9-22所示为解放CA1091暖风机电路。

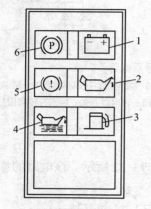

图9-21 报警信号灯

1—电源指示灯;2—油压警报灯;
3—燃油量警报灯;4—机油滤清器堵塞警报灯;
5—气压警报灯;6—驻车制。

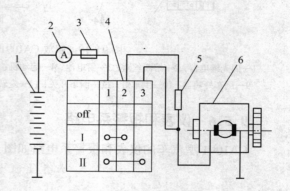

图9-22 暖风电机电路图

1—蓄电池;2—电流表;3—熔断丝;4—暖风开关。

复习思考题

1. 机械装备全车电路图有哪几种? 全车电路的基本特点有哪些?
2. 如何进行全车电路的识别?
3. 机械装备全车电路由哪些分电路组成? 试画出基本的分电路电路原理图。
4. 试画出基本的全车电路原理图?

参 考 文 献

[1] 于明进,于光明.汽车电气设备构造与维修.北京:高等教育出版社,2002.

[2] 崔选盟.汽车电气设备构造与维修.北京:电子工业出版社,2002.

[3] 卢文民.汽车电气设备.北京:人民交通出版社,1994.

[4] 秦明华.汽车电器与电子技术.北京:北京理工大学出版社,2003.

[5] 王丰元,宋年秀.电喷发动机.北京:人民交通出版社,2005.

[6] 邹长庚,赵琳.现代汽车电子控制系统构造原理与故障诊断(上).北京:北京理工大学出版社 2004.

[7] 熊国维.汽车空调维修基础知识.北京:机械工业出版社,1992.

[8] 王立源,陈六海,袁建虎等.机械车辆电气设备修理.南京:工程兵工程学院,1995.

[9] 总后勤部军事交通运输部.新训汽车驾驶员教材.北京:解放军出版社,1997.

[10] 杨晓勤.大型运输车辆电气设备构造与维修.北京:人民交通出版社,2005.

内 容 简 介

  本教材内容包括:概述、蓄电池、交流发电机及其调节器、照明与信号系统、起动机、点火系统、仪表与报警系统、辅助电气设备、发动机电子控制系统和全车电路。本教材以机械装备典型电气设备与系统为基础,除对机械装备电气设备的基本结构、原理和工作特性作了详细叙述外,着重论述了机械装备电气设备的拆装、检查、调试、试验、维护、修理和使用注意事项等,还编入了一些机械装备电气设备与系统的典型实例,同时还有选择地介绍了一些电气设备的新结构和新技术。对近年来广泛使用的发动机电子控制系统也作了基本介绍。

  本教材内容新、系统、详尽,理论联系实际,实用性强,可作为相关院校工程机械类各专业的学习教材,也可作为从事工程机械管理、使用和维修人员的培训教材或参考书。